国家能源集团
CHN ENERGY

技术技能培训系列教材

电力产业（火电）

热网设备检修工

国家能源投资集团有限责任公司　组编

中国电力出版社
CHINA ELECTRIC POWER PRESS

内 容 提 要

本系列教材根据国家能源集团火电专业员工培训需求，结合集团各基层单位在役机组，按照人力资源和社会保障部颁发的国家职业技能标准的知识、技能要求，以及国家能源集团发电企业设备标准化管理基本规范及标准要求编写。本系列教材覆盖火电、水电、新能源专业员工培训需求，本系列教材的作者均为长期工作在生产第一线的专家、技术人员，具有较好的理论基础、丰富的实践经验。

本教材为《热网设备检修工》分册，共十二章，内容从实用出发，全面系统地介绍了热网系统中常用设备的原理与构造、检修工艺及质量要求、日常维护要点等内容，主要包括热管网、水泵、换热器、大温差吸收式换热机组、水处理系统、阀门、热源系统中的备用热源电极式锅炉与能量梯级利用背压式汽轮发电机组。

本教材可作为热网设备维护检修技术技能人才、热电联产企业工程技术人员的培训教材，也可作为职业院校相关专业师生参考用书。

图书在版编目（CIP）数据

热网设备检修工/国家能源投资集团有限责任公司组编. --北京：中国电力出版社，2025.4. --（技术技能培训系列教材）. -- ISBN 978-7-5198-9714-7

Ⅰ. TU833

中国国家版本馆 CIP 数据核字第 2025JG5551 号

出版发行：中国电力出版社

地　　址：北京市东城区北京站西街 19 号（邮政编码 100005）

网　　址：http://www.cepp.sgcc.com.cn

责任编辑：宋红梅　马玲科

责任校对：黄　蓓　李　楠

装帧设计：张俊霞

责任印制：吴　迪

印　　刷：三河市航远印刷有限公司

版　　次：2025 年 4 月第一版

印　　次：2025 年 4 月北京第一次印刷

开　　本：787 毫米×1092 毫米　16 开本

印　　张：14.5

字　　数：278 千字

印　　数：0001—1000 册

定　　价：80.00 元

序　言

习近平总书记在党的二十大报告中指出，教育、科技、人才是全面建设社会主义现代化国家的基础性、战略性支撑；强调了培养造就更多大师、战略科学家、一流科技领军人才和创新团队、青年科技人才、卓越工程师、大国工匠、高技能人才的重要性。党中央、国务院陆续出台《关于加强新时代高技能人才队伍建设的意见》等系列文件，从培养、使用、评价、激励等多方面部署高技能人才队伍建设，为技术技能人才的成长提供了广阔的舞台。

致天下之治者在人才，成天下之才者在教化。国家能源集团作为大型骨干能源企业，拥有近25万技术技能人才。这些人才是企业推进改革发展的重要基础力量，有力支撑和保障了集团公司在煤炭、电力、化工、运输等产业链业务中取得了全球领先的业绩。为进一步加强技术技能人才队伍建设，集团公司立足自主培养，着力构建技术技能人才培训工作体系，汇集系统内煤炭、电力、化工、运输等领域的专家人才队伍，围绕核心专业和主体工种，按照科学性、全面性、实用性、前沿性、理论性要求，全面开展培训教材的编写开发工作。这套技术技能培训系列教材的编撰和出版，是集团公司广大技术技能人才集体智慧的结晶，是集团公司全面系统进行培训教材开发的成果，将成为弘扬"实干、奉献、创新、争先"企业精神的重要载体和培养新型技术技能人才的重要工具，将全面推动集团公司向世界一流清洁低碳能源科技领军企业的建设。

功以才成，业由才广。在新一轮科技革命和产业变革的背景下，我们正步入一个超越传统工业革命时代的新纪元。集团公司教育培训不再仅仅是广大员工学习的过程，还成为推动创新链、产业链、人才链深度融合，加快培育新质生产力的过程，这将对集团创建世界一流清洁低碳能源科技领军企业和一流国有资本投资公司起到重要作用。谨以此序，向所有参与教材编写的专家和工作人员表示最诚挚的感谢，并向广大读者致以最美好的祝愿。

编委会

2024 年 11 月

前　言

　　我国供热行业未来将以较快速度增长，环保、节能的理念是未来城市供热行业可持续发展的趋势。随着国家出台城市供热行业相关政策，供热行业标准化和规范化等因素将促进城市供热行业的市场规模增长。目前供热行业涌现一大批新的参与者，在一定程度上加剧了市场竞争，行业参与者大多规模较小，各企业加大研发投入，凭借成熟的项目经验和技术储备创造更高的价值。未来人们对于生活品质将逐渐提升，对于冬季采暖的需求越来越广泛，城市供热行业的市场规模将进一步扩大。

　　作为"能源供应压舱石，能源革命排头兵"的国家能源集团，一直以来紧抓供热这件大事不放，在全面贯彻新发展理念的过程中，全面推动供热行业发展，以高质量能源助力高质量发展。供热设备检修是其中最基础、最关键的一环，而供热设备检修工的技能水平又是供热设备检修质量的重中之重。

　　国家能源集团素来重视人才队伍建设和职工技能水平及等级的提升，然而，就供热设备检修工这一工种而言，涉及供热检修设备的方方面面。为实现国家能源集团对供热设备检修工的职业技能鉴定工作的标准化、规范化，满足国家能源集团内供热设备检修工技能和水平的不同要求，全面提升职工的技能水平，特编写本教材。

　　本教材以供热行业标准为依据，内容编排由浅入深、循序渐进，强调理论与实操结合，注重专业知识的实践技能训练，结合不同供热系统的实际需求，确保知识结构的全面覆盖和检修标准的现行有效。本教材主要有以下鲜明特点：一是结构清晰，针对性强。教材结构布局逻辑清晰，立足岗位技能培训，贴合供热设备检修工作实际，强调实际操作技能的培养。二是覆盖全面，讲解翔实。教材涵盖了从管网、循环泵、阀门、换热等设备理论知识到这些设备在检修过程中的方方面面，使学员能够快速理解、全面掌握并快速应用于实际。三是图文并茂，直观易懂。教材在讲解过程中配备了大量实用图片和实例，知识点讲解生动详细，学习过程一目了然，轻松直观。四是学以致用，实用性强。教材内容紧跟供热领域发展趋势、行业最新标准，直观准确指导实践。可以说，为广大学员提供从基础到熟练的全方位学习资源，尽可能体现理论和实践指导价值，是本教材的最大宗旨！

我们相信，通过本教材的学习，学员不仅能够获得必要的专业知识，还能够在实际工作中迅速成长，成为供热检修领域内的核心中坚力量，学员们的不断成长就是我们前进的方向和动力。我们会紧跟供热领域内的新发展技术和新发展动向，持续更新教材内容，确保培训教材与时俱进，满足行业发展的需求。我们衷心地祝愿每一位学员能够在供热领域内持续发挥重要作用，为推动行业的可持续发展做出积极贡献！

编写组
2024 年 6 月

目 录

第一章　热网设备检修工岗位概述

热网设备检修工是指在热网系统中负责对设备进行维护、消缺、检修和应急抢修的人员。主要负责确保热力系统相关设备的正常运行，处理可能出现的各类故障或缺陷，按照检修计划对设备进行检修工作。热网设备检修工需要具备一定的专业知识和技能，包括掌握热网系统流程、热网设备的原理及构造、故障排除能力、检修工艺及质量标准等知识，同时应具备良好的责任心和敬业精神等重要素质。

第一节　知识技能要求

热网设备检修工作是确保热力供应系统安全、高效运行的关键环节。从事这项工作的检修工需要具备以下知识技能：

（1）专业知识。检修工应深入了解热网系统的基本原理和结构，包括换热器、管道、阀门、泵等主要设备的工作原理和操作方法。此外，还需要掌握相关的机械、电气、自动控制和工程力学知识。

（2）安全知识。检修工必须熟悉国家和行业安全生产的法律法规，了解热网设备检修过程中的安全风险和防护措施，能够正确识别和处理突发事件。

（3）技能培训。检修工应接受系统的技能培训，包括设备的安装、调试、维护和故障排除。此外，还应掌握必要的紧急救援技能，比如心肺复苏等。

（4）实际操作经验。实际操作经验对于检修工至关重要。通过参与各类检修项目，检修工能够提升自己的动手能力，熟悉各种工具和设备的使用方法。

（5）检测与诊断技能。能够使用专业的检测工具对设备进行状态监测，如测振、测温等，以及诊断设备潜在的问题和故障。

（6）预防性维护。了解并实施预防性维护计划，以减少设备故障的发生，延长设备使用寿命。

（7）沟通协调能力。检修工作往往需要团队合作，因此检修工需要具备良好的沟通协调能力，确保信息准确、及时地在团队成员间传递。

（8）问题解决能力。面对复杂多变的工作情况，检修工应具备较强的逻辑思维和问题解决能力，能迅速分析问题并给出解决方案。

（9）持续学习的能力。随着技术的发展，新的检修技术和方法不断涌现，检修工需要具备持续学习的能力，不断更新自己的知识库。

第二节 职业道德规范

热网设备检修工是负责对城市集中供热系统中的设备进行检修和维护的工程技术人员。他们的工作直接关系到供热系统的稳定运行和千家万户的温暖。以下是热网设备检修工职业道德规范的建议。

（1）爱岗敬业。热网设备检修工应当忠于职守，尽心尽力、尽职尽责地完成自己的工作。他们应将供热系统的安全和稳定运行放在首位，以确保广大人民群众能够在寒冷的季节享受到温暖。

（2）尊重科学。热网设备检修工应遵循科学的方法和原则，不断学习新的技术和知识，提高自己的业务水平。他们应根据科学的数据和分析，进行设备的检修和维护，以确保供热系统的效率和可靠性。

（3）用户至上。热网设备检修工应始终将用户的需要和满意度放在心中，他们的工作目标和评价标准应围绕着用户的满意程度。在处理用户的问题和投诉时，他们应耐心、及时、有效地解决，提供优质的服务。

（4）诚实守信。热网设备检修工应遵守职业道德，诚实守信，不隐瞒真相，不弄虚作假。在设备的检修和维护过程中，他们应如实地向相关部门和用户报告设备的实际情况，不夸大或缩小问题的影响。

（5）团结协作。热网设备检修工应具有较强的团队协作精神，他们应与同事、领导和用户保持良好的沟通和协调，共同解决供热系统运行中出现的问题。在团队中，他们应尊重他人的意见和建议，共同为供热系统的稳定运行贡献力量。

（6）遵纪守法。热网设备检修工应遵守国家法律法规和公司的规章制度，他们应知道自己的权利和义务，并在工作中遵守相关的规定。他们不应利用职务之便，谋取个人私利。

（7）节能环保。热网设备检修工应积极推广和应用节能环保的技术和方法，他们在工作中应尽量减少能源的消耗和废弃物的排放，保护环境。

以上是热网设备检修工职业道德规范的建议，这些规范对于提高热网设备检修工的职业道德水平，保证供热系统的稳定运行，提高用户的满意度，保护环境等方面都具有重要意义。

第三节 工作环境条件

热网设备检修工是负责对城市供热系统中的设备进行维护和修理的专业人员。他们的工作环境通常具有以下特点：

（1）温度环境。由于热网系统是负责供热的，因此检修工作往往在寒冷的季节进行，这意味着检修工需要在低温环境中工作。在北方地区，冬季温度极低，检修工需在严寒条件下进行设备检查和维修。

（2）噪声与振动。热网设备如泵站、加热器等大型机械设备运行时产生噪声和振动，检修工在工作中长期处于这样的环境，可能会对他们的身体健康造成一定影响。

（3）高空作业。检修工作可能涉及高空作业，如爬梯、脚手架等，需要工作人员具备相应的攀爬和悬挂作业技能。

（4）密闭空间。热网设备检修还可能需要在地下室、泵房等密闭空间内进行，这要求工作人员具备良好的通风条件和安全防护知识。

（5）化学风险。检修工作中可能会接触到一些化学物质，如冷却剂、润滑油等，需要工作人员了解这些物质的性质，并采取适当的防护措施。

（6）机械风险。热网设备通常体积庞大、动力强劲，运转过程中存在机械伤害的风险。因此，现场操作时必须遵守严格的安全规程。

（7）电气风险。因为电气设备检修需要面对触电的风险，所以工作人员必须持有相关的电气作业资格证书，并严格遵守电气安全操作规程。

（8）物理劳动强度。检修工作往往要求工作人员具备较强的体力，如举重、搬运重物等，这对工作人员的体力和耐力都是考验。

（9）安全意识与培训。由于上述工作环境的特点，热网设备检修工在工作中必须具备高度的安全意识，并且要定期接受安全知识和技能的培训。

热网设备检修工的工作环境具有一定的挑战性，但他们通过专业的技能培训、严格的作业规程和必要的安全防护措施，确保了供热系统的稳定运行和人员的安全。

第二章　热网设备检修工岗位安全职责

第一节　岗位职责

热网设备检修工的岗位职责是确保热网系统的正常运行、维护和检修，负责对热网设备进行检查、维修，更换故障部件，以及处理各种突发问题。具体职责如下：

（1）定期巡检。对热网设备进行定期巡检，发现并处理潜在的问题，确保设备的正常运行。

（2）故障处理。对热网设备出现的故障进行快速响应和处理，包括更换故障部件、维修设备等。

（3）维护保养。根据设备的使用情况，制定并执行维护保养计划，延长设备的使用寿命。

（4）检修计划。根据设备的运行状况和检修周期，制定详细的检修计划，并按照计划进行检修工作。

（5）安全管理。在检修过程中，严格遵守安全操作规程，确保自己和他人的人身安全。

（6）严格执行各项规章制度。

（7）技术支持。为热网运行人员提供技术支持，解决运行过程中遇到的技术问题。

（8）消耗品管理。对热网设备使用的消耗品（如润滑油、滤芯等）进行管理和更换。

（9）仪器设备使用。熟练掌握和使用各种检测仪器和维修工具，提高检修效率。

（10）通信联络。与其他部门保持良好的沟通，确保检修工作的顺利进行。

（11）培训与指导。对新入职的员工进行培训和指导，提高整个团队的专业技能。

热网设备检修工的职责是确保热网系统的正常运行，通过定期巡检、故障处理、维护保养等工作，降低设备的故障率，延长设备的使用寿命，并确保检修过程的安全。

第二节　安全生产责任制

安全生产责任制是指在热网设备检修过程中，明确各级人员、各个岗位的安全职责，确保检修工作的每一个环节都有人负责，形成完整的安全生产责任体系。

一、安全目标及控制措施

1. 安全目标

（1）不发生人身未遂事件。

（2）不发生异常事件。

（3）不发生违章。

（4）不发生交通违章行为。

（5）不发生违反职业卫生健康的违章行为。

（6）督办安全隐患按期整改率为 100%。

（7）控制差错不超过 2 次。

2. 实现安全目标的控制措施

（1）坚持"安全第一，预防为主，综合治理"的安全生产管理方针，强化员工责任意识，落实岗位应知应会，完善岗位工作要求、安全指标、岗位职责相关内容，使员工安全职责具有针对性和可操作性。

（2）防止人身未遂措施。

1）严格遵守并认真贯彻执行《安全生产法》《电力安全工作规程》和公司、部门有关要求，严格遵守《防止电力生产事故的二十五项重点要求》相关内容，不断深化安全管理。

2）严格执行"两票三制"，即工作票、操作票，交接班制、巡回检查制、设备定期试验轮换制。

3）制定安全措施时，要进行风险辨识，设置警告标识、警示围栏等，完整落实安全措施，确保风险管控到位、及时消除隐患。

4）高处作业必须正确佩戴安全带，安全带高挂低用，正确使用。

5）检修热力设备必须按规定做好安全技术防护措施，热力设备部件必须进行泄压；检修转动设备必须做好防止转动措施。

6）能够熟练掌握各类型安全工器具的性能特点及正确使用方法，工作前认真检查安全工器具并按照规定自觉使用，工作时按要求正确佩戴和使用劳动防护用品。

7）熟练掌握消防器材使用方法，掌握员工防火逃生知识，懂得各类急救方法。

8）按时参加安全教育培训、周安全活动、安全生产月等安全活动。

9）认真履行工作负责人职责，确保所列安全措施齐全完整，工作过程中持卡逐项监督，做到不安全不工作，严禁违章指挥、违章作业。

10）认真履行工作许可人职责，将安全措施逐项做到位，与工作负责人一同确认安全措施到位后方可开工。

（3）防止异常措施。

1）必须熟悉生产各种规章制度。

2）严格遵守各种操作纪律。

3）按规定及时进行各换热站巡检工作，并对参数的异常变化进行跟踪分析。

4）必须熟悉换热站内各种设备、运输工具、零部件、仪器、仪表。

5）工作中不发生误触碰开关按钮或误操作事件。

（4）防止违章措施。

1）认真学习和执行国家安全生产法律法规及公司安全生产规章制度，积极参加安全生产教育培训，掌握本岗位所需的安全生产知识和操作技能。

2）严格遵守公司安全生产相关安全管理规定。

3）严格遵守"四不伤害"（即不伤害自己、不伤害别人、不被别人伤害、保护他人不受伤害）原则。

4）日常工作中不违章作业，不违反劳动纪律，不盲目作业。

（5）防止发生交通违章行为措施。

1）认真执行公司、部门的交通管理要求并严格落实。

2）定期对车辆进行保养、维护，在行驶前、行驶中、行驶后对安全装置进行检查，发现危及交通安全问题，应及时处理，严禁带缺陷行驶。

3）按时参加公司、部门组织的车辆管理驾驶管理培训。

4）严禁酒后驾车，严格执行道路交通安全法规，确保上、下班途中交通安全。

（6）防止发生违反职业卫生伤害违章行为措施。

1）进入厂房内佩戴职业健康防护用品，按期进行定期职业病健康体检。

2）积极参加班组组织的职业健康教育培训。

（7）督办隐患整改措施。按要求积极排查辖区各项隐患并做好统计上报，做到一般隐患立查立改，将风险隐患消除在初期，对于重大隐患，重点检查隐患治理过程中防范措施的落实情况，积极参与整改，保证隐患治理时效性。

（8）防止差错措施。

1）主动接受安全教育培训和考核，持证上岗。会报警、会自救、会互救。

2）按时参加应急演练项目，掌握本职工作所需的安全生产知识，提高安全生产技能，增强事故预防和应急处置能力。

二、岗位安全职责

（1）认真学习国家安全法律法规和公司、部门相关安全生产管理规章制度，认真学习各类安全简报、事故快报通报，不断强化自身的安全意识和提高安全技能。

（2）严格贯彻执行安全生产的法律法规、标准、规程制度、措施规范和各项安全生产制度，按照"员工无违章，实现'四不伤害'"标准积极工作，认真落实本岗位安全生产责任制。

（3）认真进行工作过程中的危险点分析和预控措施，完善和落实安全技术措施，杜绝"三违"事件发生。

（4）严格执行"工作票"制度，认真履行工作票中所承担的角色及设备主人安全职责。

（5）积极参加公司、部门、班组组织的各项安全生产活动，做到扎实有效。

（6）认真学习规程制度，熟悉生产系统、设备的结构性能，严格按规程对设备进行操作、调整和维护。

（7）严格执行劳动保护措施，进入生产现场按规定着装，穿戴防护用品，正确使用安全工器具。

（8）认真学习并严格执行公司、部门下发的安全技术措施。

（9）严格履行岗位安全职责，认真完成公司及部门下发的各项安全生产任务。

（10）其他有关安全管理规定中所明确的职责。

热网设备检修工安全生产责任制是保障检修工作安全进行的重要制度保障，需要通过明确责任、教育培训、制定规程、现场管理、应急响应、安全考核和持续改进等措施来落实。通过这样的责任制，可以有效地提高检修工作的安全性，确保供热系统的稳定运行。

第三章 管网设备

供热管网是由彼此互相紧密连接的热力管段所组成的管网系统，它的建设是热网系统中的重要部分，一般占总投资的 50％以上。在热网系统中，供热管道把热源与用户连接起来，将热媒输送到各个用户。根据供热介质的不同，可将热力管网分为热水供热管网和蒸汽供热管网。热水供热管网多为双管式，既有供水管，又有回水管，供、回水管并行敷设。蒸汽供热管网分单管式、双管式和多管式，单管式只有供汽管，没有凝结水管；双管式既有供汽管，又有凝结水管；多管式的供汽管和凝结水管都在一根以上，按照热媒压力不同分别输送。

本章重点对供热管网的供热管材、管道补偿器及相关附件设备的基础知识及维护、检修等内容进行详细介绍。

第一节 概　述

一、供热管材

（一）聚氨酯预制直埋保温管

1. 保温管结构

聚氨酯预制直埋保温管全称为高密度聚乙烯外护管聚氨酯泡沫塑料预制直埋保温管，由钢管、导线（选装）、保温层和保护层组成，其结构如图 3-1 所示。

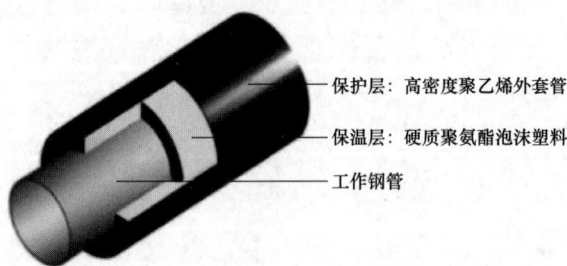

保护层：高密度聚乙烯外套管

保温层：硬质聚氨酯泡沫塑料

工作钢管

图 3-1　聚氨酯预制直埋保温管

（1）钢管。钢管用于输送热介质，根据设计和客户的要求一般选用无缝管（GB/T 8163—2018《输送流体用无缝钢管》）、螺旋焊管（GB/T 9711—2023《石油天然气工业　管线输送系统用钢管》）和直缝焊管（GB/T 3092—2015《低压流体输送用焊接钢管》）。钢管表面经过先进的抛丸除锈工艺处理后，钢管除锈等级可达 GB/T 8924—2005《纤维增强塑料燃烧性

能试验方法 氧指数法》中的 Sa2 级，表面粗糙度可达 GB/T 6060.3—2008
《表面粗糙度比较样块　第 3 部分：电火花、抛（喷）丸、喷砂、研磨、
锉、抛光加工表面》中 $R=12.5\mu m$。

（2）导线。导线又称报警线，国外引进的直埋保温预制管结构内均设
有导线，国内产品根据用户要求而定。报警线可使检测渗漏自动化，用于
检测管道渗漏的导线共两根：一根为裸铜线，另一根为镀锌铜线。保温管
上的报警线与报警显示器连接，当城市供热网中某段直埋管发生泄漏时，
立即在报警显示器上清晰地显示出发生故障的地点，其结构如图 3-2 所示。
对于重要的城市供热管网工程，应设置直埋管道的事故报警系统，而对一
些小型城市供热管网工程，限于投资可不设报警系统，可采用超声波检漏
仪等设备进行检漏。

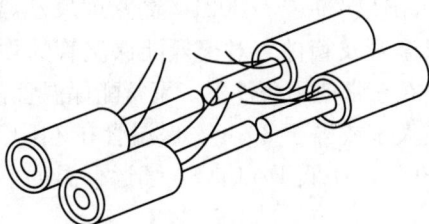

图 3-2　带导线的整体预制保温管

（3）保温层。保温层材料用高压发泡机在钢管与外护层之间形成的空
腔中一次性注入硬质聚氨酯泡沫塑料原液而成，即俗称的"管中管发泡工
艺"。聚氨酯保温层特点如下：

1）导热系数小。聚氨酯泡沫的导热系数在目前的保温材料中是最低
的，因此能使物料的热损失减少。

2）防水、防腐、耐老。由于聚氨酯泡沫的闭孔率达 92% 以上，因此，
用聚氨酯泡沫作为直埋管道的保温层，不仅可以起保温隔热作用，而且能
有效地防止水、湿气以及其他多种蚀性液体、气体的浸透，防止微生物的
滋生和发展。

管道及附件保温所用的材料及制品应质量轻、导热系数小，在使用温
度下不变形或变质，具有一定的机械强度，不腐蚀金属，可燃成分少，吸
水率低，易于施工成形，且成本低廉。目前常用的保温材料有岩棉、矿渣
棉、玻璃纤维、玻璃棉、硅酸铝棉、微孔硅酸钙、膨胀珍珠岩、泡沫玻璃
制品和硬质聚氨酯泡沫塑料等。

设备及管道的保温结构一般由防腐层、保温层、保温结构防水层及外
保护层组成。保温结构应保证其在有效使用期内的完整性，应有一定的机
械强度，不应受自重或偶然外力作用而破坏。保温结构一般不考虑可拆性，
但需要经常维修的部位要采用可拆卸的保温结构。保温结构防水层设在保
温层外面，其作用是防止水渗入保温材料，影响保温效果。保温层设在防

水层外，其主要是防止保温层的机械损伤和水分浸入，有时它还兼具美化保温结构外观的作用。保护层需具有足够的机械强度和必要的防水性能。

常用的保温方法有涂抹式、预制式、缠绕式、填充式、喷涂式和灌注式等。

（4）保护层。高密度聚乙烯外套管预制成一定壁厚的黑色塑料管材，其作用一是保护聚氨酯保温层免遭机械硬物破坏；二是防腐防水。

2. 保温管性能

（1）使用温度。通用型保温管的使用温度不超过120℃，高温型保温管的使用温度不超过150℃。适用介质有热水、低压蒸汽或其他热介质，也可用于保冷工程。为了提高使用温度，开始采用复合保温，内保温层用耐高温的材料，在其外面再用聚氨酯泡沫塑料和保护层。

（2）使用寿命。GB/T 29047—2021《高密度聚乙烯外护管硬质聚氨酯泡沫塑料预制直埋保温管及管件》对聚氨酯保温管的预期寿命与长期耐温性做出了具体规定：在正常使用条件下，聚氨酯保温管在120℃的连续运行温度下的预期寿命应大于或等于30年，保温管在115℃的连续运行温度下的预期寿命至少为50年，在低于115℃连续运行温度下的预期寿命应大于50年。

（二）设置空气层的钢套钢预制保温管

设置空气层的钢套钢预制保温管由工作钢管、保温材料层、空气层、钢外护管和防腐层等组成，保温材料常采用离心玻璃棉，其结构如图3-3所示。

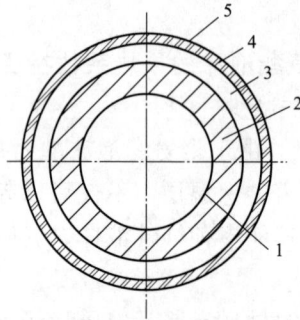

图3-3　设置空气层的钢套钢预制保温管结构
1—工作钢管；2—保温材料层；3—空气层；4—钢外护管；5—防腐层

在设空气层的钢套钢预制城市供热管道中，设置空气层或将空气层抽成真空形成真空层，其作用表现在：

（1）利用空气较好的绝热性能减少直埋城市供热管道的热损失。

（2）提高直埋城市供热管道的防腐性能。

（3）监视管道运行过程中的泄漏情况。

（三）直埋热力管道泄漏监测报警系统

国内一些公司和生产厂家生产的预制保温管，在设计时应充分考虑用户的各种使用环境，如高温、高湿、电磁、噪声干扰，留有足够的性能裕度，有较高的可靠性，适用于树枝状或环形热力管网。产品采用模块化方式配置，用户可根据投资多少、需求情况进行不同的组合选择，均能保证监测测量准确、安装使用方便。

（四）管道中的管件

管件是管道安装中的连接配件，用于管道变径、引出分支、改变管道走向、管道末端封堵等。有的管件则是为了安装维修时拆卸方便或为管道与设备的连接而设置。管件的种类和规格随管道材质、管件用途和加工制作方法而变化。管子和组成件的连接除需拆卸的以外，应采用焊接方法。选择附件应满足所连接管子的焊接要求。

可锻铸铁管件外观上的特点是较厚，端部有加厚边；钢制管件的管壁较薄，端部平整、无加厚边。

螺纹连接的方式应采用在设计压力不大于 1.6MPa、设计温度不大于 200℃ 的低压流体输送用焊接管件上。根据管件端部直径是否相等可分为等径管件和异径管件，异径管件可连接不同管径的管子。螺纹连接弯头有 90° 和 45° 两种规格。

管件应该具有规则的外形、平滑的内外表面，没有裂纹、砂眼等缺陷。管件端面应平整，并垂直于连接中心线。管件的内外螺纹应根据管件连接中心线精确加工，螺纹不应有偏扣或损伤。

二、补偿器

补偿器通常被称为膨胀节或伸缩节，是一种用于补偿管道、导管或容器等在温度变化、振动、地震或其他外力作用下的位移和尺寸变化的装置。主要由波纹管（一种弹性元件）和端管、支架、法兰、导管等附件组成。

波纹管是补偿器的工作主体，它通过其有效的伸缩变形来吸收管线、导管或容器因热胀冷缩等原因产生的尺寸变化，或补偿其轴向、横向和角向的位移。补偿器也可以用于降噪减振。

（一）管道的热应力

由物体的物理特性可知，当温度发生变化时，物体相应发生胀缩。当物体的各部分温度均匀且可以自由胀缩时，温度的变化仅使得物体发生形变，而不是产生应力。但是，对于不能自由胀缩的物体，温度变化时，由于不能发生变形，在物体内部将产生应力。这种由于温度的变化而产生的应力称为热应力。

供热管道两端被固定支座固定，当温度升高时，供热管道因膨胀而伸长，预计把两端固定支座推开。因此，在供热管道两端受到固定支座的反力 F 的作用。由于这两个反力 F 的作用，在供热管道内将产生压应力。

若供热管道的温度由 t_1 升至 t_2，当供热管道两端（或另一端）未被固定支座固定，且能自由伸长时，其伸长量为

$$\Delta L_t = \alpha L(t_2 - t_1) = \alpha L \Delta t \tag{3-1}$$

式中　α——管道的线膨胀系数，$℃^{-1}$；

t_1——管道的安装温度，$℃$；

t_2——管道内输送热水的最高温度，$℃$；

L——两固定支座间的管道长度，m；

Δt——供热管道的温度变化，$℃$。

（二）温度变化对管路系统的影响

管道内的蒸汽温度以及周围的环境温度发生变化时，管道将会随着温度的变化而热胀冷缩，此时管道壁将会承受巨大的应力，如果应力超出了管子材料所允许的范围，就会引起管道破裂，造成破坏。管道温度升高或者降低时，管道的自身增加或者减少的数值可以按照下列公式计算，即

$$\Delta L = \alpha L(t_2 - t_1) \tag{3-2}$$

式中　ΔL——管道的热伸长量，m；

α——管道的线膨胀系数，$℃^{-1}$；

L——两固定支座间的管道长度，m；

t_1——管道的安装温度，$℃$；

t_2——管道内输送热水的最高温度，$℃$。

由式（3-2）可以看出，当管道材料和固定支架位置确定后，影响管道热伸长量的因素是管道内热水的温度与管道的安装温度，当管道的安装温度确定后，管道内蒸汽温度越高，则管道的热伸长量越大，管道膨胀现象越明显。管道工作时若其长度变化不妥善解决，将会引起热应力。热应力的产生会引起管道变形、管道接口或者管道与设备器具连接处漏水，严重时甚至会破坏管道系统。因此，供热管道设计施工时必须考虑热补偿。

（三）管道的自然补偿

自然补偿就是利用管道敷设上的自然弯曲管段（通常为L型和Z型等）所具有的弹性来吸收管道的热伸长变形。自然补偿不必特设补偿器，因此考虑管道补偿时，应当尽量利用自然弯曲的补偿能力。其优点是装置简单、可靠，不需要特殊的检查和维护。另外，固定支架不承受内压作用。但是，它的缺点是管道变形时产生横向位移，而且补偿的管段不能很长。

（四）管道的热补偿器

供热管道上采用的补偿器的种类有很多，除了自然补偿器之外，主要还有方型补偿器、波纹补偿器、套管补偿器、球形补偿器及旋转补偿器等。常用的是套管补偿器和波纹补偿器。

1. 套管补偿器

套管补偿器又称填料式补偿器。有单向和双向两种，图3-4所示为单向套管补偿器结构。补偿器的芯管（又称导管）直径与连接的管道直径相同，芯管可在补偿器的套管内移动，从而起到吸收管道热量伸长量的作用。在芯管与套管之间的环形缝隙内装填料，端环使填料靠实，用压盖将填料压

紧，以保证芯管移动时不出现介质渗漏。常用的填料有方形浸油石棉盘根涂石墨和耐热橡胶。

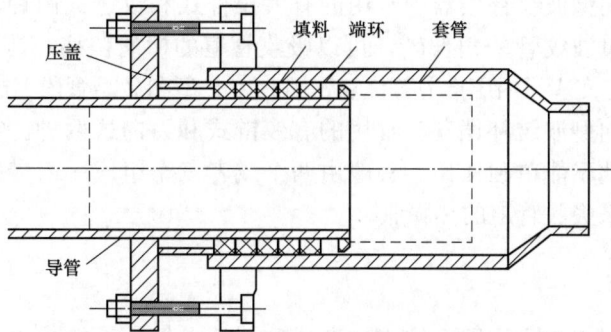

图 3-4 单向套管补偿器结构

套管补偿器的补偿能力大，占地小。缺点是轴向推力大，易发生介质泄漏，故需经常检修、更换填料；当管路出现横向弯曲或位移时，易造成芯管卡住，不能自由活动。故套管补偿器只可装设在直线管路上，并应安装在固定支架近旁，在活动侧管路上还要设置导向支座。套管补偿器适用于介质工程压力小于或等于 2.5MPa，介质温度为 $-40\sim600℃$ 的管道，补偿器与管道的连接采用焊接。

2. 波纹补偿器

波纹补偿器是用多层或单层薄壁金属管制成的具有波纹的管状补偿设备。工作时，它利用波纹变形进行管道补偿，故又称其为波形补偿器（如图 3-5 所示）。波纹补偿器具有补偿量大、补偿方式灵活、结构紧凑、工作可靠等优点。在安装波纹补偿器时，应该预先冷紧，冷紧值通常为热伸长量的一半。根据吸收热位移的方式，波纹补偿器可以分成轴向型、横向型和角向型三大类。在选用时应该综合考虑管线形状、长度和蒸汽参数等各种因素。

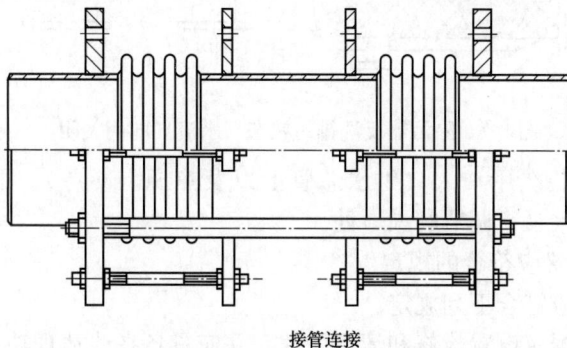

接管连接

图 3-5 波纹补偿器结构

（1）轴向型波纹补偿器。常用的有单式、复式和外压式，用于吸收直管道的轴向位移。它的结构简单，价格较低。但是补偿能力小，轴向推力较大。

（2）横向型波纹补偿器。常用的有大拉杆式和铰链式两种，横向型波纹补偿器通过波纹管的角偏转，可以吸收管道的横向位移，具有补偿能力大，且对固定支座无内压推力等优点，因此在 L 型和 Z 型管段上被广泛使用。

（3）角向型波纹补偿器。常用的有铰链式和万向式两种。它只能作角向偏转，因此不能单独使用。一般由两个或者三个组成一组借助每个补偿器的角位移来吸收管道的热膨胀。

三、除污器

除污器用于清除热网系统中的杂质和污垢，保证系统内水质清洁，减少阻力，防止堵塞和保护热网、设备，是供热系统中一个十分重要的部件。

目前常用的除污器有立式和卧式两种，应根据现场的实际情况选用适当的形式。除污器的过滤网，立式直通除污器采用直径 4mm 孔的花管，卧式直通和角通除污器采用 32 号 x18 目镀锌铁丝网。

除污器工作原理如图 3-6 和图 3-7 所示。

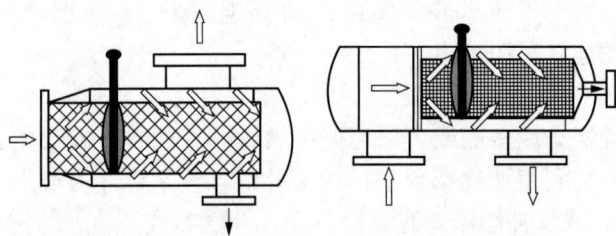

图 3-6　除污器正常过滤状态（水流导向阀开启）

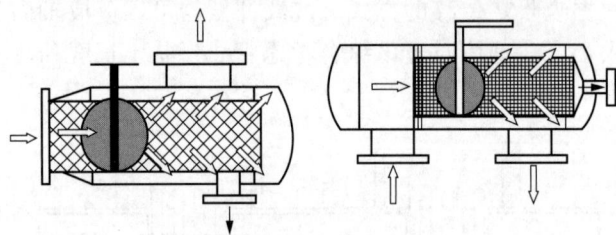

图 3-7　除污器反洗排污状态（水流导向阀关闭）

除污器安装在用户入口供水总管上以及热源（冷源）、用热（冷）设备、换热器、水泵、调节阀入口处。

1. 除污装置应符合的规定

除污装置应符合下列规定：

（1）除污器应设置检修和清理入孔，并应具备在线清理功能。

（2）滤网应采用不锈钢 316L 材料。

（3）滤网应具有良好的抗冲击性。

（4）除污器滤网的过滤目数不应小于 60 目。

（5）除污装置压降应小于或等于 30kPa。

2. 除污器的安装位置种类

除污器的安装位置有以下几种：

（1）供暖系统入口，装在调压装置之前。

（2）各种换热设备之前。

（3）各种小口径调压装置。

四、供热管道的排水、放气与疏水装置

为了在需要时排除管道内的水，放出管道内聚集的空气和排出蒸汽管道中的沿途凝结水，供热管道必须配置相应的排水、放气及疏水装置。

（一）管道的排水

在确定管网线路时，应根据地形特点在适当部位设置排水点和放气点，并且尽量使排水点邻近城市或厂区的排水管道。如图 3-8 所示，热水和凝结水管道的低点处（包括分段阀门划分的每个管段的低点处）布置了放水装置。管道排水管直径的选择范围参见表 3-1。热水管道的放水装置应保证一个放水段的排水时间不超过下面的规定：

（1）管道直径不大于 300mm 的管道，放水时间为 1～3h。

（2）管道直径为 350～500mm 的管道，放水时间为 5～6h。

（3）管道直径不小于 600mm 的管道，放水时间为 6～7h。

规定放水时间主要是考虑在冬季出现事故时能迅速放水，缩短抢修时间，以免供热系统和管路冻结。

（二）放气装置

放气装置应设在管段的最高点，如图 3-8 所示。放气管直径应根据管道直径确定，常见规格管道所需放气管的直径参见表 3-1。

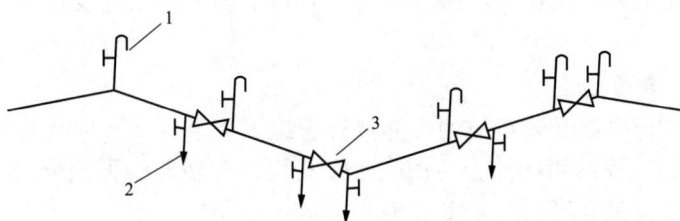

图 3-8　热水和凝结水管放气和排水装置位置示意
1—放气阀；2—排水阀；3—阀门

表 3-1　排水管、放气管直径选择表　　　　　　　　　　mm

热水管、凝结水管公称直径	<80	100～125	150～200	250～300	350～400	450～550	>600
排水管公称直径	25	40	50	80	100	125	150
放气管公称直径	15	20		25		32	40

（三）疏水装置

为排除蒸汽管道沿途的凝结水，蒸汽管道的低点和垂直升高管段前应设启动疏水和经常疏水装置。同一坡向的管段，在顺坡情况下每隔 400～500m，逆坡时每隔 200～300m 应设启动疏水和经常疏水装置。经常疏水装置排出的凝结水宜排入凝结水管道，以减少热量和水量的损失。

管道的坡度应根据管道所经过地区的地形状况来确定，一般不小于0.002，对于汽水逆向流动的蒸汽管道，其坡度不小于 0.005。

室外供热管道的坡向，因受地形限制不可能都满足沿水流方向的要求，尤其是直埋敷设的管道更无法满足此要求，管道只能随地形敷设。由于管道管径较大，管路上局部管件少，管内水流速度较高，所以不会产生气塞现象。

长输供热管网系统除在热源处设置常规制水补水装置外，在中继泵站、隔压换热站、调峰热源厂等其他厂站也应设置制水与补水装置，并应配套储水设施。

长输供热管网应设置应急排水设施，并应结合地形条件设置泄放区域或水池。排水应排至安全处，不应对环境造成危害。有条件时蓄水池和泄放水池可统一考虑。

五、管道支吊架

供热管道的支座是布置于支承结构和管子之间的主要构件，其作用为支承管道或限制管道产生形变和位移。支座承受管道重力以及由内压、外载及温度变化产生的作用力，并且将这些力传递到建筑结构或地面的管道构件上。管道支座对供热管道的安全运行有着重要影响。如果支座的构造形式选择不当或者支座位置不当，都将产生严重后果。

根据支座对管道位移的限制情况，管道支座分为活动支座和固定支座两种。

（一）活动支座

活动支座是承受管道重力，并保证管道发生温度变形时允许管道和支撑结构有相对位移的构件。活动支座按其构造和功能的不同分为滑动、滚动、弹簧、悬吊和导向等支座形式。

1. 滑动支座

滑动支座与支架由布置（采用卡固或焊接方式）在管子上的钢制管托和其下面的支撑结构构成，承受管道的垂直荷载，并且允许管道在水平方向滑动位移。根据管托横断面的形状，滑动支座主要包括曲面槽式（如图 3-9 所示）、丁字托式（如图 3-10 所示）和弧形板式（如图 3-11 所示）。

对于曲面槽式和丁字托式滑动支座，支座托住管道，且滑动面低于保温层，以免保温层受到损坏。对于弧形板式滑动支座，其滑动面直接附在管道壁上，安装支座时需要去掉保温层，但是管道安装位置相对较低。

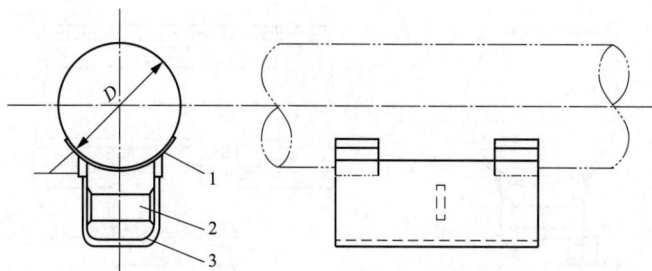

图 3-9　曲面槽式滑动支座
1—弧形板；2—肋板；3—曲面槽

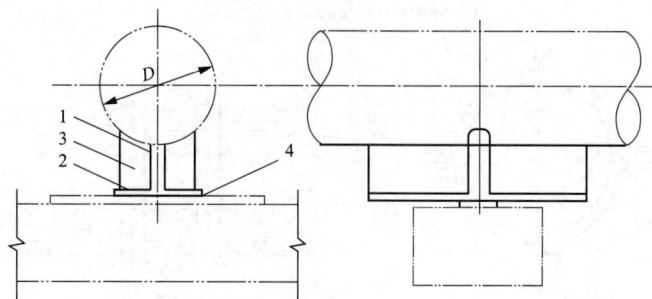

图 3-10　丁字托式滑动支座
1—顶板；2—底板；3—侧板；4—支撑板

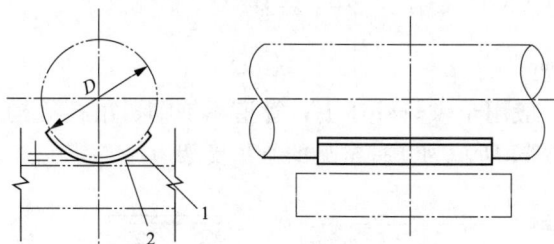

图 3-11　弧形板式滑动支架
1—弧形板；2—支撑板

2. 滚动支座

滚动支座由安装（卡固或焊接）在管子上的钢制管托与设置在支撑结构上的辊轴、滚柱或滚珠盘等部件构成。

辊轴式（如图 3-12 所示）和滚柱式（如图 3-13 所示）滚动支座，当管道轴向位移时，其管托与滚动部件间为滚动摩擦，但是管道横向位移时仍为滑动摩擦。对于滚珠盘式支座，管道水平各向移动均为滚动摩擦。

滚动支座应进行必要的维护，以使滚动部件保持正常状态。滚动支座是利用滚子的转动来减小管道滑动时的摩擦力，这样可以减小支承结构的尺寸。滚动支座通常只用于架空敷设的管道上。地沟敷设的管道一般不宜采用这种支座，主要由于滚动支座的滚柱或滚轴在潮湿环境内会很快腐蚀而不能转动，反而变成了滑动支座。

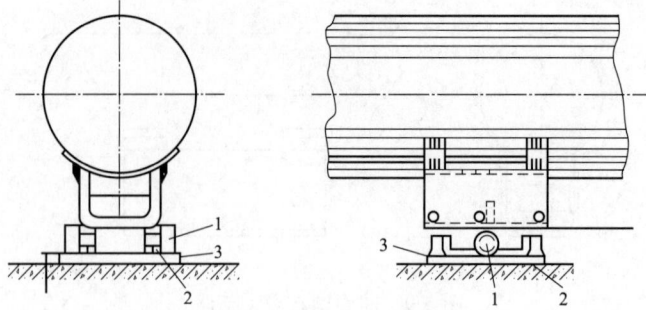

图 3-12　辊轴式滚动支座

1—辊轴；2—导向板；3—支撑板

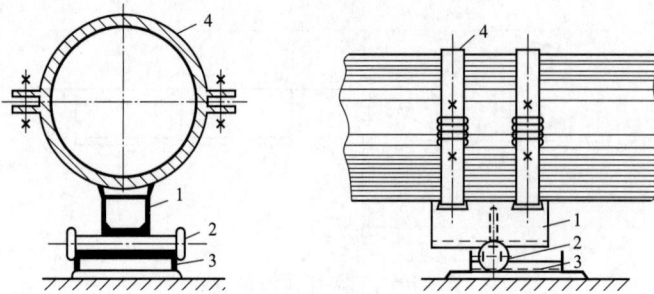

图 3-13　滚柱式滚动支座

1—槽板；2—滚柱；3—槽钢支撑座；4—管箍

3. 悬吊支架

悬吊支架一般用于供热管道上，管道用抱箍、吊杆等构件悬吊在承力结构下面。图 3-14 所示为几种常见的悬吊支架。

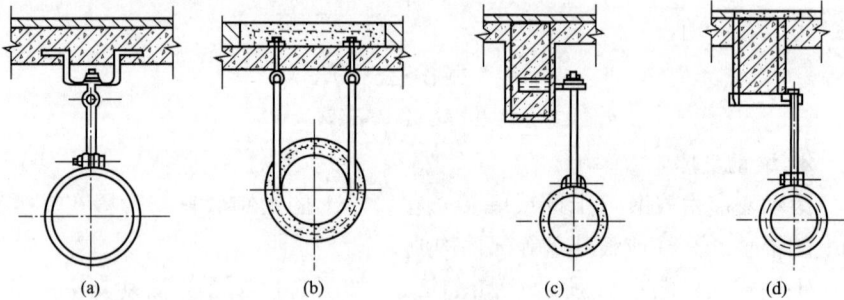

图 3-14　悬吊支架

（a）可在纵向及横向移动；（b）只能在纵向移动；

（c）焊接在钢筋混凝土构件里埋置的预埋件上；（d）箍在钢筋混凝土梁上

悬吊支架构造简单，管道伸缩阻力小，管道位移时吊杆发生摆动。但是，由于各支架吊杆摆动幅度不同，难以保证管道轴线在一条直线上，因此，管道热补偿需采用不受管道弯曲变形影响的补偿器。

4. 弹簧支座

弹簧支座一般是在滑动支座、滚动支座的管托下或在悬吊支架的构件中加弹簧构成的，如图 3-15 所示。其特点是允许管道水平位移的同时，还可适应管道的垂直位移，使支座承受管道的垂直荷载变化。弹簧支座通常用于管道有较大的垂直位移处，避免管道脱离支座，导致相邻支座和相应管段受力过大。

5. 导向支座

导向支座只允许管道轴向伸缩，限制管道的横向位移，如图 3-16 所示。其构造通常是在滑动支座或滚动支座沿管道轴向的管托两侧设置导向挡板。导向支座的主要作用是防止管道纵向失稳，保证补偿器正常工作。

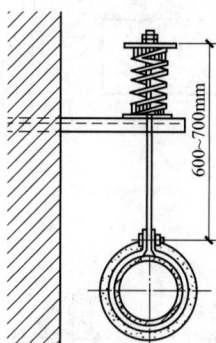

图 3-15　弹簧悬吊支座

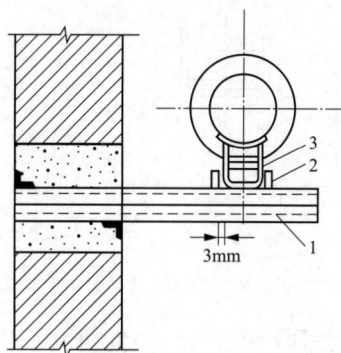

图 3-16　导向支座

1—支架；2—导向板；3—支座

（二）固定支座

1. 固定支座形式

供热管道的固定支座是将管道固定，使其不能产生轴向位移的构件。固定支座的作用是将管道划分成若干补偿管段分别进行热补偿，从而保证补偿器正常工作。另外，固定支座还可以避免作用力依次叠加，从而传递到管路的附件和阀件上。

最常见的金属结构的固定支座有卡环固定支座（如图 3-17 所示）、焊接角钢固定支座（如图 3-18 所示）、曲面槽固定支座（如图 3-19 所示）和挡板式固定支座（如图 3-20 所示）等。

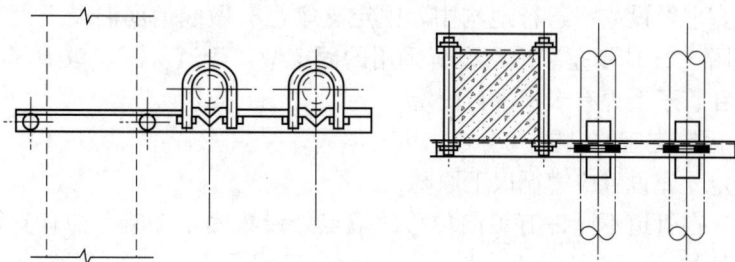

图 3-17　卡环固定支座

19

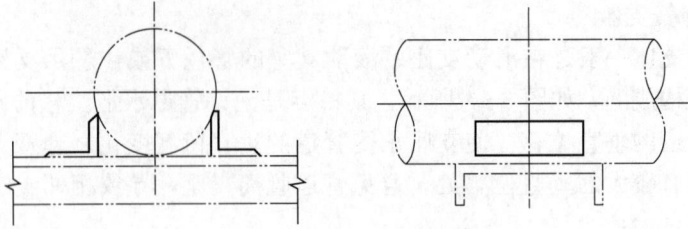

图 3-18　焊接角钢固定支座

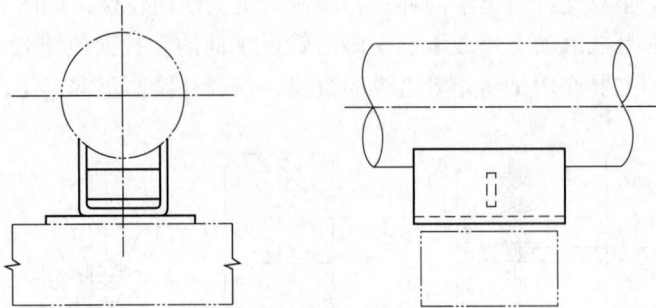

图 3-19　曲面槽固定支座

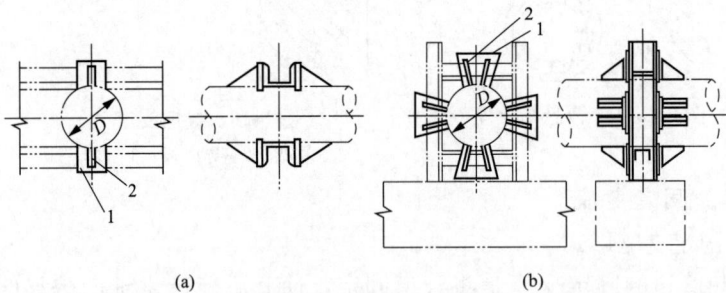

(a)　　　　　　　　　　　(b)

图 3-20　挡板式固定支座

（a）双面挡板式固定支座；（b）四面挡板式固定支座

1—挡板；2—肋板

　　卡环、焊接角钢和曲面槽固定支座承受的轴向推力较小，通常不超过50kN。当固定支座承受的轴向推力超过 50kN 时，通常采用挡板式固定支座。

　　在直埋敷设或不通行地沟中，固定支座也有做成钢筋混凝土固定墩的形式。图 3-21 所示是直埋敷设所采用的固定墩，管道从固定墩上部的立板穿过，在管子上焊有卡板进行固定。

　　2. 固定支座的设置

　　固定支座设置应遵循以下原则：

　　（1）在管道不允许有轴向位移的节点处设置固定支座，如有支管分出的干管处。

　　（2）在热源出口、热力站和热用户出入口处，均应设置固定支座，以

20

消除外部管路作用于附件和阀件上的作用力，使室内管道相对稳定。

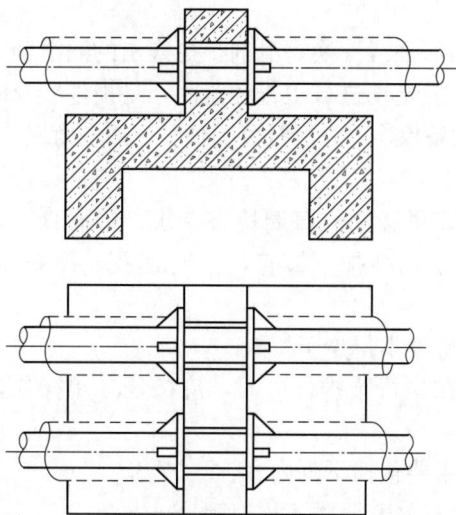

图 3-21　直埋敷设固定墩

（3）在管路弯管的两侧应设置固定支座，以保证管道弯曲部位的弯曲应力不超过管子的许用应力范围。

（4）固定支座是供热管道中的主要受力构件，应按上述要求设置固定支座。为了节约投资，应尽可能加大固定支座间距，减少其数目，但固定支座的间距应满足下列要求：

1）管道的热伸长量不得超过补偿器所允许的补偿量。

2）管段因膨胀和其他作用而产生的推力，不得超过固定支架所能承受的允许推力。

3）不应使管道产生纵向弯曲。

第二节　管网设备维护与检修

一、管网的运行维护管理

管网包括一级管网、二级管网和三级管网。管网是集中供热的生命线，在供热期不间断运行，为保证供热管网安全有效运行，及时发现和消除供热隐患和故障，对供热管网须进行日常运行巡检及维护工作。

（1）运行维护人员应按安全操作规程巡视检查设施、设备的运行状况。

（2）对供热系统应定期按照操作规程和维护保养规定进行维护和保养，并应进行记录。

（3）设施、设备检修和维护保养应符合下列规定：

1）设施、设备维修前应制定维修方案及安全保障措施，修复后应组织验收，合格后方可交付使用。

2）设施、设备应保持清洁，对跑、冒、滴、漏、堵等问题应及时处理。

3）设备应定期添加或更换润滑剂，更换出的润滑剂应统一处理。

4）设备连接件应定期进行检查和紧固，易损件应及时更换。

5）当对机械设备检修时，应符合同轴度、静平衡或动平衡等技术要求。

（一）一般规定

（1）热水管线在供暖期应每周检查一次。节假日、雨季和新投入运行的管道，应加强巡逻、维护、检查，并将巡视、维护情况及时填报运行日志。

（2）管道维护检查不得少于两人。

（3）运行人员在执行维护任务时，应按任务单操作，不得碰动管道上的其他设备和附件。

（4）运行检查主要包括下列内容：

1）供热管道设备及其附件不得有泄漏。

2）供热管网设施不得有异常现象。

3）井室不得有积水、杂物。

（5）外界施工不应妨碍供热管网正常运行及检修。

（6）较长时期停止运行的管道，必须采取防冻、防水浸泡等措施，对管道设备及其附件应进行除锈、防腐处理。对季节性运行的管道，在冬季停止运行后，应将管内积水放出，泄水阀门保持开启状态。热水管线停止运行后，应充水养护，充水量以保证最高点不倒空为宜。另外，必须进行夏季防汛及冬季防冻的检查。

（二）巡检维护人员的基本要求

（1）巡检维护人员应熟悉管辖范围内管道分布情况及附件位置。

（2）巡检维护人员应掌握管辖范围内各种管道、设备及附件的作用、性能、构造及操作方法和规程。

（3）检查维护人员应熟悉并认真执行《热网运行规程》和本岗位责任制。

（4）检查维护人员需经考试合格后方可进行工作。

（5）检查维护人员在执行维护任务时，应按工作票、任务单的内容及要求进行操作，不得操作任务以外的其他设备和附件。

（三）检查主要工作内容

（1）检查井圈、井盖有无损坏，爬梯有无松动。检查验收井圈、井盖完好标准：无丢失、无位移、无振响、无破损，井盖凸出地面不超过10mm，井圈、井盖之间的接触面无严重磨损。检查人员发现井盖可能威胁到行人、行车安全时，应立即上报处理，安排现场有专人监护，直至井盖更换完成。

（2）检查土建结构是否完好、是否有未经允许的外界施工，以及外界施工是否妨碍供热管网运行检查及检修；是否存在构筑物占压供热管线的情况。当发现在供热管线敷设范围内有外界施工时，检查维护人员应告知现场施工单位该处有供热管线，施工可能对供热管线造成影响并向施工单位了解施工内容，通知对方暂停施工，将掌握的情况及时向主管领导汇报并原地待命，报公司相关部门沟通确认该处施工是否属于未经允许的配合项目。如属于未经允许的外界施工并可能对供热管线的安全运行造成不利影响，则要求对方立即停止施工并通知相关部门人员赴现场进行处理。

（3）检查室内有无积水、杂物，若有积水和杂物应及时组织抽水和清理，并查明积水原因。

（4）检查供热管道设备及附件有无腐蚀问题，有无漏水现象。

（5）检查供热管道设施有无异常现象，设施、附件的保温是否完好。

（6）对于直埋管线的维护检查，应熟悉直埋管线走向及范围。检查过程中应沿直埋管线进行巡检，查看管线路由上方是否有沉降、塌陷、冒汽、冒水现象，注意管线附近的其他市政管线的井盖上方是否冒汽。特别是在下雪期间，直埋管线上方地面是否融雪，是判断管线泄漏的关键方法。

（7）对直埋管线检查室的运行检查除上述主要内容外，还应对井室内的穿墙套管进行检查，观察管道是否位移，是否有水从穿墙套管流出。对井室内的设备附件进行检查，特别注意观察补偿器是否存在泄漏的情况。

（8）在检查过程中发现故障，可根据故障情况一面向相关领导汇报，一面进行必要的现场处理；当不明故障原因时，应派人在故障现场监护，不得随意处理。

（四）维护质量要求

（1）套筒伸缩节法兰盘、螺栓、阀门丝杠、传动齿轮等裸露的可动管道附件，应保持一定的油量，拆装、伸缩自如，操作灵活。

（2）阀体表面、泄水管、钢支架、弹簧支架及爬梯等管道裸露的不可动部分，应无锈无垢、整洁，涂有符合国家有关标准的防护漆。

（3）螺栓、阀门螺纹和齿轮等处应保持一定的油量，拆装、伸缩自如，操作灵活。

（4）温度表、压力表应灵敏、无缺损。

（5）蒸汽管道喷射泵应保持通畅，无锈蚀、堵塞现象。

（6）带锁井盖应保持井盖开启自如，封闭严密。

（7）井室应保持清洁、无积水。

（五）检查方法

（1）实施常规检查与关键点检查同时进行的方法，即以补偿器、支架、管托、导向固定架、变形、位移等作为关键点进行重点检查，即采取看和测；补偿器是否变形或泄漏支架是否倾斜或冻胀裂，管托是否可能脱落，导向是否卡涩或无约束，焊接部位是否开焊变形、腐蚀，保温、阀门是否完好，管道随温度变化位移等情况。在检查和记录的同时，与以前记录数据进行比较及分析，及时有效地发现、处理缺陷。

（2）地沟隧道，实施常规检查与关键点检查同时进行的方法。采取听——是否有泄漏声或异音；看——是否滴水、冒汽，管托是否可能脱落或缺油脂，导向是否卡涩或无约束，支架、横梁是否开焊、变形，下水是否堵塞，水是否浸泡管道表面，保温、阀门是否完好，补偿器是否泄漏，管道或附件腐蚀情况等；测——测关键点表面温度，检查附件温变情况，及时发现缺陷。认真检查和记录，并与以前记录的数据进行比较及分析，及时有效地发现、处理缺陷。

测温方式：关键点温度为关键部位垂直于管轴线保温壳上、中、下表面各点的最高温度；在测量关键点温度与附近管道保温壳侧表面温度对比时，要求每次测温尽可能在同一范围内，以便更具有对比性。若发现关键点温度高于对比管道温度10℃以上时，必须查明原因，否则纳入缺陷管理。

（3）过桥管网，实施常规检查与关键点检查同时进行的方法，即以桁架、锚板、焊缝、管脱、限位、固定架和变形、位移等作为关键点进行重点检查和记录，并采取看和测：管托是否可能脱落，导向是否卡涩或无约束；桁架和锚板是否开焊、变形、腐蚀、开裂或倾斜；保温、阀门是否完好；补偿器是否泄漏；管道随温度变化位移等情况。认真检查和记录，并与以前记录数据进行比较及分析，及时有效地发现、处理缺陷。

（六）检查维护措施

（1）对所有井室管网及附件进行编号，方便维护巡检对应记录。

（2）地沟、隧道及井室检查必须办理工作票。检查结束后，必须及时办理工作票终结手续，以防出现人身安全事故。

（3）维护巡检至少两人，巡检人必须佩戴安全帽，带手电筒、井钩子、巡检棒、手套、卷尺、测温枪及记录本和笔等，地沟隧道应穿水靴。

（4）地沟、隧道及井室内必须注意防火，严禁维护巡检人员引燃明火及吸烟。防范缺氧、有害气体，防触电。上下爬梯必须预防跌伤、刮伤。

（5）若巡检中发现问题，须按规定记入巡检记录本，并及时报告相关部门及领导：对发现的缺陷，由公司制定消缺方案，并按工作流程及时进行审批和实施。

（6）管道在潮湿、浸水环境下，必须按规定检查，对已确定的隐患点（测厚等），必须建立历年检测管道壁厚档案，以便掌握管道缺陷发展情况。

（7）严禁在支架和管网周围进行施工及吊装等作业，发现该现象立即向相关部门汇报，公司同意外单位在管网附近施工，必须进行现场安全监护。

二、管网设备检修标准

（一）检修工作的程序步骤

一般检修工作的程序步骤主要分为以下几步：制定检修计划、编制检修方案、检修队伍（人员、机具等）和检修材料准备、开工前准备（包括安全措施，安全、技术交底等）、组织施工、验收及试运行（包括资料存档）。

（二）制定检修计划依据

（1）点检系统。

（2）热用户反馈。

（3）日常缺陷管理，设备缺陷统计分析，比如缺陷产生所属区域或管段缺陷率、哪年的设备易发生故障、哪个厂家提供的设备故障率高、哪些型号的设备易发生故障、哪些设备接近使用年限等，通过筛选列出检修项目。

（4）对热用户投诉量大或者政府行业主管部门督办的事项，也要优先考虑列入检修计划。

（三）检修方案编制

主要要结合现场实际情况，检修队伍要把好单位和人员资质关。检修材料的准备要提前，做好材料验收。

检修工作开始前要做好如下必要的安全措施：

（1）开工前必须办理检修工作票。必须对检修现场设置围挡或围栏。室外管网检修宜采用封闭施工，并符合下列规定：围挡高度不小于1.8m，围栏高度不小于1.2m。施工现场夜间必须设置照明、警示灯和具有反光功能的警示标志。

（2）热网检修在开始工作前，必须检查与供热管段是否可靠切断，确保安全，如阀门上锁、法兰加堵板等措施。并认真执行工作票，严禁在检修范围内做其他无关操作。

（四）设备维护、检修

在供热管网上安装、更换的设备及附件均应符合国家现行有关标准，其工作参数应符合供热管网要求。更换设备和附件时，易磨损、老化、变形、腐蚀的设备附件应选用新品设备，检修时尽量使用新材料、新工艺。检修后的设备性能指标应满足原设计要求。管壁腐蚀深度超过原壁厚的1/3时，必须更换管道。

（五）管道更换

（1）直埋保温管。放线定位→挖管沟→拆除旧管道→铺底砂、夯实→新管道敷设→水压试验（或管道检测）→保温管补口→填盖细砂→回填土夯实。

（2）管沟。放线定位→挖管沟→拆除旧管道→铺底砂、夯实→新管道敷设→水压试验（或管道检测）→保温管补口→填盖细砂→回填土夯实。

（3）架空安装。支架检查、修复→管道拆除→管道安装→水压试验→防腐保温。目前蒸汽热力网采用架空的较多，现在也开始采用直埋敷设。管道开挖前要提前放线定位，另外要对其他市政管线设施做好充分了解，必要时提前联系相关单位人员协助指明位置、走向，地下管网特别复杂的地区，应人工开挖探坑（一般来说，年代较长的旧管道敷设，经常出现当年施工资料不全或者其他单位施工在管道上方或周围埋入新管道的情况，造成破坏第三方管线的情况）。

（4）开挖时挖掘机要有专人指挥，挖掘机工作范围内禁止无关人员进入，避免机械伤害。根据现场施工条件、结构、埋深和有无地下水等因素，选用不同的开槽断面，并应确定施工段的槽底宽度、边坡、留台位置、上口宽度及堆土和外运土量。在地下水位高于槽底的地段应采取降水措施，将土方开挖部位的地下水位降至基底以下 0.5m 后方可开挖。根据土质情况可以适当加大放坡系数，必要时采取边坡支护措施。

为便于管道安装，挖沟时应将挖出来的土堆放在沟边一侧，土堆底边应与沟边保持至少 0.6～1m 的距离，旧管道拆除后要将沟底打平夯实，以防止管道弯曲、受力不均。土方开挖应保证施工范围内的排水畅通，并应采取措施防止地面水或雨水流入沟槽。

（5）沟槽开挖、拆除旧管道、平整沟槽后即开始下管。放管时，吊点的位置应使管道平衡，柔性宽吊装带不得少于两条，吊装带宽度应大于 50mm，不得使用铁棍撬动外套管或用钢丝绳直接捆绑外壳，不得将管道直接推入沟槽内，沟内不得站人。

使用起重设备安装与拆卸管道时，起重设备经检查合格后方能使用。起吊时应有安全措施。严禁将重量加在管道上，也不得把千斤顶架设在其他管线上，在起重环节也经常出现安全事故，起重设备和吊车应设专人指挥，注意起吊周围环境、是否有高压电线，注意保持安全距离。起吊时使用专用工具控制吊件位置，防止碰伤人员；起吊时不宜使用单根吊带，以免重心不稳，吊件脱落；总之，起吊环节的安全措施不容忽视。

如果是架空管道检修，要提前搭设脚手架，做好防止高空坠落和高处落物伤人的措施。架空和管沟内管道更换检修，要先检查支吊架情况，如果需要更换支吊架，支吊架安装应符合相关规定。

对于直埋管道检修更换，当管道吊放到沟槽后，去掉端帽，进行对管。若下管前端帽已经缺失，对管前要对管腔进行清理。管道安装时，按管道中心线和管道坡度对口，应检查管道平直度，在距接口两端各 200mm 处测量，允许偏差为 1mm，在所对接钢管的全长范围内，最大偏差值不应超过 10mm；预制保温管的直管段必须对直，不允许在接头处出现折角和转角，钢管对口处应垫置牢固，不得在焊接过程中产生错位和变形；管道焊口与支架的距离应保证焊接操作的需要；焊口不得置于建筑物、构筑物等的墙壁中。等径直管段中不应采用不同厂家、不同规格、不同性能的预制保温管。管件对口的允许偏差和检验标准见表 3-2。

（6）壁厚不等的管口对接，当外径相等或内径相等，薄件厚度小于或等于 4mm 且厚度差大于 3mm，以及薄件厚度大于 4mm，且厚度差大于薄件厚度的 30％或超过 5mm 时，应将厚件削薄，见表 3-3。

表 3-2　管件对口的允许偏差和检验标准

项目		允许偏差	检验频次		量具
			范围	点数	
高程		±10mm	50mm	—	水准仪
中心线位移		每 10m≤5mm	50mm	—	挂边线、量尺
		全长≤30mm			
立管垂直度		每米≤2mm	每根	—	垂线、量尺
		全高≤10mm			
对口间隙 (mm)	管件壁厚 4～9：间隙 1.0～1.5	±1.0	每个口	2	焊口检测器
	管件壁厚≥10：间隙 1.5～2.0	−1.5 +1.0			

表 3-3　管件厚度的允许偏差和检验标准

管壁厚度（mm）	2.5～5.0	6～10	12～14	≥15
错边允许偏差（mm）	0.5	1.0	1.5	2.0

管道检修需要切管时，管子切口表面应平整，无裂纹、重皮、毛刺、凸凹、缩口、熔渣、氧化物、铁屑等，切口端面倾斜偏差不应大于管子外径的 1％，且不得超过 3mm。管的切割可用机械切割或乙炔氧气切割，不得用电焊切割。切割后应除去已熔化的金属和管端的氧化皮及毛刺，切割平面应与管道中心线相垂直。管道对口前，应用砂轮机清理坡口边缘 10mm 范围内的油污、毛刺、锈斑、氧化皮、油漆及其他对焊接有害的物质。如两管外径相差不超过小管径的 15％，可将大管端直径缩小至等于小管直径后对口焊接，此时装配后缩口中心偏移不得大于 5mm。当两管直径相差超过小管直径的 15％时，应使用机制大小头焊接。

预制直埋管道现场切割后的焊接预留管段长度应与原成品管道一致，且应清除表面污物。预制直埋热水管现场割配管长度不宜小于 2m，切割时采取防止外护管开裂的措施，焊接坡口应按设计规定加工，当设计无规定时，坡口形式和尺寸应符合 GB 50236—2011《现场设备、工业管道焊接工程施工规范》的规定。

坡口成形可采用气割（人工开坡口）或坡口机加工。加工后的坡口应清除渣屑或氧化铁，并用钢锉等修整，直至露出金属光泽。管道安装时的对口间隙和坡口处理相当重要，尤其是管径大、壁厚大的管道，如果不处理好，电焊不能击穿，难以保证焊接质量。

（7）管道焊接宜采用氩电联焊，即通常所说的采用氩弧焊接打底，电弧焊接罩面，以达到穿透力好、两面成型、内壁光滑无焊渣等要求。焊条应与母材材质相同，焊条不得受潮，熔化金属应无气孔、夹渣和裂纹。焊条直径应根据焊件的管径和壁厚选择。管道焊口与支架的距离应满足焊接操作的需要。管件上不得安装、焊接任何附件。各种焊缝应符合下列规定：

1）钢管、容器上焊缝的位置应合理选择，使焊缝处于便于焊接、检验、维修的位置，并避开应力集中的区域。

2）有缝管道对口及容器、钢板卷管相邻筒节组对时，纵缝之间应相互错开 100mm 以上。

3）容器、钢板卷管同一筒节上两相邻纵缝之间的距离不应小于 300mm。

4）管道两相邻环形焊缝中心之间距离应大于钢管外径，且不得小于 150mm。

5）管道任何位置不得有十字形焊缝。

6）管道支架处不得有环形焊缝。

在有缝钢管上焊接分支管时，分支管外壁与其他焊缝中心的距离，应大于分支管外径，且不得小于 70mm。当管道开孔焊接分支管道时，管内不得有残留物，且分支管伸进主管内壁长度不大于 2mm。在管道或容器上开口焊接时，开口直径、焊接坡口的形式及尺寸、补强钢件及焊接结构等应按设计要求执行。

电焊焊接有坡口的钢管及管件时，焊接层数不得小于两层。在壁厚为 3～6mm 且不加工坡口时，应采用双面焊。管道接口的焊接顺序和方法，不应产生附加应力。

多层焊接时，第一层焊缝根部应均匀焊透，不得烧穿。各层接头应错开，每层焊缝的区度宜为焊条直径的 0.8～1.2 倍，不得在焊件的非焊接表面引弧。每层完后，应清除熔清、飞溅物等并进行外观检查，发现缺陷，应铲除重焊。在焊缝未完全冷却之前，不得在焊缝部位进行敲打。

在 0℃ 以下的气温中焊接，应清除管道上的冰、霜、雪；做好防风、防雪措施；预热温度可根据焊接工艺制定，焊接时应保证焊缝自由收缩和防止焊口加速冷却，应在焊口的 5mm 范围内对焊件进行预热。

一般来说，雨季施工时不要一次开挖沟槽过长和下管过多，安装完马上检测、补口、回填，压住管道。另外做好排水，不要让雨水进入管沟。这样一般可以防止浮管。

另外当施工间断时，管口应用堵板临时封闭。这样既可以防止雨季施工泥浆进入管道，也可以防止小动物进入。

（8）管道安装完成后，进行强度试验或检测合格就可以开始接口保温。现场管道进行接口保温时，接头处钢管表面应干净、干燥。当周围环境温度低于接头原料的工艺使用温度时，应采取有效措施，且应在沟内无积水、非雨天的条件下进行。当管段被水浸泡时，应清除被浸湿的保温材料后方可进行接口保温，保证接头质量。对采用玻璃钢外壳的管道接口，使用模具作接口保温时，接口处的保温层应和管道保温层顺直，无明显凹凸及空洞，接口处玻璃钢防护壳表面应光滑顺直，无明显凸起、凹坑、毛刺，防护壳厚度不应小于管道防护壳厚度，两侧搭接不应小于80mm。根据管网泄漏现场的调查和分析，管道因腐蚀而造成的泄漏占很大比例。而造成管道腐蚀的一个重要原因就是管道的保温脱落和保温接口处处理不当，其中保温接口和裸弯头现场保温处理不好造成管道腐蚀泄漏又占较大比例。在实际管道施工和安装过程中，现场保温往往被忽视，常见的有管道表面不清理、手工发泡、发泡前接口不做气密性试验、发泡胶外漏、发泡不均匀、密实度不够。检修换管时，现场保温是不可避免的一道工序。

（9）保温后，进行管沟盖板及路面恢复，架空管道进行拆除脚手架等恢复工作。直埋管道需要进行回填夯实。回填土厚度应根据夯实或压实机具的性能及压实度确定，并应分层夯实，直埋管道虚铺厚度按表3-4执行。

表3-4　直埋管道虚铺厚度

夯实或压实机具	虚铺厚度（mm）
振动压路机	≤400
压路机	≤300
动力夯实机	≤250
木夯	<200

回填压实应不得影响管道或结构安全。管顶或结构顶以上500mm范围内，应采用人工夯实，不得采用动力夯实机或压路机压实；沟槽回填土的种类、密实度应符合设计要求：回填土时沟槽内应无积水，不得回填淤泥、腐殖土及有机物质；不得回填碎砖、石块、大于100mm的冻土块及其他杂物：回填土的密实度应逐层进行测定。回填环节需要注意几个问题：回填前应先将沟槽内的套管孔洞或废弃管道的孔洞严密封堵，穿过管沟的其他市政管线做好防护，回填时分层夯实。

（10）检修后的恢复。

1）检修工作完成后，恢复安全措施。清理现场环境，做到工完、料净、场地清。

2）与运行人员一起试运、验收合格后注销工作票。动火作业后，注意焊渣等的清理，确认没有点火源。孔洞做好封堵，栏杆、扶手等恢复原状。盖好地沟盖板，不要虚搭。检修后将各类标识、标牌恢复好。

3）结合检修工作，做好现场"7S"工作。做好设备异动，以及检修资料的整理、归档工作。

三、管道检修管理

（一）一般规定

（1）新管道使用前的检验：按设计要求核对钢号、通径和壁厚。

（2）管道年久运行，管壁腐蚀深度超过原壁厚1/3或出现砂眼，须经鉴定，片区负责人批准方可更换新管道。更换新管道后，其标高、坡度、坡向、折角、垂直度应考虑原设计要求且符合相关现行行业标准。

（3）发现管道的焊缝有砂眼时，严禁直接捻打、补焊。须做好安全措施后进行补焊或更新管子。

（4）管路密集的地方，应留有足够间隙以备膨胀及敷设保温材料用。

（5）接口处的法兰盘预先紧力后再与管路焊接，以消除张口。

（6）管路安装完毕，用 1.25～1.5 倍的工作压力做水压试验。

（7）两固定间的直管段，按设计图纸要求装设膨胀补偿器。

（8）管道保温应遵循原设计要求，或满足现行行业标准有关规定执行。

（9）管道需要焊补时，焊缝中心线距离管子弯曲起点不得小于管子外径，且不得小于 100mm。其与支吊架边缘的距离不小于孔径，且至少为 50mm。

（10）直管段上两对接焊口中心面间的距离：当管道公称尺寸大于或等于 150mm 时，不应小于 150mm；当公称尺寸小于 150mm 时，不应小于管道外径且不应小于 100mm。

（11）当采用管道开孔焊接分支管道时，分支管伸进主管道内壁长度不得大于 2mm。

（12）钢管的切割可用机械切割或乙炔氧气切割，不得用电焊切割。切割后应除去已熔化的金属和管端的氧化皮及毛刺，切割平面应与管道中心线相垂直。被焊接件的焊接面及坡口处不得有氧化皮、铁锈、油污等。

（13）不同管径的管道焊接时，如两管外径相差不超过小管径的 15％，可将大管端直径缩小至等于小管直径后对口焊接，此时，装配后缩口中心位移不得大于 5mm。当两管直径相差超过小管直径的 15％时，应使用机制大小头焊接。

（14）发现有裂痕或焊接处管子位移超过有关规定时，应切除焊缝后重焊，严禁用敛缝的方法消除焊缝缺陷。当焊缝的焊渣及金属沫没有完全去除时，不得重焊。

（15）更换管段时应将更换或加装部分的保温层拆除，查明有无焊缝。当加装部位尺寸允许时应尽量减少焊缝；当更换部位尺寸不允许时，两管焊缝间距应大于管子外径，且不小于 150mm。

（16）管道连接前或管道与连接件安装前，应将管道和管件内部清扫干净。

（17）更换直埋管道时，可按 CJJ/T 81《城镇供热直埋热水管道技术规程》的规定执行。

（18）对管网的漏点处进行修补，并对经过实测，管壁减薄严重（超原壁厚 1/3）、不能保证安全供热的管段进行更换。更换后的管道，其标高、坡度、坡向、折角、垂直度应符合原设计和 CJJ 28《城市供热管网工程施工及验收规范》的要求。

（19）更换整个管段时，新换的管段与相邻两侧原有管道的中心线应保持一致，管道不得有变形。

（20）管道翻修完毕后，翻修段应进行水压试验，试验压力为工作压力的 1.2～1.5 倍，稳压 20～30min，各焊缝无渗漏。当不具备水压试验条件时，必须进行 100% 无损检测（射线或超声探伤）。水压试验应按照 CJJ 28《城市供热管网工程施工及验收规范》及 CJJ 88《城镇供热系统运行维护技术规程》的有关规定执行。

四、法兰紧固件检修管理

（一）一般规定

（1）螺纹应完整、光洁、配合良好，无毛刺、断裂、倒牙和脱扣。

（2）螺母应能用手自如拧到螺栓的全部螺纹上，不允许有松动现象。

（3）因螺栓工作在高温、较脏条件，易生锈腐蚀，可喷涂螺栓松动剂后用手锤敲击螺母，使易于松卸。

（4）法兰螺栓应除锈、涂机油和黑铅粉，螺母下面应使用垫圈。紧固螺栓时受力应一致，紧固后丝扣外露长度应为 2～3 倍螺距。当需用垫圈调整时，每个螺栓应只能使用一个垫圈。

（二）紧固件安装

（1）安装前选择合适的紧固件，检查外观质量及强度等级。

（2）旋动螺纹工具应根据紧固件规格和使用地点进行选择。小于 M16 的螺栓，可以使用活络扳手，但严禁与手锤或弯管配合使用。大于 M16 的螺栓，推荐使用特制专用工具，可与大锤或弯管配合使用。

（3）螺栓直径应小于法兰螺栓孔径 1～3mm，紧固好的螺栓螺纹长出螺母 3～5mm。

（4）紧螺栓前，检查设备内部无遗留物，部件安装正确，法兰止口对中，垫料符合质量标准。

（三）紧固件拆卸

（1）松卸螺栓前，法兰、门盖应打上标记，并要对称四点测量间隙，以便组装。

（2）拧松螺栓时，须先把法兰盘上离身体远的一侧螺栓松开，再略松离身体近一侧的螺栓，以防残留汽、水烫伤工作人员。

五、法兰垫检修管理

（1）法兰密封面应无裂痕，结合面应无损伤。

（2）凸凹法兰应自然嵌合，螺纹应无损伤。

（3）螺栓和螺母的螺纹应完整，丝扣应无毛刺或划痕。

（4）螺栓和螺母拧动应灵活，配合应良好。

（5）更换法兰垫时应清除法兰面上的旧垫片及杂物，水线应清晰。严禁将法兰面划伤，出现严重伤痕的必须更换法兰。

（6）法兰垫应符合国家有关标准的规定，使用前涂机油和黑铅粉。安装前应对正法兰中心，严禁使用双层垫。

（7）法兰垫内径应比法兰内径大 2～3mm，外径不得小于法兰突起部分。

六、支吊架检修管理

（一）固定支架检查

（1）管子应紧贴地（没有间隙）安置在托枕上，卡箍应紧贴地（没有间隙）卡住管子。

（2）钢支架基础与地板结合应稳固，不允许管子在固定支架中有走动现象。外观无腐蚀、无变形。

（二）活动支架检查

（1）活动支架的基础应牢固，外观无变形和位移。活动支架不应妨碍管道自由膨胀，活动部件不应有歪斜和卡住现象。

（2）滑动支架下部槽铁中心，应安放在与管子膨胀方向相反且与支架中心距离等于管子伸长距离的 1/2 处。

（3）导向支架的导向结合面应平滑，不得有歪斜、卡涩现象，并应保证管道只沿轴线方向滑动。

七、补偿器检修管理

使用的补偿器应符合相关标准要求，补偿器安装前应先对补偿器进行外观检查，保证产品安装长度、尺寸符合管网原设计要求，并校对产品合格证。需要进行预变形的补偿器预变形量应符合设计要求。安装操作时，应防止各种不当的操作方式损伤补偿器。补偿器安装完毕后，应按要求拆除固定装置，并应按要求调整限位装置。供热管网运行中各补偿器应无泄漏，一旦发生泄漏应立即隔离处理。

（一）套管补偿器检修标准

（1）补偿器检修后补偿自如，能随管道的伸缩在外壳内进行自由滑动，且填料处无工质泄漏。

（2）螺栓、螺母除锈涂油，可拆性能好。

（3）套筒长管表面除锈见光，腐蚀斑点中的锈粉应洗净。

（4）填料要清洗，不得粘有土或其他杂质，质量和尺寸应符合规定的要求。

（5）加填料前，套筒内最后一圈填料应掏净、无碎渣。盘根加满后，最外一圈应平整、无损，无开裂现象。填料接头应切成 45°斜角，不应旋转加入，下料长短合适。各圈填料的接头应错开 90°搭接。

（6）压紧填料时，压兰螺栓必须对称同时上紧，并使全部螺栓紧力一致，压兰与芯管之间缝隙均匀。每圈填料只允许有一个头。

（7）外观应无泄漏、变形等现象。

（8）套筒组装应符合工艺要求，盘根规格与填料函间隙应一致。

（9）套筒的前压紧圈与芯管间隙应均匀，盘根填量应充足。

（10）螺栓应无锈蚀，并应涂油脂保护。

（11）柔性填料式套筒填料量应充足。

（12）芯管应有金属光泽，并应涂油脂保护。

（13）整体更换，应符合原设计对补偿量和固定支架推力的要求。

（二）波纹补偿器检修标准

（1）外观应无变形、渗漏、卡涩和失稳现象。

（2）轴向型补偿器应与管道保持同轴。

（3）焊缝处应无裂纹。

（4）轴向型补偿器同轴度应保持在自由公差范围内。内套有焊缝的一端宜安装在水平管道的迎介质流向，在垂直管道上应将焊缝置于上部。

（5）如更换波纹补偿器，应首先进行外观检验，波纹管部分不得有凹痕、划伤、起弧点和焊接飞溅等缺陷。管口周长的允许偏差：公称直径大于 1000mm 时为 ±6mm，小于或等于 1000mm 时为 ±4mm。波顶直径偏差为 ±5mm。

（6）安装前应进行预拉伸或预压缩试验，补偿器不得有变形不均现象。

（7）波纹补偿器安装时应与管道保持同轴，不得偏斜，偏斜不应大于自由公差。内套有焊缝的一端，在水平管道上应迎介质流向安装，在垂直管道上应将焊缝置于上部。

（8）根据检修现场需求，补偿器安装时，应在波纹补偿器两端加设临时支撑装置，在管道安装固定后，再拆除临时设施，并检查是否有不均匀沉降。

（9）波纹补偿器不得用于补偿安装误差引起的位移。安装后的波纹管不得有扭转。

（三）球型补偿器

（1）外观应无泄漏、腐蚀和裂缝现象。

（2）两垂直臂的倾斜角应与管道系统相同，外伸缩部分应与管道坡度保持一致，转动应灵活，密封应良好。

（3）检修过程中辅助设施应牢固。

八、热力井室检修标准

（1）热力井室土建结构外表面无破损，内部保持清洁，便于维护、检修。应定期检查土建结构的完好情况，不得有渗漏、积水泡管。

（2）热力井室顶板不得有酥裂、露筋腐蚀和断裂现象。

（3）热力井室的井盖应有明显标志，位于车道上的检查室应使用加强井盖。

（4）井盖不得有损坏、遗失现象。更换井圈时，宜高出地面 5mm，或按市政要求确定。

（5）井室爬梯应无腐蚀、不缺步，爬梯扶手应牢固、无松动。

九、除污器检修管理

（一）除污器的检修标准

（1）通过除污器后的水应不含杂质和污垢。

（2）除污器的位置应按介质进出口流向正确安装，排污口朝向位置应便于检修。

（3）立式直通式除污器的出水管不得堵塞，卧式除污器的过滤网应清洁。

（4）出水管滤网不得有腐蚀或脱落现象。

（5）除污器的承压能力应与管道的承压能力相同。

（6）立式除污器的排气阀应操作灵活，手孔密封，不得有漏水现象。

（7）卧式除污器滤网应能自由取放，不得强行取放。

（8）滤网孔眼应保持 85% 以上畅通，流通面积低于设计的 80% 时应及时清洗。

（9）除污器应能够自动投入运行，滤网无堵塞。

（10）除污器外观完好、标识清洗，无明显外部渗漏点，各表计正常。

（11）除污器检修前编制检修文件包，落实检修安全措施。

（12）检查除污器各密封件磨损情况，特别是易老化部件要及时更换。

（13）清理除污器滤网，一般滤网过滤孔损坏达到 10% 需要更换。

（14）对有锈蚀、油污和氧化皮的零、部件表面应除锈、去污和去除氧化皮，并做防锈处理。

（15）检查除污器内筒壁，需进入除污器的检修作业，开工前应先打开除污器人孔门进行强制通风。

（16）除污器壳体污渍清理干净后应检查腐蚀情况，对壳体减薄较多、无法达到相应压力工况下使用要求的应对壳体进行修复或更换。

（17）除污器检修过程中起吊作业中使用的电动工器具及起重工具应经过安全检验合格后方可使用。

（18）起重作业要由有资质的专业人员指挥，严禁在起吊的重物下行走或逗留。

（19）除污器检修后应达到下列要求：

1）密封处达到管网运行最高压力时，无泄漏。

2）紧固件无松动。

3）除污器内部无锈蚀、斑点，外部整洁，设备标识齐全。

4）设备检修记录及原始档案齐全。

5）检修场地清洁，无杂物遗留。

6）运行压差应不超过 0.01MPa。

（二）除污器的清淘检修

（1）除污器如果法兰、丝口、焊口泄漏，应按工艺要求进行处理。

（2）当换热站除污器进、出口压力差超过 0.02MPa 时，应对除污器进行清淘。清淘按以下步骤进行：

1）关闭除污器前后阀门，打开排污阀，进行泄水，直至压力值为零。

2）卸下除污器顶盖紧固螺栓，然后用手锤振动除污盖，松动后取下，如右棉垫破损需更换。

3）用勺、铁刷等工具清除杂物及内壁污垢，冲洗滤网。

4）用带黄油的紧固螺栓对角紧固除污器盖。

5）缓慢打开除污器出、入口阀门，排除空气，无泄漏后，可投入正常进行。

（3）除污器清淘时，同时应检查过滤孔是否正常，若异常则进行检修。

第三节　管网设备常见故障及处理方法

一、管道常见故障的处理方法

供热管网和辅助设施发生故障后，应即时进行检查、原因分析和故障处理，按下列原则制定突发故障处理预案：

（1）保证人身安全。

（2）尽量缩小停热范围和停热时间。

（3）尽量降低热量、水量损失。

（4）避免引起水击。

（5）严寒地区防冻措施。

（6）现场故障处理安全措施。

管道常见故障的处理方法见表 3-5。

表 3-5　管道常见故障的处理方法

故障	故障原因	处理方法
泄漏	焊接缺陷，如未焊透、咬边、气孔、夹渣、裂纹等造成泄漏；管道锈蚀造成局部泄漏	可采取挖补或补焊法等临时措施处理，停热后更换腐蚀管段
	补偿器故障，导致热应力过大，造成固定支架处管壁撕裂或管道刚度不足处裂纹	可打临时卡箍，停热后更换补偿器及受损管道
弯曲脱落	套筒卡死，热伸长无法吸收，造成管道弯曲，从支架上脱落	更换套筒，将管道顶复位
	滑动支墩酥裂	更换滑墩

二、法兰泄漏的常见处理方法

法兰泄漏的常见处理方法见表 3-6。

表 3-6　法兰泄漏的常见处理方法

主要原因	处理方法
垫片材料选择不当或垫片失效	更换新垫片，垫片材料应按介质种类和工作参数选用
垫片过厚，被高压介质刺穿	改换厚度符合规定的垫片
法兰拆开后不换垫片进行回装	法兰拆卸复原时应更新垫片
法兰密封面上有缺陷	深度不超过 1mm 的凹坑、径向刮伤等缺陷，在车床上旋平；深度超过 1mm 的缺陷，在清理缺陷表面后用电焊焊补，用锉清理后再磨平或旋平
相连接两个法兰密封面不平行	将法兰侧管子割断并重新安装，使之与另一法兰平行
管道投入运行后，未进行热拧紧	进行适当热拧紧

三、补偿器常见故障的处理方法

补偿器常见故障的处理方法见表 3-7。

表 3-7　补偿器常见故障的处理方法

补偿器种类	故障	故障原因	处理方法
套筒补偿器	泄漏	套筒因管道移位或下沉造成直管倾斜	更换套筒
	不能工作	支架或滑墩损坏严重，管道下沉或移位，导致套筒卡死	修复支架或滑墩将管道复位，更换套筒
波纹补偿器	泄漏	在热应力条件下发生的腐蚀造成穿孔	更换，并检查不锈钢材质及波纹管工作环境的 Cl^- 浓度。如工作环境的 Cl^- 浓度过高，必须治理直至符合波纹管材质要求
波纹补偿器	不能伸缩	两端管道安装未能对正，导致卡死	修正复位，更换套筒
		拉筋螺母未松开	松开拉筋

四、除污器失效的常见处理方法

除污器失效的常见处理方法见表 3-8。

表 3-8　除污器失效的常见处理方法

主要原因	处理方法
除污器安装方向不正确	除污器安装方向应按热介质流动方向，进、出口不能装反，严格按照标准安装
过滤装置发生损坏	加强日常维护巡检频率，及时发现并更换处理
手孔、顶盖、除污网污垢堵塞	停止除污器运行或打开除污器旁通阀门。关闭除污器出入口阀门，打开除污器清理孔清理污物。可用手锤敲击滤水花管，振落卡在花管上的颗粒，然后打开除污过水端的阀门，借助水的冲力清除颗粒。进行冲除时，应用大流量猛冲猛泄，反复几次，直到冲干净

续表

主要原因	处理方法
除污器未安装旁通管路	加装旁通管路
除污器内壁腐蚀损伤	停运后按原型号重新更换新的除污器
除污器法兰垫片泄漏	更换法兰垫片

第四章 水泵设备

本章第一节讲述热网系统中常见的泵类型。第二节讲述离心泵的原理与主要性能参数，编写本节的目的是提高运行检修人员的理论水平，增强分析问题、解决问题的能力。第三节讲述离心泵的分类与构造，主要是对新工作人员起导向作用。第四节讲述水泵的维护与检修，主要是对水泵的日常维护与检修工艺及质量标准进行简述。第五节讲述液力耦合器的维护与检修，主要是对泵的工作原理、调节方式、常见故障处理进行简述。第六节略述其他形式的泵，如齿轮泵、螺杆泵等，它们的原理构造与离心泵不同，因而单独列出作一般介绍。

第一节 概 述

热网系统中，配置有许多不同类型的水泵。如热网疏水泵、热网循环泵、热网补水泵、闭式水泵、二级管网补水泵等离心水泵，这些水泵就像人的心脏一样，促使着热网系统的工质循环。全面地了解水泵的性能与构造，掌握水泵的运行与检修相关知识，是热网设备检修人员的"硬素质"之一。离心泵如图 4-1 所示。

图 4-1 离心泵

第二节 离心泵的原理和性能参数

一、离心泵的原理及特点

（一）原理

离心泵品种很多，结构各有差异，但其基本结构相似，主要由叶轮、泵壳、泵盖、转轴、密封部件和轴承部件等构成。泵壳泵盖组件内装有叶轮。由电动机带动轴上的叶轮旋转对液体做功，从而提高液体的压力能和

38

动能。液体由泵体的吸入室流入，由泵体的排出室流出。叶轮前盖板的密封环和叶轮后盖板后端的填料与填料环防止从叶轮流出的液体泄漏。轴承和轴承悬架（托架）支持转轴。整个泵和电动机安装在一个底座之上。一般离心泵的液体过流部件是吸入室、叶轮和排出室。对过流部件的要求主要是达到规定的流量和扬程，液体流动连续、稳定、流动损失小、效率高，以节省能耗。对其他零部件的综合要求主要是结构紧凑、工作可靠、拆装方便、经久耐用。

为了使离心泵正常工作，离心泵必须配备一定的管路和管件，这种配备有一定管路系统的离心泵称为离心泵装置。主要包括吸入管路、底阀、排出管路、排出阀等。离心泵在启动前，泵体和吸入管路内应灌满液体，此过程称为灌泵。启动电动机后，泵的主轴带动叶轮高速旋转，叶轮中的叶片驱使液体一起旋转，在离心力的作用下，叶轮中的液体沿叶片流道被甩向叶轮出口，并提高了压力。液体经压液室流至泵出口，再沿排出管路送到需要的地方。泵体内的液体排出后，叶轮入口处形成局部真空，此时吸液池内的液体在大气压力作用下，经底阀沿吸入管路进入泵内。这样，叶轮在旋转过程中，一面不断地吸入液体，另一面又不断地给予吸入的液体一定的能量，将液体排出。由此可见，离心泵能输送液体是依靠高速旋转的叶轮使液体受到离心力作用，故名离心泵。

离心泵吸入管路上的底阀是单向阀，泵在启动前此阀关闭，保证泵体及吸入管路内能灌满液体。启动后此阀开启，液体便可以连续流入泵内。底阀下部装有滤网，防止杂物进入泵内堵塞通道。

离心泵在运转过程中，必须注意防止空气漏入泵内造成"气缚"，使泵不能正常工作。因为空气比液体的密度小得多，在叶轮旋转时产生的离心作用很小，不能将空气抛到压液室中去，使吸液室不能形成足够的真空，所以离心泵便没有抽吸液体的能力。

对于大功率泵，为了减少阻力损失，常不装底阀、不灌泵，而采用真空泵抽吸气体，然后启动。

离心泵示意图如图 4-2 所示。

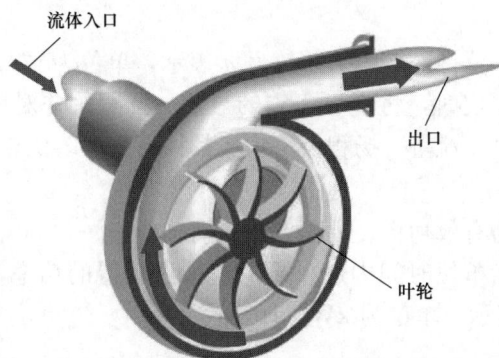

图 4-2　离心泵示意图

（二）特点

（1）当离心泵的工况点确定后，离心泵的流量和扬程（当吸入压力一定时，即为离心泵的排出压力）是稳定的，无流量和压力脉动。

（2）离心泵的流量和扬程之间存在着函数关系。当离心泵的流量（或扬程）一定时，只能有一个相对应的扬程（或流量）值。

（3）离心泵的流量不是恒定的，而是随其排出管路系统的特性不同而不同。

（4）离心泵的效率因其流量和扬程而异。大流量、低扬程时，效率较高，可达80%；小流量、高扬程时效率较低，甚至只有百分之几。

（5）一般离心泵无自吸能力，启动前需灌泵。

（6）离心泵可用旁路回流、出口节流或改变转速调节流量。

（7）离心泵结构简单、质量轻、易损件少，安装、维修方便。

水泵的主要性能参数是扬程、流量、转数、轴功率、效率。

二、离心泵的性能参数

（一）扬程

单位质量的流体在通过水泵后所获得的总能头称为扬程，也就是泵能把液体提升的高度或增加压力的多少。用符号 H 表示，单位用 m 或 N·m/N 表示。扬程的表达公式为

$$H = \frac{p_c - p_s}{\gamma} \tag{4-1}$$

式中　p_c、p_s——泵出、入口处绝对压力，Pa（N/m^2）；

　　　　γ——所抽送液体重度，N/m^3。

（二）流量

泵在单位时间内所输送的流体量，用体积流量 q_V 表示，单位为 m^3/h 或 L/s。也可以用质量流量 q_m 表示，单位为 kg/s 或 t/h。计算公式为

$$q_m = \rho q_V \tag{4-2}$$

式中　ρ——流体密度，kg/m^3。

（三）转速

转速是泵轴每分钟的转数，用符号 n 表示，单位为 r/min，对于同一台泵来说，当转速固定时，将产生一定的流量、扬程，并对应着一定的轴功率；当转速改变时，流量、扬程及轴功率都将随之而改变。

（四）功率

泵的功率分为有效功率、轴功率和原动机功率。

有效功率是指单位时间内通过泵的流体所获得的功率，即泵的输出功率，用符号 N_e 表示，单位为 kW。计算式为

$$N_e = \frac{\rho g H Q}{1000} \tag{4-3}$$

式中 ρ——泵输送液体的密度，kg/m^3；

g——重力加速度，$g = 9.807m/s^2$；

H——泵的扬程，m；

Q——泵的流量，m^3/s。

轴功率是指单位时间内由原动机传动给泵轴的功，用符号 N 表示，单位为 W 或 kW。

（五）效率

效率是指泵的有效功率与轴功率的比值，用公式表示泵效率 η 为

$$\eta = \frac{N_e}{N} \times 100\% \tag{4-4}$$

式中 N_e——泵的有效功率，kW；

N——泵的轴功率，kW。

泵的效率反映了泵中能量损失的程度。泵内液体流动时能量损失越小，泵的效率越高，也就是说液体从原动机中所得的功率有效部分越大。由于泵在运行时，存在容积损失、水力损失和机械损失。所以，泵的总效率 η 可用公式表示为

$$\eta = \eta_v \eta_h \eta_m \tag{4-5}$$

式中 η_v——容积效率；

η_h——水力效率；

η_m——机械效率。

第三节　离心泵的分类与构造

一、离心泵的分类

离心泵的分类有很多种，根据不同的标准和需求，离心泵可以进行多种分类。

（一）按叶轮级数分类

（1）单级泵。即在泵轴上只有一个叶轮，流体在泵内只增加一次能量，其特点是容量较小、压力较低、结构简单、扬程低。

（2）多级泵。即在泵轴上有两个或两个以上的叶轮，每个叶轮提供一部分能量，这时泵的总扬程为多个叶轮产生的扬程之和，其特点是压力高、扬程远、流量稳定，但是结构比较复杂，工艺性要求较高，检修和维护都比较困难。

（二）按工作压力分类

（1）低压泵。工作压力在 2MPa 以下的水泵。

（2）中压泵。工作压力在 2～6MPa 之间的水泵。

（3）高压泵。工作压力在 6MPa 以上的水泵。

（三）按叶轮吸入方式分类

（1）单吸离心泵。液体从叶轮的一侧进入，其特点是流量小、压力高、扬程高。

（2）双吸离心泵。液体从叶轮两侧同时进入，这种泵适用于流量较大的场合，且能够平衡轴向推力，减小轴向力；其特点是流量大、压力低、扬程低。

（四）按泵轴的方向分类

（1）卧式离心泵。泵轴位于水平位置，适用于输送流量大、扬程低的液体。卧式离心泵如图 4-3 所示。

（2）立式离心泵。泵轴位于垂直位置，适用于输送流量小、扬程高的液体。立式离心泵如图 4-4 所示。

图 4-3　卧式离心泵　　　　图 4-4　立式离心泵

（五）按泵壳的连接方式分类

（1）中开式离心泵。壳体通过轴的中心线沿水平分开。检修方便，但级数不够多。

（2）分段式离心泵。壳体沿与主轴垂直的平面分开。制造工艺简单，组装检修比较复杂。

（六）按叶轮结构分类

（1）敞开式叶轮离心泵。叶轮是开放的，适用于输送含有固体颗粒的介质。

（2）半开式叶轮离心泵。叶轮的一部分是封闭的，适用于输送含有悬浮颗粒的介质。

（3）封闭式叶轮离心泵。叶轮完全封闭，适用于输送纯净的液体。

（七）按叶轮出水方向分类

（1）蜗壳泵。水从叶轮出来后，直接进入具有螺旋线形状的泵壳。

（2）导叶泵。水从叶轮出来后，进入外面的导叶，然后流入下一级或排出。

（八）按安装高度分类

（1）自灌式离心泵。泵轴低于吸水池池面，启动时不需要灌水，可自动启动。

（2）吸入式离心泵（非自灌式离心泵）。泵轴高于吸水池池面，启动前需要先用水灌满泵壳和吸水管道。

总之，离心泵的分类非常多样，每种分类都有其特定的应用场合和优势。选择合适的离心泵需要根据具体的工作条件、输送介质的性质、扬程和流量要求等因素综合考虑。

二、离心泵的型号

通常水泵型号由三部分组成：第一部分为数字，表示缩小为 1/25 的吸水管直径（mm）；第二部分为大写字母，表示水泵的结构类型；第三部分为数字，表示缩小 1/10 并化为整数的比转数。

在型号说明中，常见的字母有：

B 或 BA 型——即旧式的 K 型，代表单级单吸悬臂式离心泵。

IS 型——ISO3 国际标准型单级单吸离心水泵。

S 或 Sh 型——单级双吸、水平中开泵壳式离心泵。

FD 型——即旧式的 SSM 型，为多级低速离心泵。

D 或 DA 型——多级分段式离心泵。

DG 型——多级分段式电动给水泵。

NL 型——立式凝结水泵。

PW 型——供排污水用的单级泵。

Y——离心式油泵。

三、离心泵的构造

离心泵构造如图 4-5 所示。

（一）叶轮

叶轮是把电动机输入的机械功直接传给液体，使液体获得动能、势能及压力能的部件，叶轮分单吸叶轮和双吸叶轮。

离心泵叶轮从外形上可分为开式、半封闭式和封闭式三种形式，如图 4-6 所示。

封闭式叶轮由叶片与前、后盖板组成。封闭式叶轮的效率较高，制造难度较大，在离心泵中应用最多。适于输送清水、溶液等黏度较小的、不含颗粒的清洁液体。

半封闭式叶轮一般有两种结构：一种为前半开式，由后盖板与叶片组成，此结构叶轮效率较低，为提高效率需配用可调间隙的密封环；另一种为后半开式，由前盖板与叶片组成，由于可应用与封闭式叶轮相同的密封环，效率与封闭式叶轮基本相同，且叶片除输送液体外，还具有密封作用。

半封闭式叶轮适于输送含有固体颗粒、纤维等悬浮物的液体。半开式叶轮制造难度较小，成本较低，且适应性强，并用于输送清水和近似清水的液体。

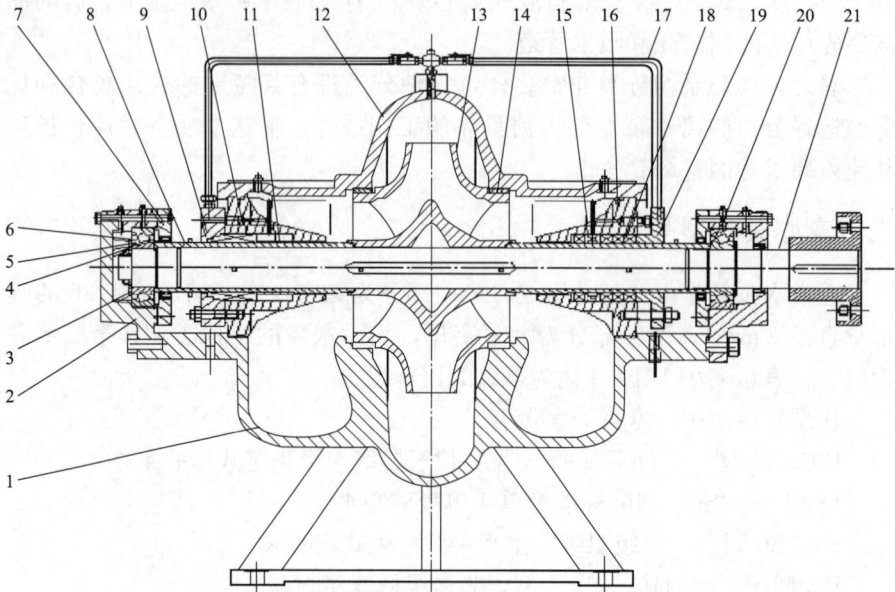

图 4-5　离心泵构造

1—泵体；2—轴承体；3—深沟球轴承；4—锁紧螺母；5—骨架油封；6—轴承压环；
7—轴承压盖；8—轴套；9—机封压盖；10—机械密封；11—密封衬套；12—泵盖；
13—叶轮；14—口环；15—填料环；16—密封体；17—水封管部件；18—填料；
19—填料压盖；20—轴承衬圈；21—轴

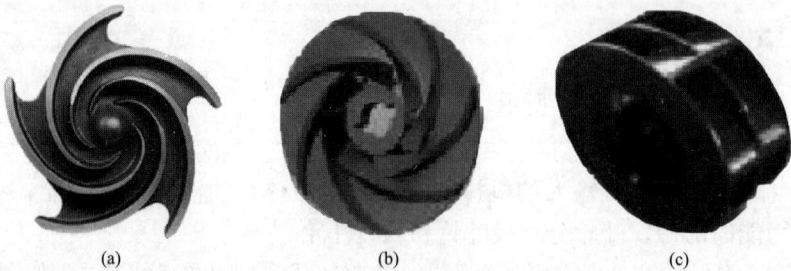

图 4-6　叶轮
(a) 开式；(b) 半封闭式；(c) 封闭式

开式叶轮只有叶片及叶片加强筋，无前后盖板的叶轮。开式叶轮叶片数较少，叶轮效率低，应用较少，主要用于输送黏度较高的液体及浆状液体。

（二）泵轴

泵轴是传递扭矩的主要部件，它把叶轮、平衡盘、轴套、键、联轴器组合到一起。轴的材料一般采用碳素钢；高压、大功率泵轴采用合金钢。

离心泵的叶轮以键和锁紧螺母固定在轴上，多级离心泵各叶轮之间以轴套定位。泵轴与装于轴上的叶轮、轴套、平衡及密封元件等所构成的泵的旋转部件，称作泵转子。单级单吸离心泵等小型离心泵转子采用悬臂支承；大型离心泵多采用简支支承。

（三）泵壳

泵壳包括进水流道、导叶、压水室和出水流道。低压单级离心泵的泵壳多采用蜗壳形，而高压多级离心泵多采用分段式泵壳并装有导叶，导叶片数目比动叶轮叶片要少1～2片。

泵壳的作用，一方面是把叶轮给予流体的动能转化为压力能，另一方面是导流。泵壳所用材质以铸铁最多，随着压力增高，也常用铸钢等。

（四）轴封装置

因为在转子和泵壳之间需留有一定的间隙，所以在泵轴伸出泵壳的部位应加以密封。水泵吸入端的密封用来防止空气漏入、破坏真空而影响吸水，出水端的密封则可防止高压水漏出，提高泵的容积效率。据统计，在日常的机器设备维修中，对于机泵，几乎40％～50％的工作量是用于轴封的维修。离心泵的维修费大约有70％用于处理密封故障。轴封装置包括填料轴套、填料函和水封等。

1. 轴套

轴套是用来保护轴的。一方面它可防止液体对轴的腐蚀，另一方面可使轴不直接与填料产生摩擦。

2. 填料函

填料函也称盘根筒，一般设置在轴伸出泵壳的地方，起着把外部与泵壳内部隔断的作用，以减少泄漏量。在中低压水泵中，广泛采用压盖填料进行填塞的方法；在高压高速泵或不允许泄漏的化学液泵中，常采用机械密封的方法。

3. 水封

水封是把水封环加在填料函内，工作时水封环四周的小孔和凹槽处形成水环，从而阻止空气漏入泵内。

（五）密封环

密封环又称口环，装于离心泵叶轮入口的外缘及泵体内壁与叶轮入口对应的位置。两环之间有一定的间隙量，径向运转间隙用来限制泵内的液体由高压区（压出室）向低压区（吸入室）回流，提高泵的容积效率。泵体内部应当装有可更换的密封环。叶轮应当有整体的耐磨表面或可更换的密封环，离心泵一般采用可更换密封环，且密封环应用配合定位，并用锁紧销或骑缝螺钉或通过点焊来定位（轴向或径向）。在密封环上装的径向销钉或骑缝螺钉的孔径不应大于密封环宽度的1/3。

（六）轴承

轴承是用来支持水泵转子的重量，以保证转子平稳运转的。常见的水泵轴承有滚动轴承和滑动轴承。中小型水泵多用滚动轴承，转速高、转子重的水泵则用滑动轴承。滚动轴承可用润滑脂或润滑油来润滑，滑动轴承则靠润滑油形成的油膜来润滑。

（七）泵座

泵座用来承受水泵及进、出口管件的全部重量，并保证水泵转动时的中心正确。泵座一般由铸铁制成，且大多与原动机的底座合为一体。

（八）轴向推力平衡装置

水泵工作时，由于进、出水端存在压差而在叶轮上作用着一个指向进水端的轴向力，这就是水泵的轴向推力。对多级泵来说，此力可达数吨，若不去平衡就会使转子发生轴向位移，严重时会造成水泵动、静部件摩擦而损坏设备。通常的平衡方法有以下几种。

1. 平衡孔法

对于单吸式水泵，可在叶轮后盖板上开设平衡孔，使出水端经密封间隙漏至后盖板处的水流回叶轮入口处，从而降低叶轮两侧压差，使轴向推力减小。

2. 对称进水法

将水泵叶轮进水方式布置为对称的。单级离心泵采用双侧进水，多级离心泵则将叶轮采用对称布置，以便轴向推力相互抵消。

3. 平衡盘法

对于多级离心泵，可在最末级叶轮后端的泵轴上装一个平衡盘。平衡盘后的均压室与水泵的进口相通，从而在平衡盘上产生一个与水泵轴向推力相反方向的推力，起到平衡轴向推力的作用。

4. 推力轴承法

对中、低压水泵来说，在其轴向推力不大的情况下，如双吸式叶轮水泵，通常是采用在轴上装设向心式的滚动推力轴承来平衡转子轴间推力的。有时也设置滚动轴承作为平衡盘的辅助装置。

四、卧式离心泵

（一）IS 型单级单吸式离心泵

IS 型系列泵的性能范围：转速为 1450～2900r/min，流量为 6.3～400m/h，扬程为 5～125m，如图 4-7 所示。

该型泵主要由泵体、泵盖、叶轮、轴、密封环、轴套、叶轮螺母、止动垫片、填料压盖及悬架轴承部件等组成。

泵体和泵盖是从叶轮背面处剖分的，即通常所说的后开门形式。检修时不用动泵体、吸入管路和出水管路，只要拆下联轴器和中间连接件，即可退出转子部分进行检修。

悬架轴承部件用来支撑泵的转子，采用滚动轴承来承受泵的径向力和轴向力。

为平衡泵的轴向力，在叶轮后盖板上设有平衡孔。

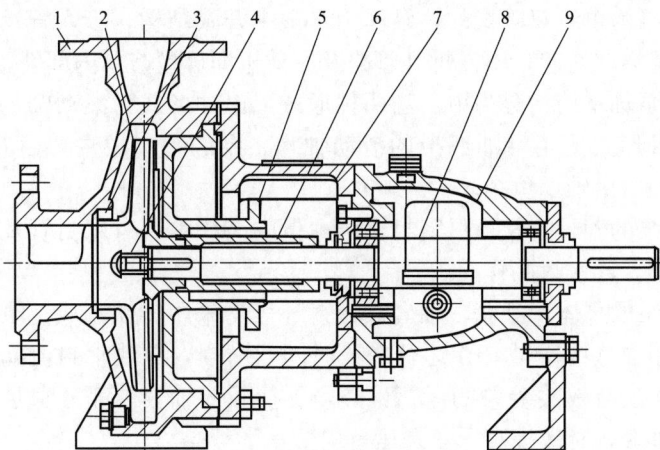

图 4-7　IS 型单级单吸式离心泵

1—泵体；2—轴承体；3—密封环；4—叶轮螺母；5—泵盖；

6—密封部件；7—中间支架；8—轴；9—悬架部件

泵的轴封是用填料密封的，主要由填料压盖、水封环及填料组成，用以防止漏入空气和大量漏水。

为避免磨损，在轴穿过填料函的部位装有轴套来加以保护。轴套与轴间装有 O 形密封圈，以防止沿配合间隙进气和漏水。

（二）Sh 型单级双吸式离心泵

Sh 型泵性能范围：流量为 $144\sim18000\text{m}^3/\text{h}$，扬程为 $9\sim140\text{m}$，如图 4-8 所示。

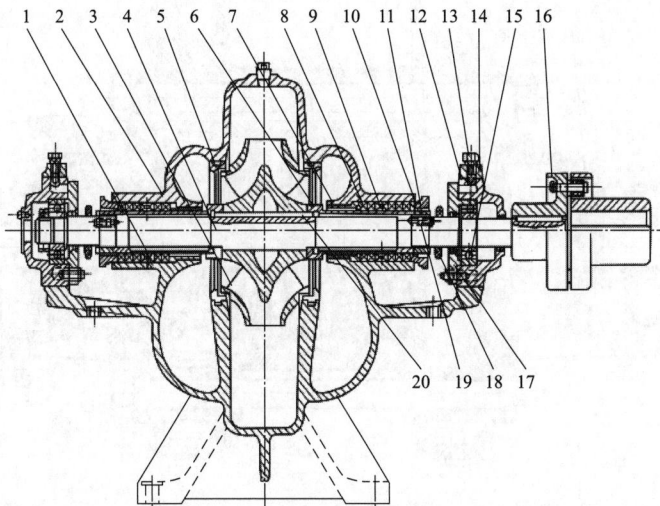

图 4-8　Sh 型单级双吸式离心泵

1—泵体；2—泵盖；3—叶轮；4—轴；5—双吸密封环；6—轴套；7—填料套；8—填料；

9—填料环；10—填料压盖；11—轴套螺母；12—轴承体；13—固定螺钉；14—轴承体压盖；

15—单列向心轴承；16—联轴器部件；17—轴承端盖；18—挡水圈；19—螺柱；20—键

Sh 型泵为单级双吸式的，泵体为水平中开式结构，吸入管及出口管与下半部泵体铸在一起，不需拆卸管路及原动机即可检修泵内部件。

Sh 型泵轴承结构分为甲、乙两种形式，甲种形式为滚动轴承并用油脂润滑，乙种形式是用稀油润滑的滑动轴承。泵的轴向力主要由叶轮平衡，残余的轴向力由轴承负担。

Sh 型泵的轴封为软填料密封，用少量的高压水通过水封管及水封环流入填料函中，起水封的作用。

Sh 型泵的泵体、叶轮、轴套及密封环等均采用铸铁制成，泵轴则用优质碳素钢制成（由于轴套在运行一段时间后磨损，导致轴封泄漏量大，重新填盘根无法有效改善泵的运行，必须更换新的轴套。部分水泵改用耐磨损不锈钢轴套，有效提高了水泵运行周期）。

（三）分段式多级离心泵

分段式多级离心泵性能参数范围：压力为 $98 \times 10^4 \sim 3434 \times 10^4 \, \text{N/m}^2$，流量为 $5 \sim 210 \, \text{m}^3/\text{h}$。如图 4-9 所示，几个相同的叶轮串联在同一根轴上，每级叶轮均由中段（导叶）将水引入下一级，中段的两侧有吸入段及压出段，用双头长螺栓穿过吸入段及压出段上的突出部分，即可栓紧。这种泵的优点是可以承受较高的压力，泵体由圆形中段组成，容易制造并可以互换，还可按压力需要增加或减少级数。其缺点是拆卸和装配比较困难，增

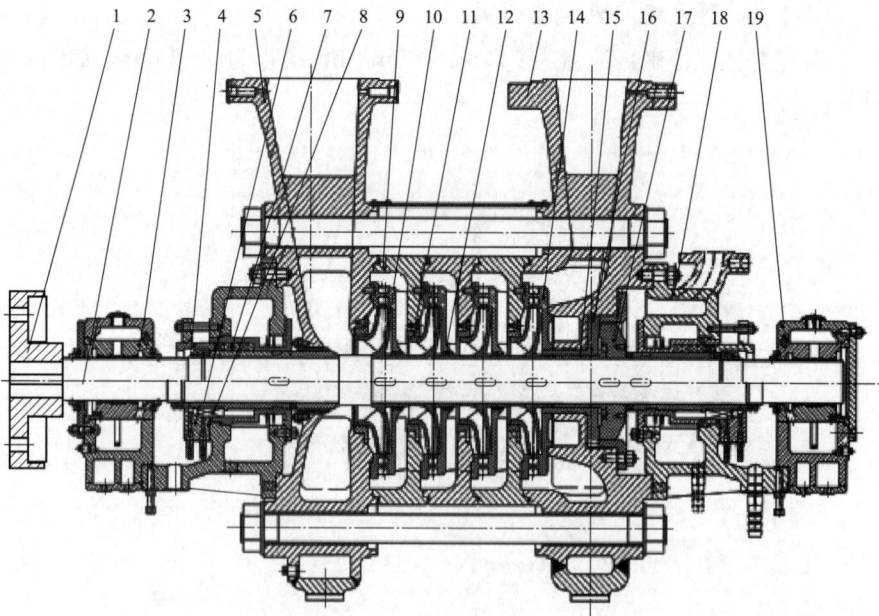

图 4-9 多级离心泵

1—柱销弹性联轴器部件；2—轴；3—前轴承部件；4—填料压盖；5—吸入段；6—机械密封压盖；7—填料；8—机械密封；9—中段；10—叶轮；11—密封环；12—导叶套；13—吐出段；14—导叶；15—平衡套；16—平衡环；17—平衡盘；18—首（尾）盖；19—后轴承部件

加了维修时间。一般叶轮是从吸入口向压出口顺序排列的，因而有很大的从高压侧向低压侧的轴向力，需用平衡装置进行平衡。

五、立式离心泵

（一）立式中开带前置诱导轮的两级离心泵

立式中开带前置诱导轮离心泵的结构特点为泵的吸入口、压出口及排气口（接平衡管）均与泵轴平行地布置在泵体的一侧，如图 4-10 所示。第一级叶轮和第二级叶轮对称排列以平衡轴向力，泵壳采用双蜗壳结构以平衡径向力。由于泵体是轴向中开式结构，维修十分方便，只需将泵盖及轴承盖拆下，即可取出转子部件。上泵体、下泵体、托架、轴承体均由铸铁制成，叶轮和诱导轮用硅黄铜制成，轴、轴套等用优质碳素钢制成。

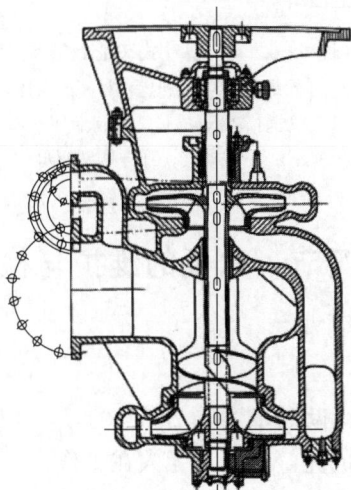

图 4-10　立式中开带前置诱导轮离心泵

（二）LP 型立式离心污水泵

LP 型泵为单级单吸的立式离心污水泵，其入口垂直向下，叶轮浸没在液体下，如图 4-11 所示。

泵主要由泵体、泵盖、叶轮、叶轮轴、传动轴、轴承架、泵座、电动机支架、传动套和轴承座等部件组成。

泵轴由滚动轴承和橡胶轴承支撑，滚动轴承用油脂润滑，橡胶轴承用清水润滑。

泵的轴封采用软填料密封。

泵通过弹性联轴器由电动机直接驱动。

该型泵的泵体、泵盖、轴承座、泵座和叶轮均为铸铁制作，轴套为耐磨的黄铜制作，泵轴则用碳素钢制成。

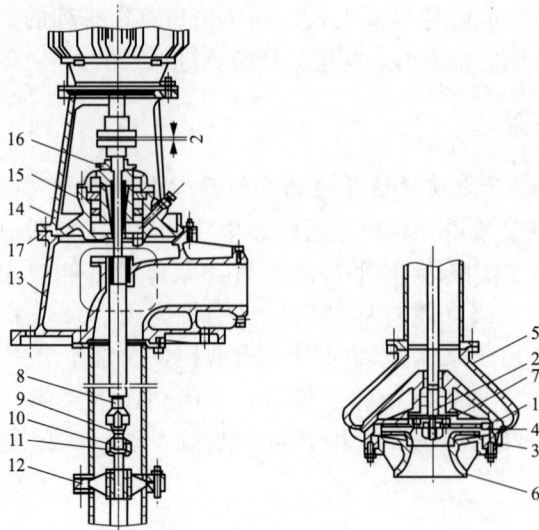

图 4-11 LP 型立式离心污水泵

1—叶轮；2—叶轮轴；3—叶轮螺母；4—止退垫圈；5—泵体；6—泵盖；7—密封环；
8—传动轴；9—联轴节；10—联轴节螺母；11—半圆卡环；12—轴承支架；13—泵座；
14—电动机支架；15—传动套；16—调整螺母；17—轴承座

第四节　水泵的维护与检修

一、水泵的维护

（一）水泵启动前要做的准备工作

（1）检查水泵设备的完好情况，无人在工作。

（2）轴承添加好润滑油脂，油位正常、油质合格。

（3）入口阀门全开，检查轴封涌水情况，以少许滴水为佳（盘根形式的轴封）。

（4）泵内注水，把泵壳上的放气门打开，空气排完后关闭。

（5）对于入口为负压的水泵，入口阀门全开，不会顺轴封涌水；泵内注水时，也不能从放气门向大气放空气，而需要启动真空泵抽出空气。

（6）对于高温泵，如给水泵，启动前还要暖泵。暖好泵后还须先启动辅助油泵和开启再循环管上的手动阀门。

（7）泵转数达到额定后，检查压力、电流，并注意有无振动和异声。一切正常后开启出口门，向外供水。启动时空转时间不宜过长，以 2~3min 为限；否则水温升高，造成汽化及设备损坏。

（二）水泵运行中的检查项目

1. 轴承工作是否正常

（1）油温。不要超过 60℃。

（2）油位。无油环的滚动轴承，油面应不低于滚珠中心；有油环的轴承，油面应能埋浸油环直径的1/5。为了监视油位，轴承上设有油面计或油标。

（3）油质情况。不能进水进杂质，不能乳化或变黑。

（4）有否异声。特别是滚动轴承，损坏时一般会出现异常声音。

2. 真空表、压力表、电流表读数是否正常

（1）真空表指针不能摆动过大，如摆动过大有可能是入口发生了汽化。另外，真空表读数也不能过高，过高可能是入口门堵塞卡住或入口门瓣脱落、吸水池水位降低等。

（2）压力表读数过低，可能是泵内部件工作不良、密封环严重磨损等。另外，系统需水量大时，泵出口压力也会降低。

（3）电流表读数过大，可能是供水量大、泵内发生了摩擦等。如电流表读数过小，说明泵已落水或外界不需要那么多的水量。

3. 泵体是否有振动

振动值见表4-1。

表4-1　振动值

转速（r/min）	振幅（mm）		
	优	良	合格
$n \leqslant 1000$	0.05	0.07	0.10
$1000 < n \leqslant 2000$	0.04	0.06	0.08
$2000 < n \leqslant 3000$	0.03	0.04	0.06
$n > 3000$	0.02	0.03	0.04

振动原因有：

（1）水泵和电动机的中心不正。

（2）泵体或电动机的地脚螺栓松动或基础不牢固。

（3）轴承盖紧力不够，使轴瓦在体内出现了跳动。

（4）转子质量不平衡。

（5）蜗壳泵，特别是有些高扬程的蜗壳泵，在小流量时，也会有不同程度的振动，这是因为此时转子上有径向力的作用。在出口阀门开启到一定大时，振动即消失。

4. 轴封工作是否正常（分为填料形式和机械密封）

（1）应能稍许滴水，不要过紧，否则会发热冒烟。但过松也会大量漏水，容易窜到轴承里使油乳化。

（2）应定期更换填料，发硬了就不起轴封作用。浸泡时间长了也会使填料槽烂。

（三）水泵停运时的工作

（1）先把泵出口门关闭，以防止回门不严，母管内的压力水倒回到入

口管里，引起水泵倒转。倒水对系统不利，倒转对水泵有危害。

（2）停泵并注意惰走时间。如果时间过短，就要检查泵内是否有磨、卡现象。

（3）对于强制润滑的大型水泵（如锅炉给水泵），停泵前还须启动辅助油泵，以防在降速过程中烧毁轴瓦。

（四）水泵启动时有时不出水的主要原因

（1）叶轮或键损坏，不能正常地把能量传给水。

（2）启动前泵内未充满水或漏气严重。

（3）水流通道堵塞，如入口底阀、叶轮槽道、出入口管内有杂物或入口门瓣脱落。

（4）泵的几何安装高度过高。

（5）泵的转数过低。多发生在用皮带传动的场合，原因为皮带轮不匹配或皮带过松。

（6）并联的水泵，出口压力低于母管压力，水顶不出去。

（7）电动机接线错误反转。

（五）水泵轴承温度高的原因

（1）油位过低，使进入轴承的油量减少。

（2）油质不合格，进水进杂质或乳化变质。

（3）油环不转动，轴承供油中断。

（4）轴承冷却水量不足。

（5）轴承损坏。

（6）对滚动轴承来说，除以上原因外，轴承盖对轴承施加的紧力过大，压死了它的径向游隙，失去灵活性。

（六）水泵在运行中常出现的异声

1. 汽蚀异声

即水泵发生汽蚀时带来的声音，一般呈噼噼啪啪的爆裂声响。

2. 松动异声

即由转子部件在轴上松动而发出的声音。这种声音常带有周期性。如循环水泵叶轮、轴套在轴上松动时，会发出咯噔咯噔的撞击声。如这时泵轴有弯曲，则碰撞声音会更大，因叶轮和轴套在轴上有向下垂的趋势，间隙出现在轴的下方。但当弯曲处的凸面转到上方时，就会撞击叶轮向上运动，没等叶轮向上运动完毕，泵轴的凸面又转到下方，撞击叶轮向下运动。

3. 小流量异声

主要是针对蜗壳泵。小流量的声音类似汽蚀声音，但有的较大，好像是石子甩到泵壳上似的。这主要是泵舌位置的设计问题。

4. 滚动轴承异声

（1）新换的滚动轴承，由于装配时径向紧力过大，滚动体转动吃力，会发出较低的嗡嗡声。此时轴承温度会升高。

（2）如果轴承体内油量不足，运行中滚动轴承会发出均匀的口哨声。

（3）在滚动体与隔离架间隙过大时，运行中可发出较大的喇喇声。

（4）在滚动轴承内外圈滚道表面上或滚动体表面上出现剥皮时，运行中会发出断续性的冲击和跳动。

（5）如果滚动轴承损坏（包括隔离架断开、滚动体破碎、内外圈裂纹等），运行中就有破裂的啪啪啦啦响声。

（七）水泵日常维护保养工作应符合的规定

（1）应监测水泵轴承温度，不应超过80℃，超温时应立即查明原因。

（2）水泵应无异响，振动幅度不应超过 GB/T 29531《泵的振动测量与评价方法》的规定，当出现异常时，应立即查明原因，必要时可停泵处理。

（3）水泵润滑油液位显示应正常，应定期检测润滑油油质，不达标时应立即更换润滑油。

（4）水泵地脚螺栓紧固性应良好。

（5）法兰连接处应无泄漏。

（6）泵体外露设备应无锈蚀、漏水、漏电等现象。

（7）对于介质温度较高的水泵，应监测泵体冷却循环水水温。

（8）泵体设备铭牌标识应清晰。

二、水泵的检修

（一）检修项目

水泵在解体前，应该测量转子的轴向窜动量，并做好原始记录，以便在组装时做参考。解体前，应关闭进、出管路上的阀门，将泵与系统隔离，同时关闭冷却水和润滑油的进口阀门，使泵自然冷却，冷却时对泵进行盘车，防止轴出现弯曲，当泵体冷却到80℃时，方可进行拆卸。

在泵拆卸前，拆卸过程中及安装时都要对各个零件进行检查，测量各个部件之间的间隙。拆卸前和拆卸中测量的目的是掌握各部分间隙的原始数据，作为泵组装时的依据。另外，通过测量查处零件的损坏程度，从而确定对零件的检修方案。

1. 轴弯曲

泵轴弯曲之后，会引起转子的不平衡和动静部分的磨损，在检修时都要对泵轴进行轴弯曲的测量。

测量方法：把轴的两端架在 V 形铁上，V 形铁要放稳固。再把百分表支上，表针指向轴心。然后缓慢地盘动泵轴，在轴有弯曲的情况下，每转一周千分表有一个最大读数和一个最小读数，两个读数之差就说明轴的弯曲程度。

2. 晃度

晃度即是跳动。测量转子的径向跳动，目的就是及时发现转子组装中的错误，如组装中使轴发生了弯曲；或发现转子部件的不合格情况。测量晃度的方法与测量轴弯曲的方法相同。

3. 瓢偏度

因为平衡盘瓢偏之后，其端平面与轴心线不垂直，组装后平衡盘与平衡环之间出现张口，无法平衡轴向推力，使平衡盘磨损，电动机过负荷。所以凡有平衡盘装置的水泵都要进行瓢偏测量。

测量方法：将两只百分表放在平衡盘直径相对 180°的方向上，注意必须放在平衡盘的同一侧，并使表杆指向工作面。这样在转子发生轴向窜动时，两只百分表读数同时增加或减少，而差值不变。

事先把平衡盘分成 8 等份，然后盘动转子，记录转子在各位置时两只百分表的读数，填入表 4-2 中。注意测量时转子每转一周回到原位置时，两只表的读数应相同，否则说明百分表稳固不良。

表 4-2 测量瓢偏度的记录

位置序号	表 A 读数	表 B 读数	表 A 读数-表 B 读数	瓢偏度
1、5	A_1	B_5	$A_1 - B_5$	
2、6	A_2	B_6	$A_3 - B_6$	
3、7	A_3	B_7	$A_4 - B_7$	
4、8	A_4	B_8	$A_5 - B_8$	$\dfrac{(A-B)\max - (A-B)\min}{2}$
5、1	A_5	B_1	$A_6 - B_1$	
6、2	A_6	B_2	$A_7 - B_2$	
7、3	A_7	B_3	$A_8 - B_3$	
8、4	A_8	B_4	$A_9 - B_4$	

4. 滑动轴承间隙、紧力

测量的方法：将铅丝放在轴径上和上、下瓦的结合面上。注意轴径上的铅丝应在最上部，而两侧的铅丝要与轴径上的铅丝相对应。然后把上瓦、轴承盖扣上，用螺栓拧紧。紧螺栓时要对称方向施力，尽量不要紧偏。铅丝压扁后用千分尺测量其厚度，注意轴径上的铅丝要取最上部的数值。测量结果取平均值，见表 4-3。

表 4-3 测量间隙、紧力

顶部 A 读数	结合面 B 读数	结合面 C 读数	间隙、紧力
A_1	B_1	C_1	$A - \dfrac{B+C}{2}$
A_2	B_2	C_2	大于 0 时为间隙；
$A = \dfrac{A_1 + A_2}{2}$	$B = \dfrac{B_1 + B_2}{2}$	$C = \dfrac{C_1 + C_2}{2}$	小于 0 时为紧力

5. 联轴器的拆装及注意事项

（1）拆联轴器时，不可直接用锤子敲打，而必须垫以紫铜棒。且不可打联轴器的外缘，因此处极易打坏，应打联轴器的轮毂处。最理想的办法是用拉马拆卸。对于中小型的水泵，因为其过盈量很小，所以很容易拿下来。对于较大型的水泵，因为联轴器与轴配合有较大的过盈，所以在拆卸时必须对联轴器进行加热。

（2）装配联轴器时，要注意键的序号（对具有两个以上键槽的联轴器来说）。采用铜棒锤子法时，必须注意敲打的部位。如敲打轴孔处端面，易使此处金属纤维外胀，引起轴孔缩小，轴穿不进来。如敲打对轮外缘处，易破坏端面的平直度，使以后用塞尺找正遇到困难，影响测量的准确度。过盈量较大的联轴器则加热后再装。

（3）对轮销钉、螺栓、垫圈、胶皮圈等规格必须大小一致，以免影响联轴器的动平衡。

（4）联轴器与轴的配合一般都采用过渡配合，即可能出现少量过盈，也可能出现少量间隙。对于轮毂较长的联轴器，可采用较松的过渡配合，因为轴孔较长，表面加工粗糙不平，所以组装后自然产生部分过盈。如发现两者配合过松，影响孔、轴对中心时，则要进行补焊。

6. 水泵联轴器找中心

联轴器找中心就是根据联轴器找轴的中心，也常叫对轮找正。因为水泵是由电动机或其他原动机械带动的，所以两根轴的起码要求就是联在一起后轴心线相重合，这样运转起来才能平稳。

水泵联轴器找中心四种状态如图 4-12 所示。

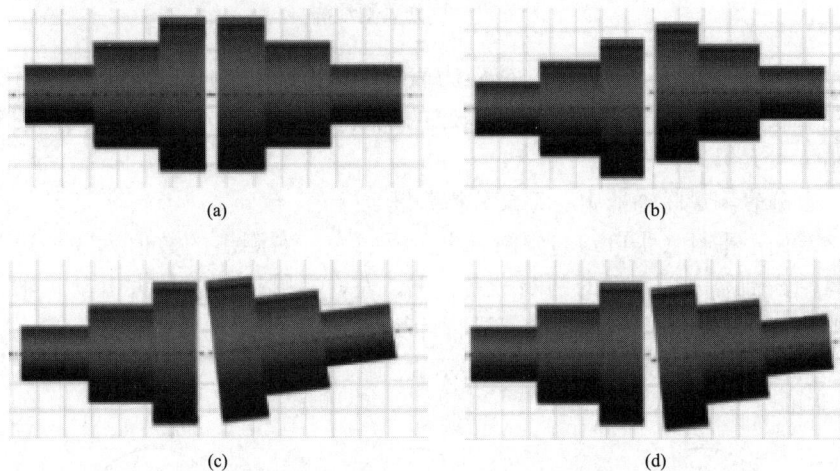

| (a) | (b) |
| (c) | (d) |

图 4-12 水泵联轴器找中心四种状态

（a）两轴同心、平衡；（b）两轴不同心、平衡；
（c）两轴同心、不平衡；（d）两轴不同心、不平衡

联轴器找中心的基本方法如下：

（1）角尺和塞尺的测量法。角尺和塞尺的测量法如图 4-13 所示。

这种方法操作简单，但精度不高，对中误差较大。只适用于转速较低、对中心要求不高的联轴器的安装测量。

（2）百分表测量法。百分表测量法如图 4-14 所示。

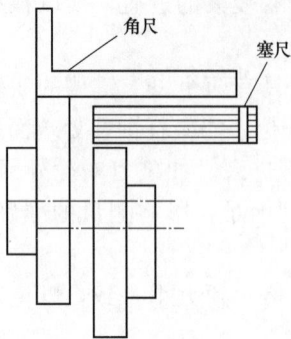

图 4-13　角尺和塞尺的测量法

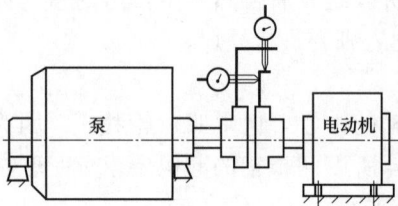

图 4-14　百分表测量法

把专用的夹具（对轮卡）或磁力表座装在作基准的联轴器上，用百分表测量联轴器的径向间隙和轴向间隙的偏差值。此方法使联轴器找正的测量精度大大提高。

百分表测量联轴器中心记录分析判断：

端面不平行（张口）的判断：上、下、左、右测出的数值大的那边为张口。联轴器中心高低的判断：上、下、左、右哪边的数值大电动机轴就向哪边偏。然后根据所偏的数值进行计算和调整。

百分表测量记录图如图 4-15 所示。

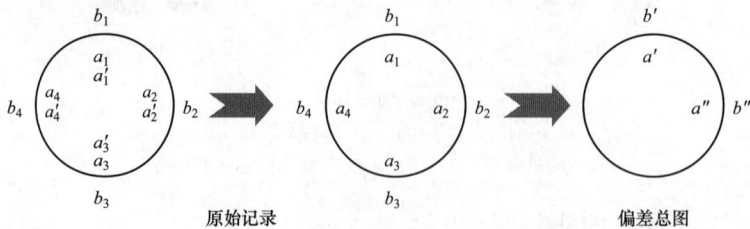

图 4-15　百分表测量记录图

端面上下不平性值 $a' = (a_1 + a_1')/2 - (a_3 + a_3')/2$。

端面左右不平性值 $a'' = (a_2 + a_2')/2 - (a_4 + a_4')/2$。

上下外圆中心偏差 $b' = (b_1 - b_3)/2$。

上下外圆中心偏差 $b'' = (b_2 - b_4)/2$。

$$\Delta X = \pm(L_1 \times a)/D \quad \Delta Y = \pm(L_2 \times a)/D$$

根据中心状态图计算各底脚调整量：

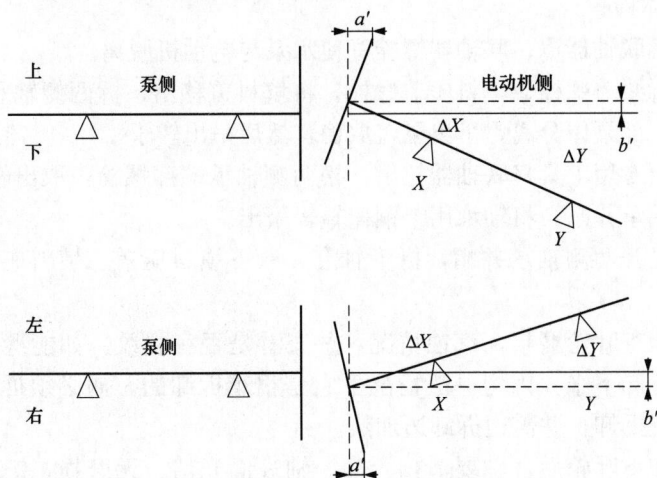

图 4-16　百分表测量中心状态图

前支脚垫片厚度为

$$\Delta X \pm b = \pm(L_1 \times a)/D \pm b$$

后支脚垫片厚度为

$$\Delta Y \pm b = \pm(L_2 \times a)/D \pm b$$

式中　L_1——对轮到前地脚的距离；

　　　a——张口值；

　　　D——对轮直径；

　　　L_2——对轮到后地脚的距离；

　　　b——位移值。

　　注：上张口 $\Delta X/\Delta Y$ 前取＋号，下张口 $\Delta X/\Delta Y$ 前取－号；上位移 b 前取－号，下位移 b 前取＋号。

　　7. 水泵检修顺序及注意事项

　　不论什么形式的水泵，在检修之前，必须明白设备状况，知道哪些部件可能损坏需在检修中更换，并事先把备件准备好。在停泵之前，再对设备进行一次详细的检查。之后办理工作票。水泵检修前，要检查安全措施是否做齐全、泵内压力是否消压干净等。

　　离心泵的检修按顺序来说，就是拆卸、检查、组装三大步。由于泵的构造不同，具体程序内容也不一样。

　　（二）水泵检修工艺及质量标准

　　1. 检修的准备工作

　　在开始任何维修作业之前，必须按下列步骤隔离水泵：

（1）水泵停运，隔离介质，切断电动机电源。

（2）检查水泵的进、出口阀是否关闭。

（3）关闭机械密封冷却水进口阀，打开放水阀，水泵消压放水。进行任何维修之前，必须保证泵壳内消压至零。

2. 解体检查

（1）拆联轴器罩、联轴器螺栓，使水泵与电动机脱离。

（2）拆泵盖螺栓、填料压盖螺栓，将填料盖移出，拆两侧轴承座上盖，使泵盖与下部泵体分离，吊出泵盖放稳，然后吊出转子。

（3）用专用工具将联轴器拉出。松两侧轴承端部螺栓，取出轴承压盖。然后，松轴承并帽，将轴承用紫铜棒轻轻敲出。

（4）松开两侧轴承并帽，拆下轴套，取下填料压盖、填料座、密封环部件。

（5）检查叶轮磨损、汽蚀情况，并查看是否有裂纹。如能继续使用可不必从轴上卸下来，因为一般情况下它是很难拆卸的。如必须拆卸，则要用专门工具拆卸，并需边拆卸边加热。

（6）卸下叶轮后，轴要清扫干净，轴表面光洁、无磨损，键槽和键不松动，两端螺纹无翻牙，轴径无拉毛及变形。并进行弯曲度校验，校验轴弯曲位置：AF轴承处、BE轴套处、CD叶轮处（如图4-17所示）。

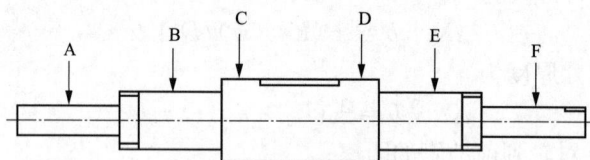

图 4-17 校验轴弯曲位置

（7）检查清理叶轮流道，清除锈蚀。

（8）清理检查轴套，轴套有无严重磨损，轴套经常与填料摩擦，特别是水中带砂时尤为严重，因此一般情况都要更换。轴套表面光滑，无毛刺、砂眼、裂纹，内孔和轴配合不松动。

（9）清理检查密封环，密封环与叶轮配合直径间隙为检查的主要目的。叶轮密封环间隙如太大，则要重新配制。叶轮与密封环的配合间隙按表4-4选取。

（10）清理检查轴承室，滚动轴承内外弹道无严重磨损，转动灵活自由。

表 4-4 叶轮与密封环的配合间隙 mm

密封环内径	总间隙		极限值
	最小	最大	
80～120	0.30	0.45	0.60
120～180	0.35	0.55	0.80

续表

密封环内径	总间隙		极限值
	最小	最大	
180～260	0.45	0.70	1.00
260～320	0.50	0.75	1.10
320～360	0.60	0.80	1.20
360～470	0.65	0.95	1.30
470～500	0.75	1.00	1.50
500～630	0.80	1.10	1.70
630～710	0.90	1.20	1.90
710～800	1.00	1.30	2.10
800～900	1.00	1.35	2.50

（11）测量转子的晃度，可在专门架子上或放在泵壳内轴承上进行。为了在盘动转子时不磨损轴瓦，应在其上浇少许润滑油。循环水泵形式较大，晃度可放宽，叶轮上保护环晃度可为 0.20mm，轴套晃度可为 0.10mm。如轴套晃度过大，会加速填料的磨损，并增大漏水。测量位置一般为 AF 轴颈处、BC 轴套处、CD 叶轮密封环处（如图 4-18 所示）。

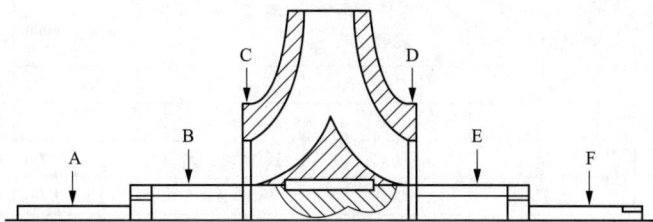

图 4-18　晃度测量位置

把叶轮、轴套装入轴上，然后拧紧两端并帽。转子组装后放在 V 形铁上，校验转子晃度。

（12）清理检查联轴器及螺栓，联轴器和螺栓无毛刺，螺纹不翻牙，螺栓橡胶圈、垫圈、弹簧垫圈完整无损。

（13）清理检查泵壳、泵体结合面，结合面无裂纹、拉毛、凹坑缺陷，内部无严重吹损。

3. 装复

（1）将叶轮、轴套、机械密封等按顺序装在轴上，注意不要忘装、装反、顺序颠倒。把轴承压盖套入，装上两侧轴承，把轴承并帽并紧。装上轴承室，压盖拧上。最后，把联轴器装好。

（2）各部件对准位置，吊入转子，将密封环转动 180°、灵活，再盘转子无卡涩。

（3）把叶轮密封环就位后，盘动水泵转子，看是否有摩擦现象。并用塞尺测量叶轮四周密封环间隙是否均匀。

（4）吊起泵盖，泵盖和泵体结合面清扫干净。结合面的石棉垫要完整，如已损坏，则按原厚度更换，如果叶轮密封环和检修前一样，没有向上抬起，那么结合面的垫就取原来的厚度；如果密封环已向上抬起，泵结合面垫的厚度就要加厚，厚多少用压铅丝法测量。一般泵盖对叶轮密封环的紧力为 0.00~0.03mm。

（5）泵盖扣上，把结合面螺栓紧上。盘动转子，看是否有与以前不同的感觉。如果盘不动或发滞，就可能是结合面垫做薄了，泵盖把叶轮密封环压扁，磨着了叶轮。如果没有异常问题，可把放气管、密封水管等连接好，填料加上（可不紧，待找完联轴器中心后再紧）。

（6）组装轴瓦，测量其间隙紧力。滚动轴承是限制转子轴向窜动的，也应把紧力调好。然后注油（以防生锈）。

（7）至此，水泵本身的工作已算完毕。下面的工作是联轴器找中心。根据联轴器形式、转速不同，联轴器中心标准也不同，应具体对待，参考标准见表 4-5。装联轴器螺栓，装复联轴罩。

表 4-5　联轴器找中心的允许误差　　　　　　　　　　mm

联轴器类别	周距（a_1、a_2、a_3、a_4任意两数之差）	面距（Ⅰ、Ⅱ、Ⅲ、Ⅳ任意两数之差）	转速（r/min）	固定式		非固定式	
				径向	端面	径向	端面
刚性与刚性	0.04	0.03	$n \geqslant 3000$	0.04	0.03	0.06	0.04
刚性与半挠性	0.05	0.04	$3000 > n \geqslant 1500$	0.06	0.04	0.10	0.06
挠性与挠性	0.06	0.05	$1500 > n \geqslant 750$	0.10	0.05	0.12	0.08
齿轮式	0.10	0.05	$750 > n \geqslant 500$	0.12	0.06	0.16	0.10
弹簧式	0.08	0.06	$n < 500$	0.16	0.08	0.24	0.15

离心泵组装时的注意事项：

（1）注意各部件的安装顺序，不要把各级叶轮装反、装串位。装的时候一定要按拆的位置组装。

（2）注意各转动部件要装到位，不能串位，避免出现动、静部件的摩擦，甚至造成零件的损坏。

（3）保证各结合面涂料厚度均匀。

（4）各个螺栓在拧紧前都要涂二硫化钼。

（5）平衡管和水封管连接要严密。

4. 启动试验

检查结合面等处是否有漏水现象；压力表、电流表读数是否正常；水泵有无振动、异声等。如一切良好，设备可移交运行。

第五节　液力耦合器的维护与检修

液力耦合器也称为液力联轴器，是一种将动力源（通常是电动机）与水泵连接起来的传动装置。它利用液体（通常是油）作为工作介质，通过液体的动量矩变化来传递力矩和旋转动力。

一、液力耦合器的工作原理

液力耦合器主要由泵轮、涡轮和转动外壳、勺管等组成，如图 4-19 所示。泵轮和涡轮尺寸相同，相向布置，其腔内均有许多径向叶片，涡轮的片数一般比泵轮少 1～4 片，以避免共振。泵轮的主轴与电动机主轴相连，涡轮轴与水泵主轴连接。

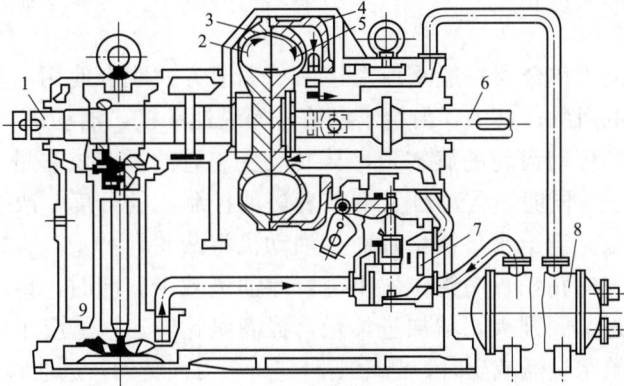

图 4-19　液力耦合器装置

1—主动轴；2—泵轮；3—涡轮；4—转动外壳；5—勺管；

6—从动轴；7—进油调节阀；8—冷油器；9—工作油泵

泵轮和涡轮形成的工作油腔内的油自泵轮内侧引入后，在离心力的作用下被甩到油腔外侧形成高速的油流，冲向对面的涡轮叶片，驱动涡轮一同旋转。然后，工作油又沿涡轮叶片流向油腔内侧并逐渐减速，流回到泵轮内侧构成一个油的循环流动。

而在涡轮和转动外壳的腔中，自泵轮和涡轮的间隙（或涡轮上开设的进油孔）流入的工作油随转动外壳和涡轮旋转，在离心力的作用下形成油环。这样，工作油在泵轮内获得能量，又在涡轮里释放能量，完成了能量的传递。改变工作油量的多少，即可改变传递动力的大小，从而改变涡轮的转速，以适应负荷的需求。工作油量的改变可由工作油泵（或辅助油泵）经调节阀或涡轮的输入油孔（也有在涡轮空心轴中输入油的）改变进油量来实现，也可通过改变转动外壳腔中的勺管行程改变油环的泄油量来实现。

二、液力耦合器的调节方式

在泵轮转速 n 一定时，工作油量越多，则涡轮的转速 n' 越快，传递的动转矩也越大。因此，通过改变工作油量的多少即可调节涡轮的转速，从而适应给水泵的转速需要。如前所述，工作油量的调节有两种基本的方式，其一是调节工作油的进油量；其二是调节工作油的出油量。

调节进油量的方式是由另设的工作油泵和调节阀共同完成的，而工作油的冷却是由转动外壳上的喷嘴将油喷出，再经冷油器进行热交换后回到油箱。这种调节方式的缺点在于当喷油量过小时，限制了突甩负荷时要求水泵迅速降速的能力。

调节出油量的方式是由改变转动外壳中的勺管位置来进行的。由于转动外壳里的油环随半径增大，其油压也增大，因此提高勺管后排出的油也增多，使涡轮迅速降速。勺管泄放出的油流靠甩出时的动压去热交换器进行冷却后回到贮油箱。但是若迅速增加负荷时要求涡轮迅速增速，此方式则无法满足。

如今的液力耦合器一般采取上述两种调节方式联合使用，从而实现快速升降转速的目的；其中，由给水量信号操纵油动机，油动机再带动凸轮，改变传动杆及传动齿轮的旋转角，从而改变勺管的径向位移量，以控制泄放油量的多少。同时，传动杆又调节着进油控制阀的开度，改变着液力耦合器的进油量。当给水量需增加时，油动机将凸轮向"＋"方向转动，传动杆逆时针方向转动，勺管位置下降，泄油量减少。同时，传动杆带动其上的凸轮使进油阀开大，增加进油量，提高涡轮转速，适应了给水量增加的要求；当给水量需减少时，凸轮则向"—"方向转动，进油阀关小，即可满足工况的需求。液力耦合器装置勺管进油阀联合调节示意如图4-20所示。

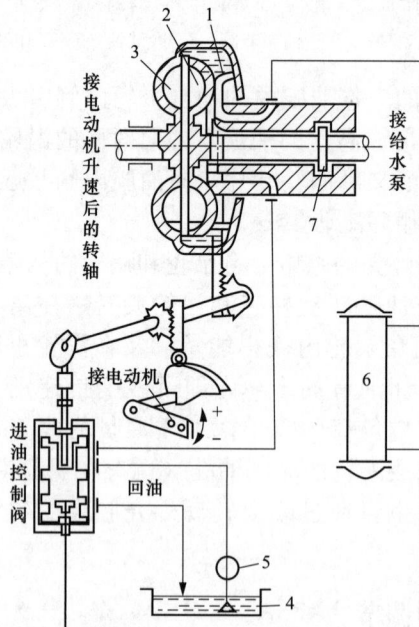

图4-20　液力耦合器装置勺管进油阀联合调节示意
1—可调勺管；2—从动涡轮；3—主动泵轮；4—油箱；5—工作油泵；
6—热交换器；7—推力轴承

三、液力耦合器的检修与常见故障处理

（一）液力耦合器的检修

液力耦合器在运行 20000h 或 5 年以后应进行大修，对其解体和重新组装的基本步骤如下：

（1）排空工作油后的步骤。

1）打开润滑油滤网并检查和清洗。

2）拆下联轴器并检查。

3）检查输入轴、输出轴的径向跳动。

4）从箱体上拆下滑动调节器及传动杠杆。

5）拆下辅助润滑油泵及其电动机。

6）拆下辅助工作油泵及其电动机。

（2）拆下并吊开箱盖后，检查齿轮的啮合情况。

（3）拆下并解体输入轴及转子部件以后的步骤。

1）检查泵轮和涡轮（叶片共振试验）。

2）检查轴承情况，测量轴承间隙。

3）检查勺管机构的磨损情况。

4）检查易熔塞，必要时更换新件。

5）重新研刮轴瓦后回装（必要时应研磨轴颈）。

6）清理转动外壳内的积油及污垢。

（4）将各密封面涂上密封胶（耐温 130℃）。

（5）重新组装转子部件。

（6）清理油箱、箱座及箱盖。

（7）将输入轴及转子部件装回箱座上。

（8）装上并固定好箱盖后的步骤。

1）回装好辅助润滑油泵及其电动机。

2）回装好辅助工作油泵及其电动机。

（9）装上滑动调节器并加油润滑。

（10）检查液力耦合器与驱动电动机、给水泵的对中情况，并做好记录。

（11）清洗并检查冷油器后进行耐压试验。

（12）将油箱及冷油器灌油至要求的位置。

（13）完成上述工作并检查热工仪表正常后，即可进行试运转。在试转前应检查下列情况：

1）启动备用工作油泵，看能否正常工作。

2）当工作油压高于 0.25MPa 时，工作油排到冷油器、备用工作油泵应断开。

3）启动备用润滑油泵，看润滑油压能否达到规定的 0.25MPa。

（14）在试运转过程中应检查下列情况：

1）听诊齿轮传动装置是否有不正常的撞击、杂声或振动。

2）检查各轴承温度不得超过 70℃。

3）检查各轴承、齿轮的润滑油的入口温度不得超过 45～50℃。

4）检查液力耦合器工作油温度不得超过 75℃。在冷却器的冷却水温很高且滑差较大时，允许在运行中短时间内的工作油温度达 110℃。

5）检查油箱中的油温不得超过 55℃。

6）每隔 4h 将液力耦合器的负载提高额定载荷的 25％，直至液力耦合器满负荷工作后，将驱动电动机电源切断，检查液力耦合器的齿轮啮合情况并记下齿在长、宽上的啮合印记所占的百分比。

7）清理油过滤器，检查沉积在过滤器中的沉淀物的性质。

8）在试运转完成后，将油箱中的油全部更换为清洁的。

9）当发现齿轮传动装置运行异常时，必须找出原因并予以排除。

（二）液力耦合器的常见故障及消除方法

液力耦合器常见故障与处理方法见表 4-6。

表 4-6　液力耦合器常见故障与处理方法

故障类别	原因分析	消除方法
润滑油压力太低	润滑油冷油器内缺水或流动慢	增加冷却水量
	润滑油冷油器中进了空气	排出空气
	润滑油过滤器堵塞	清洗过滤器滤网
	润滑油安全阀损坏或安装不当	正确安装安全阀
	润滑油泵吸入管堵塞	检查并清理入口管
	润滑油系统管路油泄漏	检查或更换损坏部分
液力耦合器进口油温太高	工作油冷油器内水量不足或流动慢	增加供水量
	工作油中进空气	排出空气
液力耦合器内油压太高	工作油溢流阀安装不正确	重新安装溢流阀
	工作油溢流阀有故障	检修或更换弹簧
液力耦合器内油压太低	工作油过滤器堵塞	清洗过滤器滤网
	工作油溢流阀安装不正确或损坏	清除故障，正确安装溢流阀
	工作油泵吸入管堵塞	检查并清理入口管
	工作油泵内吸入空气	检查吸入管密封，清除泄漏
润滑油压力太高	润滑油溢流阀安装不正确	重新安装溢流阀
润滑油压不够规定要求	润滑油系统管路有断裂	检查并接通管路
	润滑油过滤器太脏	清理滤芯
液力耦合器内油压不够规定要求	工作油系统管路有断裂	检查并接通管路
	液力耦合器安全塞熔化	更换新的安全塞
主油泵不工作	传动轴断裂	检查更换新的传动轴
过滤器中的污物过多	油管道脏污（如管道中有未除净的焊渣等）	清理滤网
	油泵磨损（油中有金属屑）	清除泵内杂质并检查
	油箱中的油脏	清理油系统，更换新油

续表

故障类别	原因分析	消除方法
勺管卡涩或不灵活	勺管与其套筒摩擦	适当增大套筒间隙
	控制电磁装置故障	检查并消除故障
	控制油脏	检查油系统
齿轮传动装置出现周期性撞击	齿轮损坏	更换齿轮
	轴瓦磨损	检查并修复、研刮轴瓦
齿轮传动装置振动	齿轮传动装置中心不正	检查并按要求校正
	液力耦合器不平衡	消除不平衡
	叠片式联轴器不平衡	消除不平衡
	齿轮传动装置地脚螺栓松动	重新紧固地脚螺栓
	液力耦合器转子损坏	修复或更换转子

第六节　其他形式的泵

一、齿轮泵

由两个齿轮相互啮合在一起形成的泵称为齿轮泵，如图 4-21 所示。

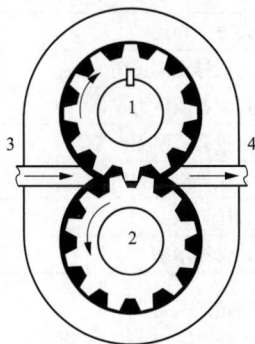

图 4-21　齿轮泵示意图
1—主动轮；2—从动轮；3—吸油管；4—压油管

当齿轮转动时，被吸进来的液体充满了齿与齿之间的齿坑，并随着齿轮沿外壳壁被输送到压力空间。由于两齿轮的相互啮合，使齿坑内的液体挤出，排向压力管。液体受挤压时，压力作用在齿轮上，给轴施加了一个径向负荷。挤压后封闭空间逐渐增大，形成负压区，外界的液体就在大气压力的作用之下流进齿轮泵吸入口。另外，在负压区由于封闭空间容积的增大，会使液体中的空气和水蒸气析出，发生与汽蚀现象类似的冲蚀作用，使齿轮表面受到破坏。正因为如此，有的齿轮泵上开有平衡孔或平衡槽。然而在大多数情况下，是采用斜齿轮；因为斜齿轮在啮合时封闭空间的容积几乎是不变的，即在其中一段容积增大时，另一段容积却在缩小。所以上述现象并不严重。齿轮泵如图 4-22 所示。

图 4-22　齿轮泵

齿轮泵的特点是具有良好的自吸性能，且构造简单、工作可靠，一般作为油泵使用。齿轮泵的常见故障及处理方法见表 4-7。

表 4-7　齿轮泵的常见故障及处理方法

序号	故障	原因	处理方法
1	泵不能排料	旋转方向相反	确认旋转方向
		吸入或排出阀关闭	确认阀门是否关闭
		入口无料或压力过低	检查阀门和压力表
		黏度过高，泵无法咬料	检查液体黏度
2	泵流量不足	吸入或排出阀关闭	确认阀门是否关闭
		入口压力低	检查阀门是否打开
		出口管线堵塞	确认排出量是否正常
		填料箱泄漏	紧固；大量泄漏影响生产时，应停止运转，拆卸填料箱检查
		转速过低	检查泵轴实际转速
3	声音异常	联轴节偏心大或润滑不良	找正或充填润滑脂
		电动机故障	检查电动机
		减速机异常	检查轴承和齿轮
		轴封处安装不良	检查轴封
		轴变形或磨损	停车解体检查
4	电流过大	出口压力过高	检查下游设备及管线
		熔体黏度过大	检验黏度
		轴封装配不良	检查轴封，适当调整
		轴或轴承磨损	停车后检查，用手盘车是否过重
		电动机故障	检查电动机
5	泵突然停止	停电	检查电源
		电动机过载保护	检查电动机

序号	故障	原因	处理方法
5	泵突然停止	联轴器损坏	打开安全罩，盘车检查
		出口压力过高，联锁反应	检查仪表联锁系统
		泵内咬入异常	停车后，正反转盘车确认
		轴与轴承黏着卡死	盘车确认

二、螺杆泵

螺杆泵属于容积泵的一种，根据螺杆数目可分为单螺杆泵、双螺杆泵、三螺杆泵和五螺杆泵等几种，它们的工作原理基本相似，区别在于螺杆数目、螺杆的几何形状和输送介质有所不同。

螺杆泵示意图如图 4-23 所示。

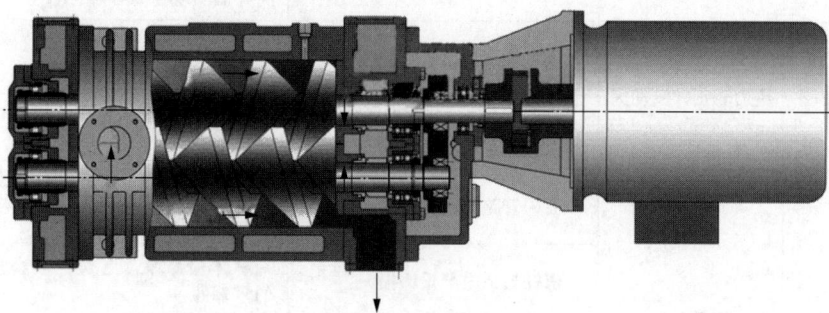

图 4-23 螺杆泵示意图

螺杆泵是靠相互啮合的螺杆做旋转运动来吸排液体的。由于各螺杆的相互啮合以及螺杆与衬筒内壁的紧密配合，在泵的吸入口和排出口之间，就会被分隔成一个或多个密封空间。随着螺杆的转动和啮合，这些密封空间在泵的吸入端不断形成，将吸入室中的液体封入其中，并自吸入室沿螺杆轴向连续地推移至排出端，将封闭在各空间中的液体不断排出，犹如一螺母在螺纹回转时被不断向前推进的情形那样。

和其他泵相比，螺杆泵有如下优点：

（1）螺杆泵损失小，经济性能好。

（2）压力高而均匀，流量均匀，转速高，能与原动机直连。

（3）螺杆泵可以输送润滑油，输送燃油，输送各种油类及高分子聚合物，用于输送黏稠体。

（4）压力和流量稳定，脉动极小。介质在泵内做连续而均匀的直线流动，无搅拌现象。

（5）有自吸能力，不需要底阀或抽真空的附属设备。

（6）工作平稳，噪声低。

（7）相互啮合的螺杆磨损甚少，效率高，寿命长。

（8）结构简单、紧凑，体积小，拆装方便。

（9）螺杆齿型复杂，加工精度要求高。

螺杆泵的常见故障和处理方法见表 4-8。

表 4-8　螺杆泵的常见故障和处理方法

序号	故障	原因	处理方法
1	泵不出力	吸入管（入口管）路泄漏或堵塞	检查泵的吸入（入口）管路，消除漏点或堵塞
		吸入高度超过允许吸入真空高度	降低吸入高度
		电动机转向不正确	联系电气专业人员进行处理，使电动机转向正确
		键连接形式的泵，键磨损失效	更换键
		介质黏度过大	如有加热器时先投入加热器，将介质温度提高后再启动泵
2	压力表指针波动大	吸入管（入口管）漏气	检查泵的吸入（入口）管路，消除漏点
		安全阀没有调好或工作压力过大使安全阀时开时闭	调整安全阀或降低工作压力
3	流量下降	吸入管路堵塞或漏气	检查泵的吸入（入口）管路，消除漏点或堵塞
		螺杆与泵内严重磨损	解体检修泵，更换严重磨损的零部件
		安全阀弹簧太松或阀板与阀座接触不严	调整弹簧，研磨阀瓣与阀座
		电动机转速不够	联系电气专业人员查找电动机转速不够的原因，消除此缺陷
4	轴功率急剧增大	排出（出口）管路堵塞	检查泵的排出（出口）管路，消除管路堵塞
		螺杆与泵套严重摩擦	解体检修泵，更换严重磨损的零部件
		介质黏度太大	如有加热器时先投入加热器，将介质温度提高后再启动泵
5	振动大	泵与电动机的同轴度超差	调整泵与电动机的同轴度
		齿轮与泵的同轴度超差或间隙大	检修调整齿轮与泵的同轴度
		泵内有气	检查泵的吸入（入口）管路、泵体的结合面等部位，消除漏气缺陷
		泵与电动机的联轴器胶圈磨损严重	更换联轴器胶圈
		安装高度过大，泵内产生汽蚀	降低安装高度或降低转速

序号	故障	原因	处理方法
6	发热	泵内严重磨损	解体检修泵，更换严重磨损的零部件
		介质温度过高	降低介质温度
		泵的排出（出口）管路存在堵塞	检查泵的排出（出口）管路，消除堵塞
		环境温度高	降低环境温度
7	盘车不动	泵内有异物卡住	解体泵，清除异物
		螺杆弯曲或螺杆定位不良	对螺杆和螺杆定位进行校调
		同步齿轮调整不当	重新调整同步齿轮
		轴承磨损或损坏	更换损坏轴承
		螺杆径向轴承间隙过小	调整轴承间隙
		螺杆轴承座因不同心而产生偏磨	重新调整轴承座
		泵内压力大	泄压，保证正常压力

三、轴流泵

轴流泵的工作原理：液体在与主轴同心的圆柱面上流出，它靠叶片转动时产生的升力输送液体并提高其速度能、压力能和势能。主要适用于扬程低、流量大的系统中。

立式轴流泵如图 4-24 所示。

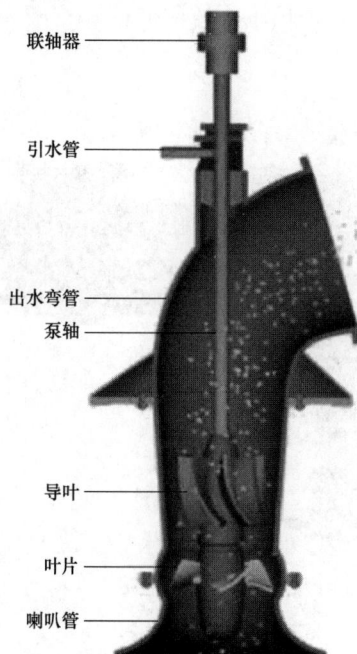

图 4-24　立式轴流泵

四、混流泵

流体沿介于轴向与径向之间的圆锥面方向流出叶轮，部分利用叶型升力，部分利用离心力。混流泵流量较大、压头较高，是一种介于轴流式与离心式之间的叶片式泵。

混流泵如图 4-25 所示。

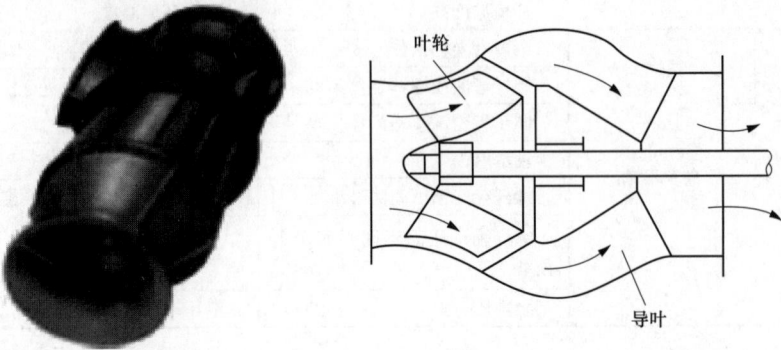

图 4-25　混流泵

五、喷射泵

喷射泵利用具有一定压力的液体由喷嘴喷出，流速很高、压力很低，从而将液体吸入，然后随喷射出的液体一同通过混合室和扩散管，在扩散管中升压后排出。其特点是容积小、效率低。

喷射泵如图 4-26 所示。

图 4-26　喷射泵

第五章　热网换热器

在实际工程中，将某种流体的热量以一定的传热方式传递给他种流体的设备称为换热器，也称为热交换器。自 20 世纪 70 年代以来，换热器一直是节约能源的有效设备，并广泛应用于石油、化工、冶金、食品等行业，尤其在供暖行业里得到大量应用。

换热器的形式繁多，不同场合使用的目的不同。有时是为了工作介质获得或散去热量，有时是为了制取或回收纯净的工质，有时是为了保持介质的恒定温度，有时则是为了回收工艺过程中的余热或有价值的工质，为适应上述目的，对换热器的结构、材料、参数等有不同的要求，因而出现了各式各样的换热器。为了便于选型及检修工作，熟悉并掌握某些典型和常用的换热器的结构及检修过程是必要的。

本章将着重讲述供热行业典型换热器的结构与设计特点，以及其检修要点。

第一节　换热器概述

一、换热器的分类

随着科学和生产技术的发展，不同工业部门要求换热器的类型和结构要与之相适应，流体的种类、流体的运动方式、设备压力参数等也应满足生产过程的要求。虽然如此，换热器仍然可以依据它们的一些共同特征进行分类。例如：

（1）依据使用目的可分为加热器、冷却器、冷凝器、蒸发器和恒温器等。

（2）依据热媒种类不同，可分为汽-水换热器（以蒸汽为热媒）和水-水换热器（以高温水为热媒）。此换热器统称为容积式换热器。

（3）依据换热过程的特点可分为表面式（间壁式）、混合式（直接接触式）和蓄热式（再生式）三种形式换热器，该分类方法为换热器最主要的一种分类方法。

（4）依据传热面的结构形状可分为管式和板式两大类。管式中又有管壳式、套管式、蛇管式及翅片管式等多种形式；板式中又有波纹平板式、螺旋板式、板壳式、板翅式等多种形式。

二、换热器的形式及其结构

（一）直接接触式换热器

直接接触式换热器也称混合式换热器，是冷热流体直接接触进行换热的设备。通常见到的是一种流体为气体，另一种流体为汽化压力低的液体，而且在换热后容易分离开来。这类换热器由于两种流体在换热过程中相互混合，而后又需分离，故其应用受到一定的限制。

1. 淋水式汽-水换热器

如图 5-1 所示，蒸汽从换热器上部进入，被加热水也从上部进入，为了增加水和蒸汽的接触面积，在加热器内布置有若干级淋水盘，水通过淋水盘上的细孔分散地落下与蒸汽进行热交换，加热器的下部用于蓄水并起膨胀容积的作用。淋水式汽-水换热器可以代替热水供热系统中的膨胀水箱，同时还可以利用壳体内的蒸汽压力对系统进行定压。

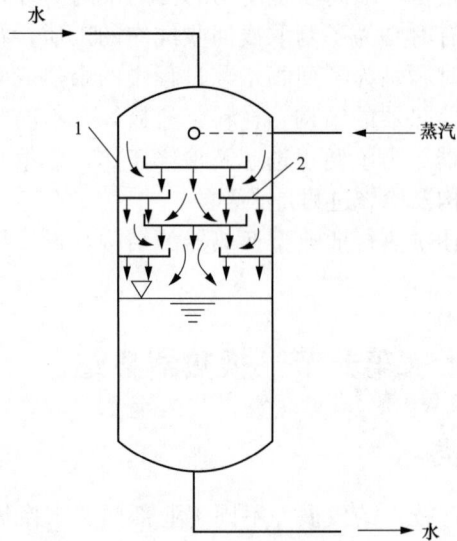

图 5-1　淋水式汽-水换热器
1—壳体；2—淋水盘

淋水式汽-水换热器换热效率高，在同样热负荷时换热面积小，设备紧凑。但是，由于是直接接触换热，不能回收纯凝结水，故将增加集中供热系统热源处水处理设备的容量。

2. 喷射式汽-水换热器

如图 5-2 所示，喷射式汽-水换热器的蒸汽通过喷管壁上的倾斜小孔射出，形成许多蒸汽细流，并和水迅速均匀地混合。在混合过程中，蒸汽多余的势能和动能用来做功，从而消耗了产生振动和噪声的那部分能量。蒸汽与水正常混合时，要求蒸汽压力至少应比换热器入口水压高出 0.1MPa 以上。

喷射式汽-水换热器可以减少蒸汽直接通入水中产生的振动和噪声，体积小，制造简单，安装方便，调节灵敏，加热温差大，运行平稳。但是，其换热量不大，通常仅适用于热水供应和小型热水供热系统上。用于供热系统时，一般布置于循环水泵的出水口侧。

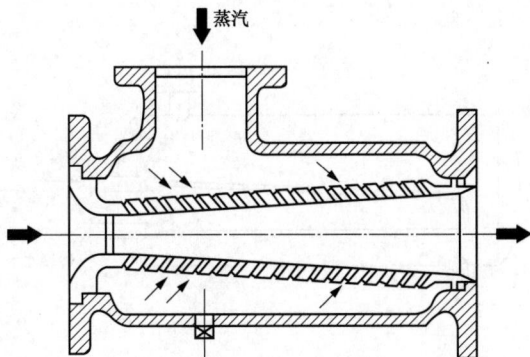

图 5-2　喷射式汽-水换热器

（二）蓄热式换热器

蓄热式换热器也称回热式换热器，它借助于由固体制成的蓄热体交替地与热流体和冷流体接触，蓄热体与热流体接触一定时间，并从热流体吸收热量，然后与冷流体接触一定时间，把热量释放给冷流体，如此反复进行，达到换热的目的。

（三）间壁式换热器

间壁式换热器也称表面式换热器，其中冷热流体被一固体壁面隔开，热量通过固体壁面传递。构成间壁式换热器的间壁，主要是管和板，为了扩展传热面，管和板上常带有各种翅片。用它们组成的具体换热器可以是多种多样的，常用的有壳管式换热器、套管式换热器、管式换热器、板式换热器、板翅式换热器等。

（四）容积式换热器

容积式换热器分为容积式汽-水换热器（如图 5-3 所示）和容积式水-水换热器。这种换热器兼起储水箱的作用，外壳大小应根据储水的容量确定。换热器中 U 形弯管管束并联在一起，蒸汽或加热水自管内流过。

容积式换热器易于清除水垢，主要用于热水供热系统，但是其传热系数比壳管式换热器低。

（五）板翅式换热器

多年来，管式换热器一直是工业换热设备的基本结构形式。随着生产和科学技术的发展，石油化工、原子能工业、车辆船舶等部门的发展迫切要求提供效率高、质量轻、结构紧凑的换热设备。板翅式换热器的出现满足了这种要求。

板翅式换热器又称紧凑式换热器或二次表面换热器，是一种紧凑、轻巧、高效的新型换热器。其优点为传热效率高、结构紧凑、轻巧而牢固、适应性强及经济性好。

它的主要缺点是流道狭小，容易引起堵塞而增大阻力降。换热器一旦结垢难以清洗。由于这种换热器的隔板和翅片都是由很薄的铝板制成，所

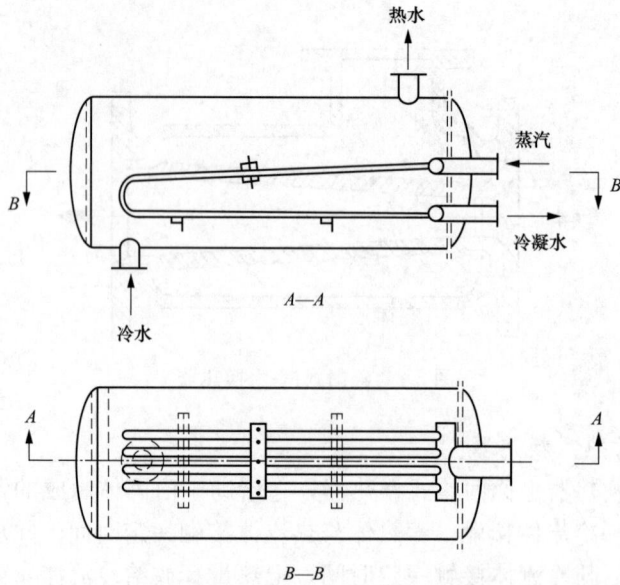

图 5-3 容积式汽-水换热器

以对介质的要求高，对铝不能产生腐蚀。一旦腐蚀难以修补，易造成内部串漏。

板翅式换热器的基本结构是由翅片、平隔板和封条三种元件组成的单元体的叠积结构，如图 5-4 所示。波形翅片置于两块平隔板之间，并由侧封条封固，许多单元体进行不同组叠并用钎焊焊牢就可得到常用的逆流、错流或逆错流布置的组装件，称为板束或芯体。图 5-5 所示为逆（错）流布置的芯体。一般情况下，在工作压力较高和单元尺寸较大时，从轻度、绝热和制造工艺出发，板束上下各设置一层假翅层。假翅层无流体通过，由较厚的翅片和隔板制成。板束上配置导流片、封头和流体出入口接管即构成一个完整的板翅式换热器。

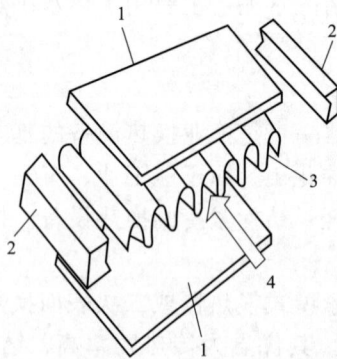

图 5-4 板翅式换热器单元体分解图
1—平隔板；2—侧封条；3—翅片；4—流体

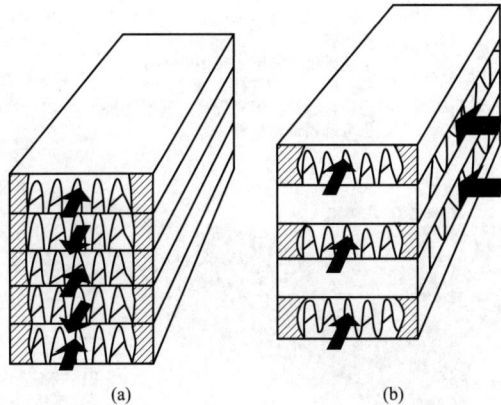

图 5-5 芯体布置
（a）逆流；（b）错流

第二节 管壳式换热器

一、管壳式换热器的分类及特点

　　管壳式换热器是目前用得最为广泛的一种换热器，主要由壳体、传热管束、管板、折流板和管箱等部件组成，其具体结构如图 5-6 所示。壳体多为圆筒形，内部放置了由许多管子组成的管束，管子的两端固定在管板上，管子的轴线与壳体的轴线平行。进行换热的冷热两种流体，一种在管内流动，称为管程流体；另一种在管外流动，称为壳程流体。为了增加壳程流体的速度以改善传热，在壳体内安装了折流板。折流板可以提高壳程流体速度，迫使流体按规定路程多次横向通过管束，增强流体湍流程度。

　　流体每通过管束一次称为一个管程；每通过壳体一次就称为一个壳程，而图 5-6 所示为最简单的单壳程单管程换热器。为提高管内流体速度，可在两端管箱内设置隔板，将全部管子均分为若干组。这样流体每次只通过部分管子，因而在管束中往返多次，称为多管程；同样为提高管外流速，也可以在壳体内安装纵向挡板，迫使流体多次通过壳体空间，称为多壳程。多管程与多壳程可以配合使用。这种换热器的结构不算复杂，造价不高，可选用多种结构材料，管内清洗方便，适应性强，处理量较大，高温高压条件下也能应用，但传热效率、结构的紧凑性、单位传热面的金属消耗量等方面尚有待改善。

　　由于管内外流体的温度不同，换热器的壳体与管束的温度也不同。如果两流体温度相差较大，换热器内将产生很大的热应力，导致管子弯曲、断裂或从管板上拉脱。因此，当管束与壳体温度差超过 50℃时，需采取适当补偿措施，以消除或减少热应力。根据所采用的补偿措施，管壳式换热器可以分为以下几种主要类型。

管板
可用碳钢、不锈钢、
NRB90/10CuNi、
70/30 CuNi、钛

管箱
钢或铸铁

换热管
可用碳钢、紫铜、90/10CuNi、
70/30CuNi、不锈钢、黄铜、钛。
与管板胀接、填充焊或者开槽连接，
也可选用低翅片管

支撑
螺杆16″以下可拆卸，
大于16″为固定式

壳体
可用钢或不锈钢。最大限度地减
小壳体与折流板间的间隙，减小
旁通流，确保最佳的换热效果

折流板
采用精加工折流板管孔的方法，
最大限度地减小折流板管孔与
管子间的间隙，保证壳侧流体
高效的流动，并通过优化设计
确定折流板切开率与间距

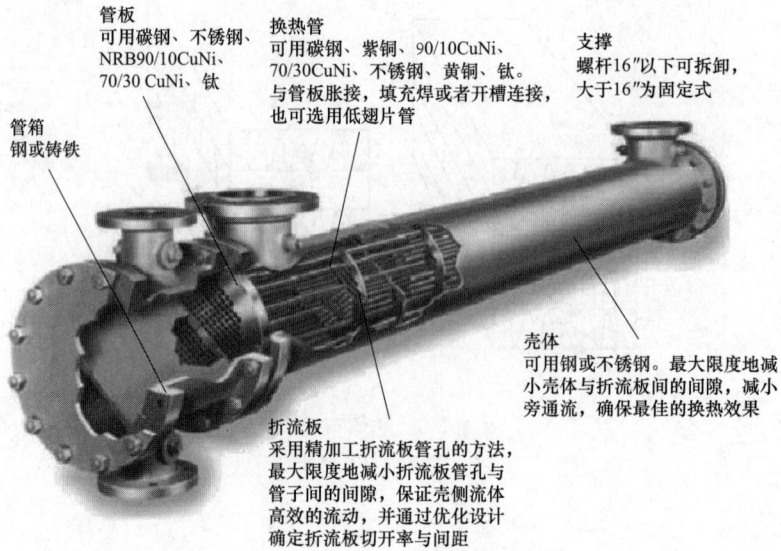

图 5-6 管壳式换热器

（一）固定管板式换热器

固定管板式换热器结构如图 5-7 所示。换热器的管端以焊接或胀接的方法固定在两块管板上，而管板则以焊接的方法与壳体相连。与其他形式的管壳式换热器相比，结构简单，当壳体直径相同时，可安排更多的管子，也便于分程，同时制造成本较低。由于不存在弯管部分，管内不易积聚污垢，即使产生污垢也便于清洗。如果管子发生泄漏或损坏，也便于进行堵管或换管，但无法在管子的外表面进行机械清洗，且难以检查，不适宜处理脏的或有腐蚀性的介质。更主要的缺点是当壳体与管子的壁温或材料的线膨胀系数相差较大时，在壳体与管中将产生较大的温差应力，因此为了减少温差应力，通常需在壳体上设置膨胀节，利用膨胀节在外力作用下产生较大变形的能力来降低管束与壳体中的温差应力。

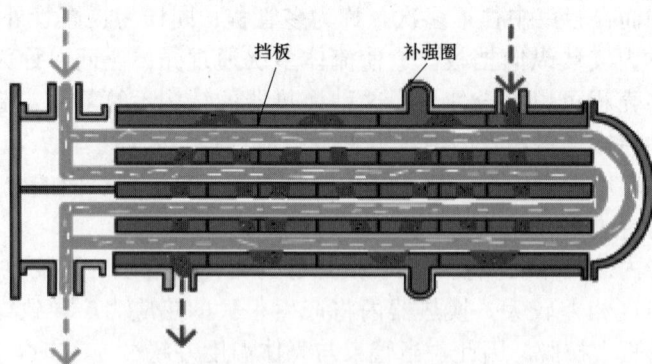

挡板

补强圈

图 5-7 固定管板式换热器结构

（二）浮头式换热器

浮头式换热器结构如图 5-8 所示。管子一端固定在一块固定管板上，管板夹持在壳体法兰与管箱法兰之间，用螺栓连接；管子另一端固定在浮头管板上，浮头管板夹持在用螺柱连接的浮头盖与钩圈之间，形成可在壳体内自由移动的浮头，故当管束与壳体受热伸长时，两者互不牵制，因而不会产生温差应力。浮头部分是由浮头管板、钩圈与浮头端盖组成的可拆连接，因此可以容易抽出管束，管内管外都能进行清洗，也便于检修。由上述特点可知，浮头式换热器多用于温度波动和温差大的场合，但与固定管板式换热器相比其结构更复杂、造价更高。

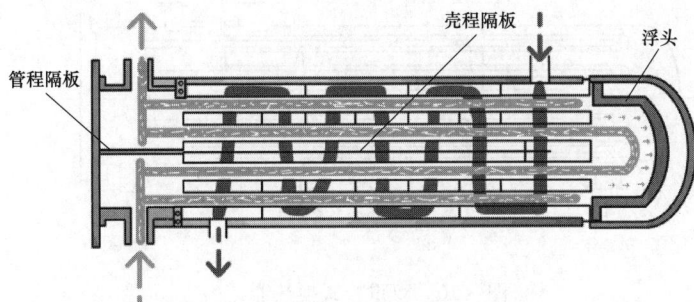

图 5-8　浮头式换热器结构

（三）U 形管式换热器

U 形管式换热器结构可参见图 5-9。一束管子被弯制成不同曲率半径的 U 形管，其两端固定在同一块管板上，组成管束，从而省去了一块管板与一个管箱。因为管束与壳体是分离的，在受热膨胀管壳式换热器维护检修时，彼此间不受约束，故消除了温差应力。其结构简单，造价便宜，管束可以在壳体中抽出，管外清洗方便，但管内清洗困难，因此最好使不易结垢的物料从管内通过。由于弯管的外侧管壁较薄以及管束的中央部分存在较大的空隙，故 U 形管换热器具有承压能力差、传热能力不佳的缺点。

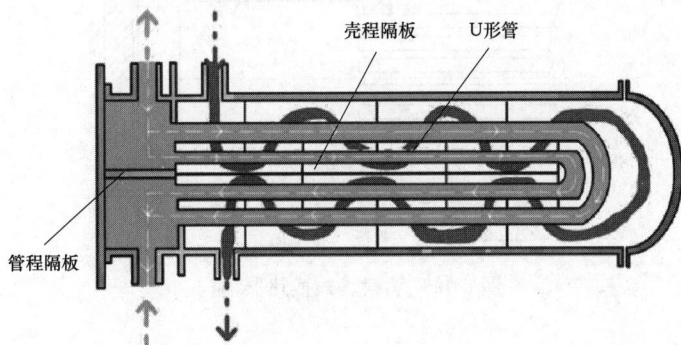

图 5-9　U 形管式换热器结构

（四）双重管式换热器

双重管式换热器是将一组管子插入另一组相应的管子中而构成的换热器，其结构可以参见图 5-10。管程流体（B 流体）从管箱进口管流入，通过内插管到达外套管的底部，然后返回，通过内插管和外套管之间的环形空间，最后从管箱出口管流出。其特点是内插管与外套管之间没有约束，可自由伸缩。因此，它适用于温差很大的两流体换热，但管程流体的阻力较大，设备造价较高。

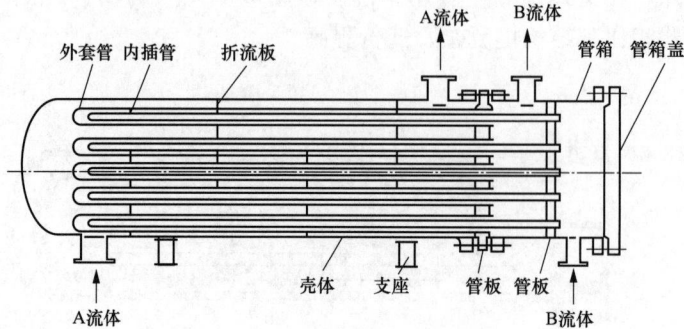

图 5-10　双重管式换热器结构

（五）填料函式换热器

图 5-11 所示为填料函式换热器的结构。管束一端与壳体之间用填料密封，管束的另一端管板与浮头式换热器同样夹持在管箱法兰和壳体法兰之间，用螺栓连接。拆下管箱、填料压盖等有关零件后，可将管束抽出壳体外，便于清洗管间。管束可自由伸缩，具有与浮头式换热器相同的优点。由于减少了壳体大盖，它的结构比浮头式换热器简单，造价也较低，但填料处容易泄漏，工作压力与温度受一定限制，直径也不宜过大。

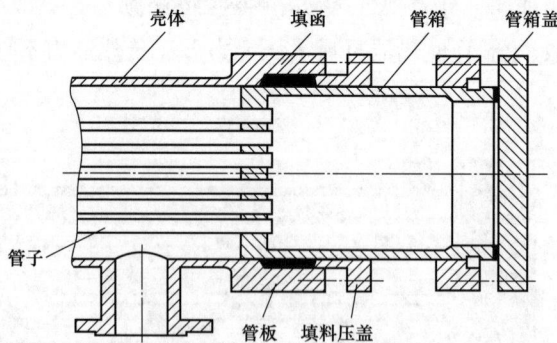

图 5-11　填料函式换热器结构

二、管壳式换热器的检验

定期检验时换热器所在单位的设备技术管理人员应参加并配合。定期检验包括外部检查、内部检查和液压试验等。

1. 外部检查

换热器的外部检查（用肉眼或 10 倍放大镜）每季度一次，在换热器运行条件下进行。

外部检查的内容如下：

（1）检查换热器的保温层是否完好、有无漏气或漏液现象；对无保温层的换热器应检查防腐层是否完好及换热器外表面的锈蚀情况；检查换热器的壳体、密封部位、焊缝、接管等有无泄漏、裂缝及变形等。

（2）检查换热器有无异常声响与振动。

（3）了解换热器在运行中的有关情况，特别是有无介质堵塞和泄漏现象。

（4）压力表、安全阀等安全附件按规定进行校验或更换。

2. 内部检查

换热器的内部检查在换热器停运或检修时进行，每年一次。

内部检查的内容如下：

（1）换热器壳体的内、外表面，开孔接管处等部位有无介质腐蚀或冲刷磨损现象。

（2）检查管束腐蚀、结垢情况和有无泄漏。

（3）检查管束与管板连接部位有无泄漏。

3. 液压试验

（1）液压试验要求。

1）固定管板式。

a. 壳体试压。检查壳体、换热管与管板相连接接头及有关部位。

b. 管程试压。检查管箱及有关部位。

2）U 形管式换热器、釜式重沸器（带 U 形管束）及填料函式换热器。

a. 壳程试压（用试验压环）。检查壳体、管板、换热管与管板连接部位及有关部位。

b. 管程试压。检查管箱的有关部位。

3）浮头式换热器、釜式重沸器（带浮头式管束）。

用试验压环和浮头专用工具进行管与管板接头试压。对于釜式重沸器，还应配备管与管板接头试压专用壳体，检查换热管与管板接头及有关部位。

a. 管程试压。检查管箱、浮头盖及有关部位。

b. 壳程试压。检查壳体、换热管与管板接头及有关部位。

（2）液压试验顺序。

1）换热器的液压试验一般用洁净的水作为试验介质。有特殊要求的，可以用图纸规定的液体作为试验介质，试压用液体和环境的温度均不得低于 5℃。试验时液体的温度应低于液体本身的沸点和闪点；对奥氏体不锈耐酸钢制容器，用水进行试验后，应立即将水渍去除干净，当无法达到这一要求时，应控制水中的氯离子含量不超过 25mg/L。

2）液压试验的顺序为先试壳程，同时检查换热器管束与管板连接部位，然后再试管程。试压时，将换热器充满液体，滞留在换热器中的气体必须排尽，换热器表面保持干燥，待换热器的壁温与液体的温度接近时，才能缓慢地升压到设计压力，确认无泄漏后继续升压到规定的试验压力，保压 30min，然后降到设计压力，保压 30min 以上并进行检查。检查期间应保持压力不变，但不得采用连续加压以维持试验压力不变的做法，不得带压紧固螺栓。

3）液压试验中，无泄漏，无可见的异常变形和异常响声，即为试验合格。

4）试验完毕后，应立即将水排尽，并使之干燥。

5）当不能采用液压试验时，可采用气压试验，其试验压力为 $1.15p$（p 为设计压力）。采取气压试验时，必须采取严格的安全措施，并经主管部门的技术负责人批准。试验用气体为干燥洁净的空气、氮气或其他惰性气体，试验用气体温度不低于 5℃。介质为易燃易爆的换热器必须彻底清洗和置换，经分析合格方可进行，否则严禁用空气作为试验介质。

6）在液压试验时，缓慢加压到规定压力的 10％（不小于 0.1MPa），应暂停进气，对连接部位进行检查，若无泄漏等异常现象，可继续升压。升压应分梯次逐级升压，每级为试验压力的 10％～20％，每级间适当保压，以观察有无异常。在升压过程中，严禁工作人员在现场作业或进行检查工作；在达到试验压力后保压 30min，首先观察有无异常现象，然后由专人进行检查和记录。用肥皂溶液检漏，不冒气泡为合格。试压时两通道要保持一定的压差；当试验压力高时，还应注意两端面的变形。已经做过气压试验并经检查合格者，可免做气密性试验。

三、管壳式换热器的检修

（一）检修周期及内容

换热器的检修分为定期计划检修和不定期检修。

1. 定期计划检修

定期计划检修根据生产装置的特点、换热器介质的性质、腐蚀速度及运行周期等因素进行。定期计划检修根据检修工作量可分为清洗、中修和大修。

（1）清洗。清洗周期一般为 6 个月。运行中物料堵塞或结垢严重的周期为 3 个月或更短一些，应根据换热器的压降增大和效率降低的具体情况而定。清洗包含清洗管程和壳程积存的污垢及更换垫片。

（2）中修。中修的间隔期一般为一年，主要包括如下内容：

1）清理换热器的壳程、管程及封头（浮头、平盖等）积存的污垢。检查换热器内部构件有无变形、断裂、松动，防腐层有无变质、脱落、鼓泡以及内壁有无腐蚀、局部凹陷、沟槽等，并视情况修理。

2）检查修理管束、管板及管程、壳程连接部位，对有泄漏的换热管进行补焊、补胀和堵管。

3）检查更换进出管口填料、密封垫。

4）检查更新部分连接螺栓、螺母。

5）检查校验仪表及安全装置。

6）检查修理静电接地装置。

7）检查更换管件、阀门及附件。

8）修补壳体、管道的保温层。

（3）大修。包括中修的所有内容；修理或更换换热器的管束或壳体；检查修理设备基础；整体防腐、保温。大修的间隔期一般为3年。

检查部件主要有管板、管箱、换热管、折流板、壳体防冲板、小浮头螺栓、小浮头盖、接管及连接法兰等。重点检查以下部位：

1）易发生冲蚀、汽蚀的管程热流入口的管端，易发生缝隙腐蚀的壳程管板和易发生冲蚀的壳程入口和出口。

2）容易产生坑蚀、缝隙腐蚀和应力腐蚀的管板和换热管管段。

3）介质流向改变部位，如换热设备的入口处、防冲挡板、折流板处的壳体及U形弯头等。

4）检查壳体应力集中处是否有裂纹。

5）检查换热管壁厚。

6）检查接管及法兰密封面。

7）检查防腐层有无老化、脱落。

2. 不定期检修

不定期检修是由于某种原因导致的临时性的检修。

（二）检修与质量标准

1. 检修前准备

掌握运行情况，备齐必要的图纸资料，准备好必要的检修工具及试验胎具、卡具等，内部介质置换清扫干净，符合安全检修条件。

2. 检查内容

（1）宏观检查壳体、管束及构件腐蚀、裂纹、变形等。必要时进行表面检测及涡流检测抽查。

（2）检查防腐层有无老化、脱落。检查衬里腐蚀、鼓包、褶折和裂纹。

（3）检查密封面、密封垫。

（4）检查紧固件的损伤情况。

（5）对高压螺栓、螺母应逐个清洗检查，必要时应进行无损探伤。

（6）检查基础有无下沉、倾斜、破损、裂纹，以及其他地脚螺栓、垫铁等有无松动、损坏。

3. 检修与质量标准

在换热器管束抽芯、装芯、运输和吊装作业中，不得用裸露的钢丝绳直接捆绑。移动和起吊管束时，应将管束放置在专用的支承结构上，以避免损伤换热管。管束内、外表面结垢应清理干净。管箱、浮头有隔板时，其垫片应整体加工，不得有影响密封的缺陷。管束堵漏，在同一管程内，堵管数一般不超过其总数的 10%。在工艺指标允许范围内，可以适当增加堵管数。所用零部件应符合有关技术要求，具有材质合格证。管子表面应无裂纹、折叠、重皮等缺陷。管子需拼接时，同一根换热管最多只准有一道焊口（U 形管可以有两道焊口）。最短管长不得小于 300mm，而 U 形管弯管段至少 50mm 长直段内不得有拼接焊缝，对口错边量应不超过管壁厚的 15%，且不大于 0.5mm。管子与管板采用胀接时应检验管子的硬度。一般要求管子硬度比管板硬度低 30HB。管子硬度高于或接近管板硬度时，应将管子两端进行退火处理，退火长度比管板厚度长 80～100mm。管子两端和管板孔应干净，无油脂等污物，并不得有贯通的纵向或螺旋状刻痕等影响胀接紧密性的缺陷。管子两端应伸出管板，其长度为 4mm±1mm。管子与管板的胀接宜采用液压胀。每个胀口重胀不得超过两次。管子与管板采用焊接时，管子的切口表面应平整，无毛刺、凹凸、裂纹、夹层等，且焊接处不得有熔渣、氧化铁、油垢等影响焊接质量的杂物。管束整体更换应按 GB/T 151《热换热器》或设计图纸要求进行。

密封垫片的更换按设计要求或参照表 5-1 选用。

表 5-1　密封垫片选用表

介质	法兰公称压力（MPa）	介质温度（℃）	法兰密封面形式	垫片名称	垫片材料或牌号
烃类化合物、烷烃、芳香烃、环烷烃、烯烃、氢气和有机溶剂、甲醇、乙醇、苯酚、糠醛氨	$p \leqslant 1.6$	≤200	平面	耐油橡胶石棉板垫片	耐油橡胶石棉板
		≤600	平面、凹凸面	缠绕式垫片、高强石墨垫波齿复合垫	金属带、柔性石墨、0Cr18Ni9、316L、0Cr13
	$p \leqslant 4.0$	≤200	平面	耐油橡胶石棉板垫片	耐油橡胶石棉板
		201～450	凹凸面、榫槽面	缠绕式垫片、高强石墨垫、波齿复合垫	金属带、柔性石墨
		451～600		缠绕式垫片、波齿复合垫	金属带、柔性石墨
	$0 < p \leqslant 6.4$ $4 < p \leqslant 6.4$	≤200		缠绕式垫片	金属带、柔性石墨
		201～450		缠绕式垫片、高强石墨垫、波齿复合垫	金属带、柔性石墨
		451～600		缠绕式垫片、波齿复合垫	金属带、柔性石墨

介质	法兰公称压力（MPa）	介质温度（℃）	法兰密封面形式	垫片名称	垫片材料或牌号
烃类化合物、烷烃、芳香烃、环烷烃、烯烃、氢气和有机溶剂、甲醇、乙醇、苯酚、糠醛氨	6.4＜p≤35	≤200	平面	平垫	铝
		≤450	凹凸面、梯形槽	金属齿形垫、椭圆形垫片或八角形垫	柔性石墨
		451～600			0Cr18Ni9、316L
		≤200	锥面	透镜垫	10
		≤475			10MoWVNb
水盐空气煤气蒸汽惰性气体	p≤1.6	≤200	平面	橡胶石棉板垫片	XB-200 橡胶石棉板
	1.6＜p≤4		凹凸面	高强石墨垫片、缠绕式垫片	0Cr18Ni9、3161L 金属带、柔性石墨
	4＜p≤6.4	≤450			
	6.4＜p≤35	≤450	梯形槽	椭圆形垫片或八角形垫	316L、0Cr13

注　1. 苯对耐油橡胶石棉垫片中的丁腈橡胶有溶解作用，不宜选用。
　　2. 浮头等内部连接用的垫片，不宜用非金属软垫片。

四、管壳式换热器的维护与故障处理

（一）日常维护

（1）装置系统蒸汽吹扫时，应尽可能避免对有涂层的冷换设备进行吹扫，工艺上确实避免不了时，应严格控制吹扫温度（进冷换设备）小于200℃，以免造成涂层破坏。

（2）装置启闭过程中，换热器应缓慢升温和降温，避免造成压差过大和热冲击，同时应遵循停工时"先热后冷"，即先退热介质，再退冷介质；开工时"先冷后热"，即先进冷介质，后进热介质。

（3）认真检查设备运行参数，严禁超温、超压。对按压差设计的换热器，在运行过程中不得超过规定的压差。

（4）操作人员应严格遵守安全操作规程，定时对换热设备进行巡回检查，检查基础支座稳固及设备泄漏等。

（5）应经常对管、壳程介质的温度及压降进行检查，分析换热器的泄漏和结垢情况。在压降增大和传热系数降低超过一定数值时，应根据介质和换热器的结构，选择有效的方法进行清洗。

（6）应经常检查换热器的振动情况。

（7）在操作运行时，有防腐涂层的冷换设备应严格控制温度，避免涂层损坏。

（8）保持保温层完好。

（二）常见故障与处理

常见故障与处理见表 5-2。

表 5-2　常见故障与处理

序号	故障现象	故障原因	处理办法
1	两种介质互串（内漏）	换热管腐蚀穿孔、开裂	更换或堵死漏管
		换热管与管板胀口（焊口）裂开	重胀（补焊）或堵死
		浮头式换热器浮头法兰密封泄漏	紧固螺栓或更换密封垫片
		螺纹锁紧环式换热器管板密封漏	紧固内圈压紧螺栓或更换盘根（垫片）
2	法兰处密封泄漏	垫片承压不足、腐蚀、变质	紧固螺栓，更换垫片
		螺栓强度不足，松动或腐蚀	螺栓材质升级或更换螺栓
		法兰刚性不足、密封面缺陷	更换法兰或处理缺陷
		法兰不平行或错位	重新组对或更换法兰
		垫片质量不好	更换垫片
3	传热效果差	换热管结垢	用化学或射流清洗垢物
		水质不好、油污与微生物多	加强过滤、净化介质，加强水质管理
		隔板短路	更换管箱垫片或更换隔板
4	阻力降超过允许值	过滤器失效	清扫或更换过滤器
		壳体、管内外结垢	用射流或化学清洗垢物
5	振动严重	因介质频率引起的共振	改变流速或改变管束固有频率
		外部管道振动引发的共振	加固管道，减小振动

第三节　板式换热器

一、板式换热器设备概述

板式换热器（plate heat exchanger）于 1878 年由德国发明。1886 年法国人设计出了通道板式换热器，并应用到葡萄酒的酿造中。板式换热器的应用非常广泛，如电力、食品、医药、石油、化工等。我国板式换热器的研究、制造开始于 20 世纪 60 年代，1965 年，兰州石油化工机器厂设计、制造了我国第一台板式换热器。

板式换热器是液-液、液-汽进行热交换的理想设备。它具有换热效率高、热损失小、结构紧凑轻巧、占地面积小、安装清洗方便、应用广泛、使用寿命长等特点。在相同压力损失情况下，其传热系数比管式换热器高 4～5 倍，占地面积为管式换热器的 1/3，热回收率可高达 90％以上。

二、板式换热器设备结构

板式换热器是由带一定波纹形状的金属板片叠装而成的新型高效换热器，其结构比板翅式换热器、壳管式换热器和列管式换热器简单，它由板片、密封垫片、固定压紧板、活动压紧板、压紧螺柱和螺母、上下导杆、前支柱等零部件组成，板式换热器基本构造如图 5-12 所示。

图 5-12　板式换热器基本构造

（一）板式换热器各部件功能

板式换热器工作介质分别在板片间形成的窄小而曲折的通道中交错流过，进行换热。由于板片相互倒置安装，波纹交叉所形成的数千个触点错列均布，使流体绕这些触点回绕流动，产生强烈扰动，形成极高的换热系数，并使换热器具有极高的换热效率和承压能力。

板片为热量传递元件，提供介质流道和换热表面。垫片为密封元件，垫片粘贴在板片的垫片槽内，防止介质混流和泄漏，并使之在不同板片间分配。在固定压紧板上交替地放置一块板片和一张垫片（按一定的顺序安装，加热板交叉放置），然后安放活动压紧板，拧紧压紧螺栓将构成板式换热器。上/下导杆起定位和导向作用。固定压紧板、活动压紧板、上/下导杆、压紧装置、前支柱统称为板式换热器的框架。按一定规律排列的所有板片，称为板束。换热板片四周角上的孔构成了连续的通道，在压紧后，相邻板片的触点互相接触，使板片间保持一定的间隙，形成流体的通道。介质从入口进入通道并被分配到换热板片之间的流道内，每张板片都有密封垫片，板与板之间的位置交替放置，两种流体分别进入各自通道，由板片隔开；被热交换的两种介质均在两板片之间，形成一薄的流束；一般情况下两种介质在通道内逆流流动，热介质将热能传递给板片，板片又将热能传递给另一侧的冷介质，从而达到热交换的目的。

1. 板片

板片是板式换热器的核心元件，一般由 0.4～0.8mm 的金属板压制成波纹状，波纹板片上贴有密封垫圈。板片按设计的数量和顺序安放在固定压紧板和活动压紧板之间，然后用压紧螺柱和螺母压紧，因为冷、热流体的换热发生在板片上，所以它是传热元件，此外它又承受两侧的压力差。从板式换热器出现以来，人们构思出各种形式的波纹板片，以求得换热效率高、流体阻力低、承压能力大的波纹板片。板片的分型如图 5-13 所示。

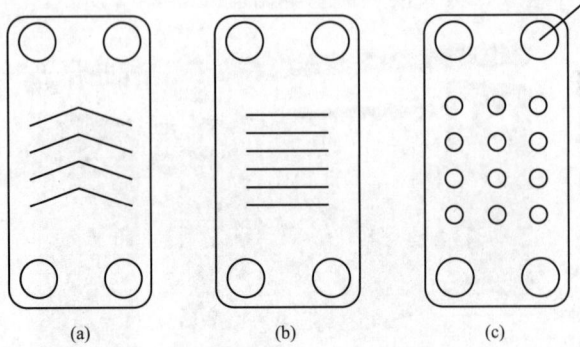

图 5-13　板片的分型
(a) 人字形（鱼刺形）；(b) 平直波形（洗衣板形）；(c) 球形（凸瘤形）

板片波纹的作用是使得流体紊流，强化传热相邻板片的波纹形成接触抗点，提高耐压性能。板片按波纹的几何形状区分，有水平平直波纹、人字形波纹、凸瘤形（球形）等波纹板片，如图 5-13 所示；按流体在板间的流动形式区分，常用板片主要有人字形波纹板片和水平平直波波纹板片，如图 5-14 所示。人字形波纹板片的传热系数和流体的阻力都高于水平平直波纹板片。如果工作压力在 1.6MPa 以上，应选择采用人字形波纹板片；如果工作压力不高，可以选用水平平直波纹板片。若安装空间受限制，又要求换热效率高且阻力不受限制时，应选用人字形波纹板片。

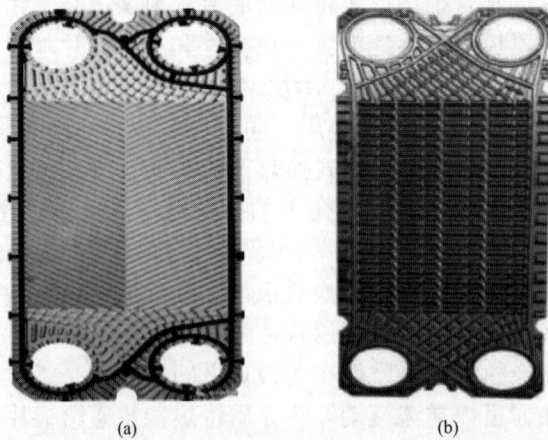

图 5-14　人字形波纹板片与水平平直波纹板片
(a) 人字形波纹板片；(b) 水平平直波纹板片

人字形波纹板片的板片本身是一模一样的，只有合理区分，才能将冷热介质区分开来。一般分为 A/B 板，当 A 板片以 180°旋转后，就成为 B 板片，如图 5-15 所示。人字形波纹板片的人字尖头，应指向流体的入口侧方向。板式换热器在使用过程中，无论是板片发生变形、裂纹、穿孔，还是垫片发生老化、断裂，都需要及时更换。万一使用现场没有足够的备件，而换热设备既无备用又不能停机时，应进行现场的简便处理。现场简便处理的方法是将损坏的板片和发生渗漏的板片成对（A 板＋B 板）剔除。

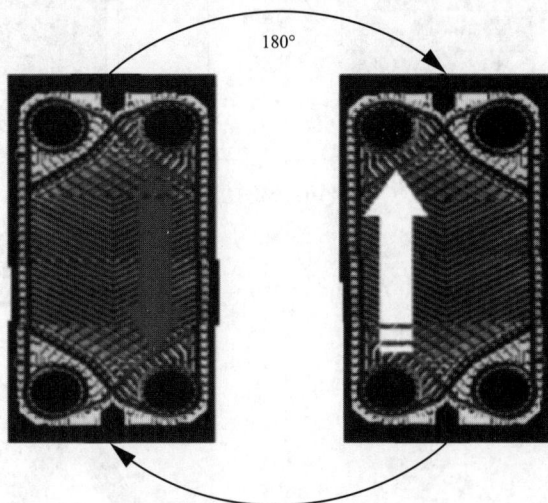

图 5-15　人字形板片 A/B 板

2. 密封垫片

板式换热器的密封垫片是一个关键的零件。垫片的常用材质为三元乙丙橡胶（EPDM），耐温范围为－25～150℃，适用于高温水、酸、碱介质。板式换热器的工作温度实质上就是垫片能承受的温度；板式换热器的工作压力也相当程度上受密封垫片的制约。对密封垫的基本要求是耐热、耐压、耐介质腐蚀。板式换热器是通过压板压紧垫片，达到密封的。为确保可靠的密封，在操作条件下密封面上必须保持足够的压紧力。板式换热器由于密封周边长，需用垫片量大，在使用过程中需要频繁拆卸和清洗，泄漏的可能性很大。如果垫片材质选择不当，弹性不好，所用的胶水不粘或涂的不匀，都可导致运行中发生脱垫、伸长、变形、老化、断裂等情况。加之板片在制造过程中，有时发生翘曲，也可造成泄漏。一台板式换热器往往由几十片甚至几百片传热板片组成，组装时容易使垫片某段压偏或挤出，造成泄漏，因此安装时须特别细心。建议使用的黏合剂为 801、401、403胶水，并水平叠放，通风干燥 2～6h，如图 5-16 所示。

（二）流体流动的方向

板片内流体流动的方向如图 5-17 所示。

根据两种介质的流动方向，分为平行流、交叉流（对角流）板式换热器。平行流又分为顺流和逆流，逆流布置较为普遍。平行流管道连接好布置，安装维护比较方便；交叉流管道交叉布置，安装维护费时费力。

逆流板式换热器如图 5-18 所示。

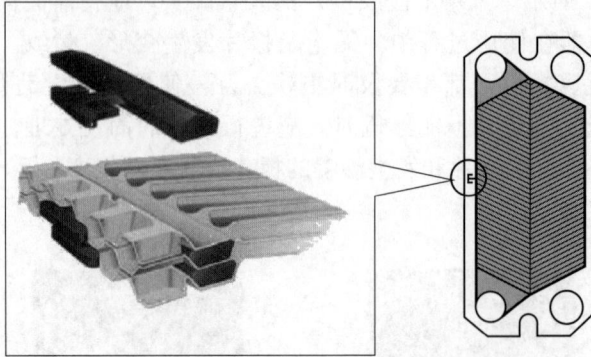

图 5-16　密封垫片

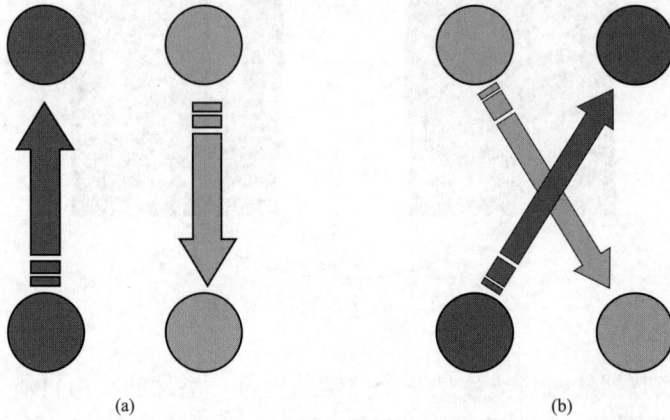

(a)　　　　　　　　　　　　　　(b)

图 5-17　板片内流体流动的方向
(a) 平行流；(b) 对角流

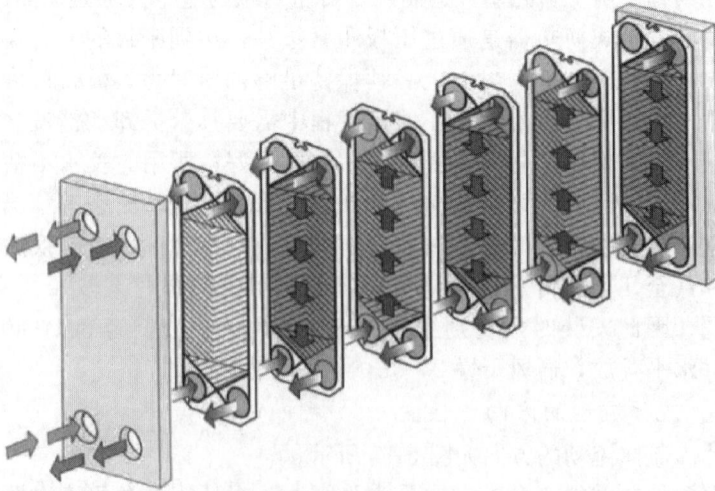

图 5-18　逆流板式换热器

三、板式换热器定期维护检查项目

为了使换热器保持良好状况，需要进行定期维护，同时要求做好维修记录。

（一）日常巡检

在日常巡检中，每日由巡检员检查换热器板片组有无渗漏，进出口压力及温度是否符合要求，同时做好巡检记录。

（二）定期清洁板片

需要定期清洁板片，原则上每年的非供热季（根据各地供热实际情况）进行清洁，清洁频率取决于介质类型和温度等诸多因素（按照年度检修计划执行）。

（三）垫片重新密封

长时间使用后，可能需要通过更换密封垫对换热器进行重新密封。

（四）其他维护

同时定期进行的其他维护如下：

（1）保持上导杆和下导杆的清洁和润滑。

（2）保持对紧固螺栓（含轴承盒）进行清洁和润滑。

四、板式换热器检修工艺及质量标准

（一）检修前的准备

根据设备实际情况确定检修项目及重点。准备好需要更换的备品配件，备品配件要符合图纸要求。准备好检修中需要的工具、材料等，使用工具应符合安全工作规程的规定。

（二）板式换热器的拆卸

先后缓慢地关闭一次侧介质进口阀门、二次侧介质进口阀门、二次侧介质出口阀门、一次侧介质出口阀门，确保换热器与系统其余部分隔离。按上述停机顺序使设备停止运行，然后放掉换热器内的流体。检查上导杆的滑动面，将其擦拭干净，然后用润滑脂进行润滑。如有必要，在板片组拆卸前于外表面上画一条对角线进行标记，如图 5-19 所示。

板式换热器拆卸前，首先测板式换热器的压紧长度尺寸 A（两端板之间），做好记录（重装时应比原尺寸压得更紧点），如图 5-20 所示，方便安装时尺寸的确定。水平测量记录 6 个点位为宜。

用扳手按图 5-21，把夹紧杆螺母以 5、6、7、8、9、10、3、4、1、2，顺序交叉分组松动。

均匀松开夹紧螺栓并取下，将活动压紧板移向支架一端，将传热板片上端向活动压紧板方向倾斜，再从上导杆悬挂口处取下，并使传热板片下端也脱离下导杆，然后取出传热板片。在整个拆卸过程中，始终保持固定

板和压紧板平行（如图 5-22 所示）。

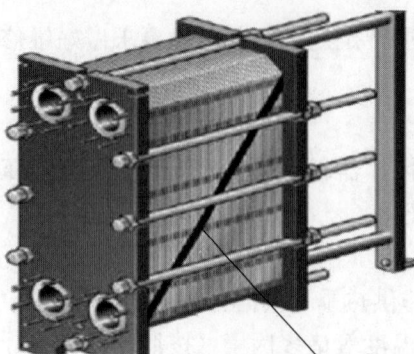

图 5-19　板片组拆卸前的对角线标记　　　　图 5-20　板式换热器拆卸前的尺寸记录

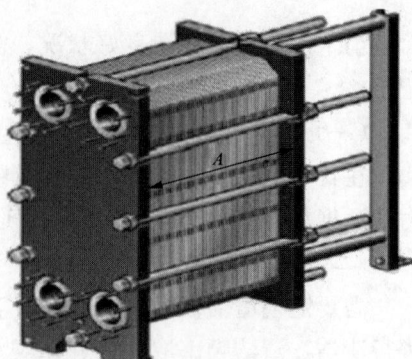

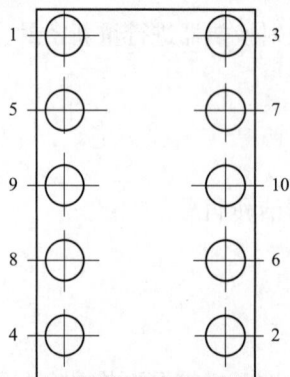

图 5-21　夹紧杆螺母的拆卸顺序　　　　图 5-22　板片的拆卸方法

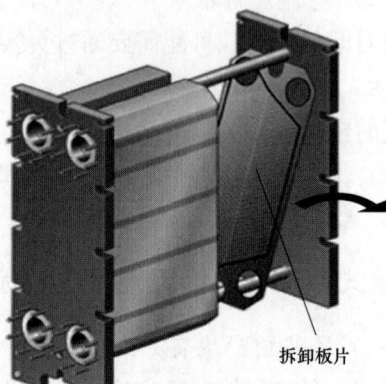

如果要对传热板片进行编号，应在拆卸板片前进行。为避免尖锐的边缘对手造成伤害，应在处理板片时佩戴防护手套。

（三）板式换热器的清洗

根据实际检查情况，确定选用物理、化学或相结合的方式进行清洗（Cl^- 含量超过 300mg/L 的水不能用于配置清洁溶液。如采用化学清洗，在清洗过程中，需对导杆和支柱加以防护，以免接触化学品受到腐蚀）。

1. 物理清洗法

物理清洗是借助机械外力清除板片或管路表面的污垢，例如板片用刷子进行人工洗刷，从而达到清洗的效果。物理清洗方式比较直接、高效、无腐蚀、安全、环保。但对于较厚、较硬的垢层不易清洗干净，而且在清洗时板片会出现清洁"死角"。如果发现设备结垢不太严重时，无须将传热板片从换热器中卸下，可用水直接冲洗，即板片悬挂在框架内时开始清洗，同时选用柔软的刷子进行刷洗即可。清洗过程中，防止板片发生变形，如图 5-23、图 5-24 所示。

图 5-23　使用高压水管喷水清洗

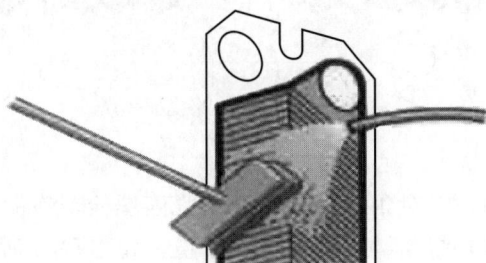

图 5-24　用软刷和流水清除沉淀物

2. 化学清洗法

化学清洗是将化学清洗液，利用外置强制循环流通换热器板片内部，与污垢发生化学反应，使板片表面的污垢及其他沉积物溶解、脱落或剥离。该方法不需要拆开换热器，不仅简化了清洗过程，也减轻了清洗的劳动度。化学清洗剂一般用草酸、醋酸、苛性钠溶液或蒸汽等。化学清洗常用方法有循环法、浸渍法、浪涌法。

（四）密封垫片的更换

将需要更换垫片的板片平放在水平面上，用螺丝刀撬起垫片，轻轻取下（或在板片背面用火轻烤，但要避免金属变色），然后撕下，也有液氮速冷办法。用丙酮甲基液或其他酮类有机溶剂，将密封槽清洗干净，建议使用 J03A、401、403 胶等黏结剂。胶垫放在 70～80℃加热（也可以不加热）。然后将黏结剂均匀地在密封槽底部涂一层（不宜过多），把加热好的垫片轻轻拉一下，清除垫片脏物，放在密封槽内，贴合均匀，水平叠放平整并加压适当重物，尽量放置在干燥通风处，2～6h 后晾干。逐张检查，是否贴合均匀，并清除多余黏结剂。最后重新装在框架上，压到要求的夹紧尺寸。

（五）板式换热器的装配

板式换热器的装配顺序基本上可按拆卸顺序的反向进行。如采用化学清洗，将板片卸下后，按照图 5-25 中标记的对角线交错插入板片进行回装。如果密封垫的安装位置不正确，则会位于密封垫槽之上，或者位于槽外。

如传热板片装配正确，边缘将呈"蜂窝形"，如图 5-25 所示。

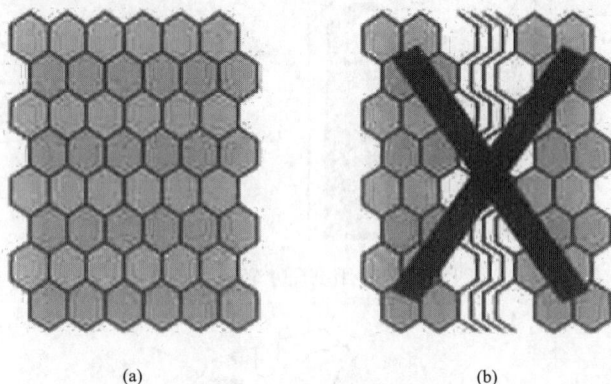

(a)   (b)

图 5-25 板片的装配

（a）正确；（b）错误

板片回装期间，按对角顺序交替拧紧紧固螺栓，确保固定板和压紧板保持平行，直到板片组测量尺寸 A 恢复原值，如图 5-26 所示。

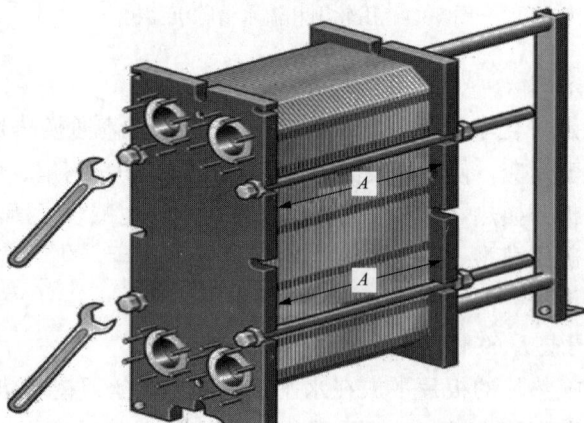

图 5-26 板片回装的夹紧方法

如果板片组测量尺寸达到 A 仍未密封时，则需将板片组尺寸 A 减少 0.5%，将板片组进一步拧紧，以达到密封效果。板片装配期间，应检查板片数量，避免出现板片遗漏、错装的情况，同时注意板片正反。

检修后的板式换热器应经过水压试验，水压试验水温大于 5℃，先投二次侧，再投一次侧。水压试验应单侧进行，当试验压力小于或等于 0.1MPa 时，缓慢升压至规定压力，保持压力 10min，无漏为合格；当试验压力大于 0.1MPa 时，保压 30min 无漏为合格。

水压试验压力为设计压力的 1.25 倍。如发现泄漏，可根据具体情况，再压紧 2~3mm 后再试压。升压前必须将设备内的空气放净，不得超压试验。应均匀上紧螺母。设备中板片压紧的 L 值不小于最小压紧尺寸。

（六）夹紧尺寸的计算

板式换热器夹紧尺寸 L 计算公式为

$$L = E(b+P)N \tag{5-1}$$

式中　L——夹紧尺寸，mm；

E——弹性系数（密封胶条的弹性系数），取值范围为 $0.8\sim0.65$，一般取值不宜过大，否则密封胶条过早失去效果；

b——板片厚度，mm；

P——密封垫片厚度，mm；

N——板片总数。

制造厂家在出厂说明书上提供各种规格板片的间距和厚度。夹紧时使 L 值达到标牌上给定的 L_{max} 或标记尺寸即可。夹紧到预定位置时，L 值各处保持相等，新设备使用时，L 值应控制在 L_{max} 或稍小于 L_{max} 即可，随着使用时间增加，胶垫老化逐步调紧 L 值。严禁使 L 值小于 L_{min}，以防板片触点损坏。

常用的夹紧辅助工具有：

（1）电动单作用式：采用高低压泵组合形式；可实现迅速前进与高压夹紧；夹紧力较大。

（2）手动单作用式：手动泵站，采用高低压泵组合形式；可实现高压夹紧。

（3）电动双作用式：安装有手动换向阀，与电动单作用式相比，除具备以上特点外，还具有夹紧油缸可以迅速机动进退的特点，效率高。

（4）手动双作用式：有手动换向阀，与手动单作用式相比，具有夹紧油缸可迅速机动进退的特点，效率高。

（七）板式换热器检修质量标准

板式换热器由于长时间工作，传热板片表面将产生不同程度的污垢或沉积物，从而增加流阻和降低传热性能，主要表现为一次侧进出口压力表压差增大和二次侧出口温度降低，因此必须对其进行检查清洗。

1. 检修质量标准

（1）板片装配前应进行清洗，垫片槽和波纹表面不应有污物。

（2）垫片附在板片槽内时，不应有扭曲与松脱。

（3）传热板片如需清洗，只能用铜丝刷或纤维刷子洗刷，切勿用钢丝刷洗刷，避免损伤传热板片，降低耐腐蚀性能，在洗刷时还应小心勿伤密封垫片。

（4）组装时，应均匀拧紧螺柱或顶杆，以保持板片的平行状态。

（5）板片组装后，夹紧尺寸 L 小于 1000mm 时，两压紧板间的平行度偏差不大于 2mm；当夹紧尺寸 L 大于或等于 1000mm 时，两压紧板间的平行度偏差不大于夹紧尺寸的 3%，且不大于 4mm。

（6）夹紧尺寸 L 的偏差一般不大于夹紧尺寸 L 的 1％。

（7）夹紧板接管法兰密封面应垂直于接管中心线。

（8）接管与法兰及夹紧板如需焊接，碳钢与碳钢之间采用 J422 焊条，碳钢与锰钢之间采用 J506 焊条。接管与压紧板的焊接接头为 G2，法兰焊接按 HG/T 20592—2009《钢制管法兰（PN 系列）》执行。

2. 检修注意事项

（1）板式换热器停运维护，如温度高于 40℃，禁止解体检修。

（2）板式换热器运行时，在信号孔若发现有介质流出，应进行分析，如果是螺栓松动或由于长期热交换而伸长，按要求重新夹紧，但不得过紧，以免压坏传热板片；如果是密封垫片老化，应予以更换。

（3）严禁介质未经过滤器，由旁通管道进入换热器。

（八）板式换热器检修内容及周期

（1）板式换热器在运行中应经常检查其外观是否有泄漏，如发生泄漏应隔离检修。

（2）检查板式换热器各表计完好，仪表、机器和各种安全装置齐全、完整、灵敏、准确。

（3）基础、基座完好，无倾斜、下沉、裂纹等现象。

（4）各部连接螺栓。地脚螺栓紧固整齐、无锈蚀，符合技术要求。

（5）板式换热器一般每年小修一次，每两年大修一次。

五、板式换热器常见故障原因分析及维护保养

（一）板式换热器常见故障

1. 外漏

外漏主要表现为渗漏（量不大，水滴不连续）和泄漏（量较大，水滴连续）。外漏出现的主要部位为板片与板片之间的密封处、板片二道密封泄漏槽部位以及端部板片与压紧板内侧。

2. 串液

串液主要特征为压力较高一侧的介质串入压力较低一侧的介质中，系统中会出现压力和温度的异常。如果介质具有腐蚀性，还可能导致管路中其他设备的腐蚀。串液通常发生在导流区域或者二道密封区域处。

3. 压降大

介质进、出口压降超过设计要求，甚至高出设计值许多倍，严重影响系统对流量和温度的要求。在供暖系统中，若热侧压降过大，则一次侧流量将严重不足，即热源不够，导致二次侧出口温度不能满足板式换热器常见故障及处理方法要求。

4. 供热温度不能满足要求

主要特征是出口温度偏低，达不到设计要求。

（二）原因分析及处理方法

1. 外漏产生原因及处理方法

（1）产生原因。

1）夹紧尺寸不到位、各处尺寸不均匀（各处尺寸偏差不应大于 3mm）或夹紧螺栓松动。

2）部分密封垫脱离密封槽，密封垫主密封面有脏物，密封垫损坏或垫片老化。

3）板片发生变形，组装错位引起跑垫。

4）在板片密封槽部位或二道密封区域有裂纹。实例：北京、青海和新疆等地的多个换热站均采用饱和蒸汽作为一次侧热源供暖，由于蒸汽温度较高，在设备运行初期系统不稳定的情况下，橡胶密封垫在高温下失效，引起蒸汽外漏。

（2）处理办法。

1）在无压状态，按制造厂提供的夹紧尺寸重新夹紧设备，尺寸应均匀一致，压紧尺寸的偏差应不大于 $\pm 0.2N$（mm）（N 为板片总数），两压紧板间的平行度应保持在 2mm 以内。

2）在外漏部位上做好标记，然后对换热器进行解体，逐一排查解决，重新装配或更换垫片和板片。

3）板式换热器解体后，对板片变形部位进行修理或者更换板片。在没有板片备件时可将变形部位板片暂时拆除后重新组装使用。

4）重新组装拆开的板片时，应清洁板面，防止污物黏附于垫片密封面。

2. 串液产生原因及处理办法

（1）产生原因。

1）由于板材选择不当导致板片腐蚀产生裂纹或穿孔。

2）操作条件不符合设计要求。

3）板片冷冲压成型后的残余应力和装配中夹紧尺寸过小造成应力腐蚀。

4）板片泄漏槽处有轻微渗漏，造成介质中有害物质（如 Cl^-）浓缩腐蚀板片，形成串液。

现场分析发现，系统运行温度、流量等工艺参数均超出设计条件，使用温度远超出材料的适用范围。采用饱和蒸汽作为一次侧热源的板式换热器在运行过程中容易发生板片腐蚀，导致板式换热器串液。这是由于蒸汽温度较高，设备运行中很容易造成橡胶密封垫在高温下失效，引起蒸汽外漏并在二道密封区域急速冷凝。随着外漏的不断进行，冷凝残液越聚越多，局部形成 Cl^- 质量浓度较高区域，达到破坏板片表面钝化层的腐蚀条件。同时，由于此区域板片冷冲压形成的内部应力较大，在表面钝化层被破坏的情况下，内部应力作用导致应力腐蚀的发生。

（2）处理方法。

1）更换有裂纹或穿孔板片，在现场用透光法查找板片裂纹。

2）调整运行参数，使其达到设计条件。

3）换热器维修组装时夹紧尺寸应符合要求，并不是越小越好。

4）板片材料合理匹配。

3. 压降过大产生原因及处理办法

（1）产生原因。

1）运行系统管路未进行正常吹洗，特别是新安装系统管路中许多脏物（如焊渣等）进入板式换热器的内部，由于板式换热器流道截面积较窄，换热器内的沉淀物和悬浮物聚集在角孔处和导流区内，导致该处的流道面积大为减小，造成压力主要损失在此部位。

2）板式换热器首次选型时面积偏小，造成板间流速过高而压降偏大。

3）板式换热器运行一段时间后，因板片表面结垢而引起压降过大。

（2）处理方法。

1）清除换热器流道中的脏物或板片结垢，对于新运行的系统，根据实际情况每周清洗一次。清洗板片表面水垢（主要是 Ca^{2+}、Mg^{2+}），不拆卸设备化学浸泡清洗时，要打开换热器冷介质进、出口，或安装设备时在介质进、出口接管上安装清洗口，将配好的清洗液注入设备中，浸泡后用清水清洗干净残留酸液，使 pH≥7；拆开清洗时，将板片在清洗液中浸泡30min，然后用软刷轻刷结垢，最后用清水清洗干净。清洗过程中应避免损伤板片与橡胶垫。若采用不拆卸机械反冲洗方法，应事先在介质进、出口管路上接一管口，将设备与机械清洗车连接，把清洗液按介质流动的反方向注入设备，循环清洗 $10\sim15min$，介质流速控制在 $0.05\sim0.15m/s$。最后再用清水循环几遍，使清水中 Cl^- 质量浓度控制在 25mg/L 以下。

2）二次循环水最好采用经过软化处理后的软水。

3）对于集中供热系统，可以采用一次向二次补水的方法。

4. 供热温度不能满足要求

（1）产生原因。

1）一次侧介质流量不足，导致热侧温差大、压降小。

2）冷侧温度低，并且冷、热末端温度低。

3）并联运行的多台板式换热器流量分配不均。

4）换热器内部结垢严重。

（2）处理方法。

1）增加热源的流量或加大热源介质管路直径。

2）平衡并联运行的多台板式换热器的流量。

3）拆开板式换热器清洗板片表面结垢。

（三）换热器日常维护保养工作应符合的规定

（1）监测换热器换热端差和压降，换热器结垢、堵塞会导致换热器运行效率下降，应采用正冲洗和反冲洗相结合的方式清洗换热器。

（2）换热器介质无外泄、混淆现象，换热器无锈蚀。

六、板式换热器和管壳式换热器相比的优缺点

(一) 板式换热器优点

1. 传热系数高

管壳式换热器的结构,从强度方面看是很好的,但从换热角度看不甚理想,因为流体在壳程中流动时存在着折流板—壳体、折流体—换热管、管束—壳体没有充分参与换热。而板式换热器不存在这种情况,而且板片的波纹能使流体在较小的流速下产生湍流。所以板式换热器有较高的传热系数,一般认为是管壳式换热器的3~5倍。

完成同一换热任务,板式换热器的换热面积仅为管壳式换热面积的1/4~1/3。

2. 对数平均温差大

在管壳式换热器中,两种流体分别在壳程和管程内流动,总体上是错流的流动方式。如果进一步地分析,壳程为混合流动,管程是多股流动,因此对数平均温差都应采用修正系数。修正系数通常较小。流体在板式换热器内的流动,总体上是并流或逆流的流动方式,其温差修正系数一般大于0.8,通常为0.95。

3. 占地面积小

板式换热器结构紧凑,单位体积内的换热面积为管壳式换热器的2~5倍,也不像管壳式换热器那样要预留抽出管束的检修场地(除非吊出安装位置进行检修),因此实现同样的换热任务时,板式换热器的占地面积为管壳式换热器的1/10~1/5。

4. 质量轻

板式换热器的板片厚度仅为0.5mm或0.6mm,管壳式换热器的换热管厚度为2.0~2.5mm;管壳式换热器的壳体比板式换热器的框架重得多。在完成同样换热任务的情况下,板式换热器所需的换热面积比管壳式换热器的小,这就意味板式换热器的质量轻,一般来说仅为管壳式换热器的1/5左右。

5. 末端温差小

管壳式换热器在壳程中流动的流体和换热面交错并绕流。而板式换热器的冷、热流体在板式换热器内的流动平行于换热面;这样使得板式换热器的末端温差很小,这对于回收低温位的热能是很有利的。

6. 污垢系数低

板式换热器的污垢系数比管壳式换热器的污垢系数小很多,其原因是流体的剧烈湍流、杂质不易沉积、板间通道的流通死区小、不锈钢制造的换热面光滑,且腐蚀附着物少,以及清洗容易。

7. 清洗方便

把板式换热器的压紧螺栓卸掉后,即可松开板束或卸下板片,进行机

械清洗，这对需要经常清洗设备的换热过程十分方便。

8. 很容易改变换热面积或流程组合

只要增加（或减少）几张板片，即可达到需要增加（或减少）的换热面积。改变板片的排列或更换几张板片即可达到所要求的流程组合，适应新的换热工况。

（二）板式换热器缺点

1. 工作压力在 2.5MPa 以下

因为板式换热器是靠垫片密封的，密封周边很长，而且角孔的两道密封处的支撑情况较差，垫片得不到足够的压紧力，所以目前板式换热器的最高工作压力仅为 2.5MPa；单板面积在 $1m^2$ 时，其工作压力往往低于 2.5MPa。

2. 工作稳定在 250℃ 以下

板式换热器的工作温度取决于密封垫片能承受的温度。用橡胶类弹性垫片时，最高工作温度在 200℃ 以下；用压缩石棉垫片时，工作温度为 250～260℃。由于压缩石棉垫片的弹性差，所以使用工作压力较低的橡胶垫片。

3. 不宜于进行易堵塞通道的介质的换热

板式换热器的板间通道很窄，一般为 4～28mm，当换热介质中含有较大的固体颗粒或纤维物质时，就容易堵塞板间通道。对这种换热场合，应考虑在入口装设过滤器。

第四节　散热设备

供热系统通过管路将热媒送入散热设备，由散热设备向房间供应热量，以补偿房间的失热量，进而维持房间所需温度，达到供热要求。常用的散热设备有散热器、辐射板和暖风机三种。

一、散热器

供暖散热器是通过热媒将热源产生的热量传递给室内空气的一种散热设备。散热器的内表面一侧是热媒（热水或蒸汽），外表面一侧是室内空气，当热媒温度高于室内空气温度时，散热器的金属壁面就将热媒携带的热量传递给室内空气。

（一）散热器的类型

散热器按制造材质的不同分为铸铁、钢制和其他材质散热器。

按结构形式的不同分为柱形、翼形、管形和板形散热器。

按传热方式的不同分为对流型（对流散热量占总散热量的 60％以上）和辐射型（辐射散热量占总散热量的 50％以上）散热器。

1. 铸铁散热器

常用的铸铁散热器有柱形和翼形两种形式。

（1）翼形散热器。翼形散热器又分为长翼形和圆翼形两种。

1）长翼形散热器。如图 5-27 所示，其外表面上有许多竖向肋片，内部为扁盒状空间。高度通常为 60cm，常称为 60 型散热器。每片的标准长度有 280mm（大 60）和 200mm（小 60）两种规格，宽度为 115mm。

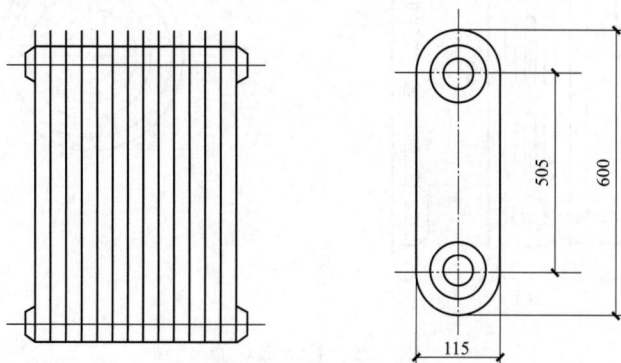

图 5-27　长翼形铸铁散热器

2）圆翼形散热器。如图 5-28 所示，其外表面带有许多圆形肋片。圆翼形散热器的长度有 750mm 和 1000mm 两种，两端带有法兰盘，可将数根并联组成其散热器组。

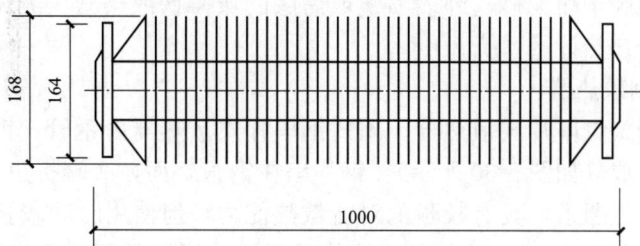

图 5-28　圆翼形铸铁散热器

3）翼形散热器制造工艺简单，造价较低，但金属耗量大，传热性能不如柱形散热器，外形不美观，不易恰好组成所需面积。翼形散热器现已逐渐被柱形散热器取代。

（2）柱形散热器。柱形散热器是单片的柱状连通体，每片各有几个中空的立柱相互连通，可根据散热面积的需要，把各个单片组对成一组，如图 5-29 所示。

柱形散热器与翼形散热器相比，传热系数高，散出同样热量时金属耗量少，易消除积灰，外形也比较美观，每片散热面积少，易组成所需散热面积。

铸铁散热器是现阶段应用最广泛的散热器，它结构简单，耐腐蚀，使用寿命长，造价低，但其金属耗量大，承压能力低，制造、安装和运输劳动繁重。在有些安装了热量表和恒温阀的热水供暖系统中，考虑普通方法

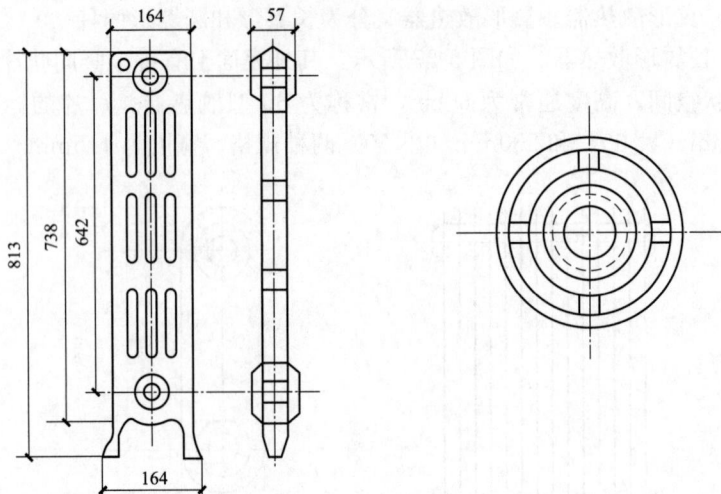

图 5-29 柱形散热器

生产的铸铁散热器，内壁常有"粘砂"现象，易于造成热量表和恒温阀堵塞，使系统不能正常运行，因此"暖通规范"规定：安装热量表和恒温阀的热水供暖系统不宜采用水流通道内含有粘砂的散热器，这就对铸铁散热器内腔的清砂工艺提出了特殊要求，应采取可靠的质量控制措施。目前我国已有了内腔干净无砂、外表喷塑或烤漆的灰铸铁散热器，美观漂亮，完全适用于分户热计量系统。

2. 钢制散热器

（1）闭式钢串片式散热器。闭式钢串片式散热器由钢管、钢片、联箱及管接头组成（如图 5-30 所示）。钢片串在钢管外面，两端折边 90°形成封闭的竖直空气通道，具有较强的对流散热能力，但使用时间较长会出现串片与钢管连接不紧或松动，影响传热效果。其规格常用"高×宽"表示，如图中的 240×100 型和 300×80 型。

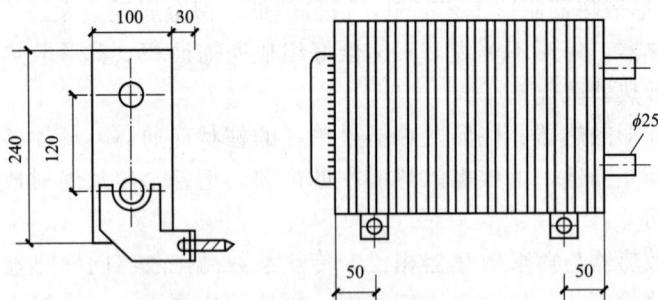

图 5-30 闭式钢串片式散热器

（2）钢制板形散热器。板形散热器由面板、背板、进出口接头、放水门固定套及上下支架组成（如图 5-31 所示）。面板、背板多用 1.2~1.5mm

厚的冷轧钢板冲压成形，其流通断面呈圆弧形或梯形，背板有带对流片和不带对流片两种规格。

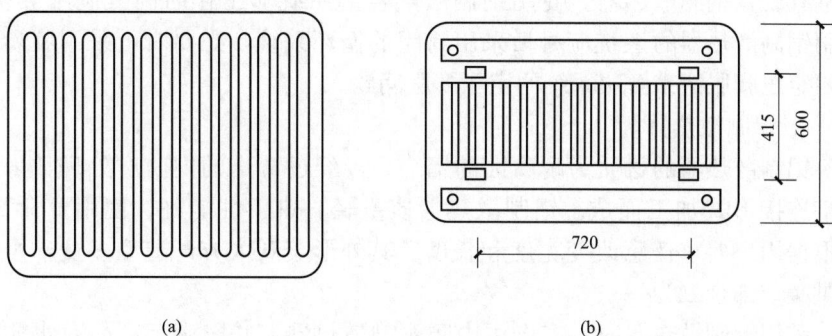

图 5-31　钢制板形散热器

（a）正面；（b）反面

（3）钢制柱形散热器。如图 5-32 所示，其结构形式与铸铁柱形相似，它是用 1.25～1.5mm 厚的冷轧钢板经冲压加工焊制而成的。

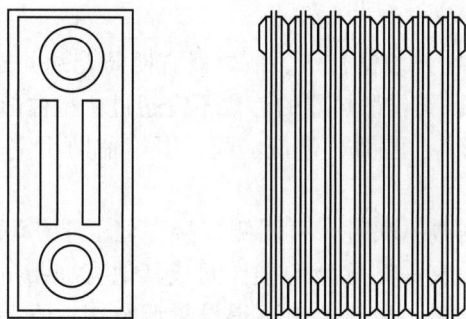

图 5-32　钢制柱形散热器

钢制散热器与铸铁散热器相比有如下特点：

1）金属耗量少。钢制散热器多由薄钢板压制焊接而成，散出同样热量时，金属耗量少而且质量轻。

2）承压能力高。普通铸铁散热器的承压能力一般在 0.4～0.5MPa；而钢制板形和柱形散热器的工作压力可达 0.8MPa，钢串片式散热器承压能力可达 1.0MPa。

3）外形美观整洁，规格尺寸多，少占有效空间和使用面积，便于布置。

4）除钢制柱形散热器外，其他钢制散热器的水容量少，持续散热能力低，热稳定性差，供水温度偏低而又间歇供暖时，散热效果会明显降低。

5）钢制散热器易腐蚀，使用寿命短。热水供暖系统使用钢制散热器时，应控制系统水质及补水水质，给水必须除氧，应使水中溶解氧小于或等于 0.1mg/L。水温为 25℃时，给水 pH 值应不小于 7，锅水 pH 值在 10～12

之间。因蒸汽供暖系统的含氧量、pH 值不宜控制，所以蒸汽供暖系统不宜使用钢制散热器，对有酸、碱腐蚀性气体的生产厂房或相对湿度较大的房间不宜设置钢制散热器。使用钢制散热器的系统非工作时间宜满水养护，使用钢制散热器的系统应尽量采用封闭的循环系统，必要时可采用胶囊式密闭定压膨胀罐来解决系统的定压膨胀问题。

3. 铝制散热器

铝制散热器的材质为耐腐蚀的铝合金，经过特殊的内防腐处理，采用焊接连接形式加工而成。铝制散热器质量轻、热工性能好、使用寿命长，可根据用户要求任意改变宽度和长度。其外形美观大方，造型多变，可做到供暖装饰合二为一。

采用铝制散热器时，应选用内防腐型散热器，并应满足产品对水质的要求，散热器内腔应严格按涂装工艺要求由机械程序化操作，以防止简易手工操作的不稳定性。应采用可靠的覆膜涂层或其他物理保护措施，以保证散热器长期稳定工作，目前的铜铝复合、钢铝复合、不锈钢铝复合等均是可靠的手段，但散热器的水道部分已与全铝散热器不同。

（二）散热器的布置及选择

1. 散热器的布置

散热器宜安装在外墙窗台下。散热器宜明装，幼儿园、老年人建筑必须暗装或加防护罩。铸铁散热器的片数不宜超过：粗柱形（含柱翼形）20、细柱形 25、长翼形 7。贮藏、盥洗、厕、厨等辅助用室及走廊的散热器，可与邻室串联。

热水供暖散热器串联时，可同侧连接，但上下串联管直径应与散热器接口直径相同。有冻结危险的楼梯间或其他有冻结危险的场所，应由单独的立、支管供暖。散热器前不得设置调节阀。安装在装饰罩内的恒温控制器必须采用外置传感器，传感器应设在能正确反映房间温度的位置。在两道外门的外室以及门斗中，不应设置散热器，以防冻裂。楼梯间或有回马廊的大厅散热器应尽量分配在底层，当散热器数量过多，在底层无法布置时，按相关规范分配。多层住宅楼梯间一般可不设散热器。

2. 散热器的选择

选用原则：根据实际情况，选择经济、实用、耐久、美观的散热器；容易造成室内冷暖气流、室外侵入的冷空气加热迅速、人们停留区域暖和舒适以及少占用室内有效空间和使用面积。

（三）热用户散热器的排气方法

1. 工具

平口螺丝刀、抹布、塑料盆。

2. 操作步骤

（1）用抹布盖在暖气排气阀门上，下面放置水桶。

（2）逆时针旋转排气阀门上的螺钉，进行排气。

（3）待暖气设备内有水平缓流出，无排气声后顺时针旋转关闭排气阀螺钉。

3. 注意事项

（1）放气阀螺钉适当拧开，避免脱落。

（2）放气至暖气供水平缓流出，不必等到放出的水变热。

（3）如果拧开排气阀后无气排出，可能是暖气片供回水阀门关闭或排气孔堵塞造成，检查供回水阀门状态，使用曲别针、铁丝疏通排气孔后再排气。

（4）供暖初期因压力波动可能需要进行多次排气。

（四）热用户散热器冲洗方法

（1）关闭用户供（回）水阀门。

（2）使用扳手拧开散热器下部堵头，注意堵头松紧方向，不要太用力，以免将其损坏。

（3）打开供水阀门，使用散热器温控阀门调节，开始冲洗，注意观察水质，水质清澈时，关闭温控阀门。

（4）恢复散热器堵头，打开供（回）水阀门，检查接头是否有渗漏。

（5）清理现场，做到工完、料清、场地净。

（五）散热器的使用和注意事项

（1）试水时，家中要留人，打开进水阀，打开回水阀。

（2）暖气放气阀应处于关闭状态。

（3）不要晃动散热器，暖气管路不要承重。

（4）非专业人员不要拆改散热器。

（5）供暖季节阀门不应经常开关，阀门只能处于全开或全闭状态。

（6）出现漏水时，要立即关闭进水和回水阀门。

（7）停暖后 3 日内用手触摸管路连接处，检查各接口是否漏水，如果漏水应立即通知专业人员检修。

（8）钢制散热器实行满水保养最为理想，集中供暖的停暖一日内将散热器进出水阀门关闭。

（9）放气阀。散热器出现部分不热现象时需要使用放气阀。打开放气阀将气体放出，直至气体放尽有水溢出时，关闭放气阀。

（10）防冻。在冬季，散热器若长期停运，应注意防冻，必要时将散热器内水全部排空。

（11）蒸汽防护。在使用蒸汽供暖系统时，应加防护措施，以免烫伤。

二、地板辐射

地板辐射采暖是以温度不高于 60℃ 的热水作为热源，热水在埋置于地板下的盘管系统内循环流动，加热整个地板，通过地面均匀地向室内辐射散热的一种供暖方式，其布置方式如图 5-33 所示。

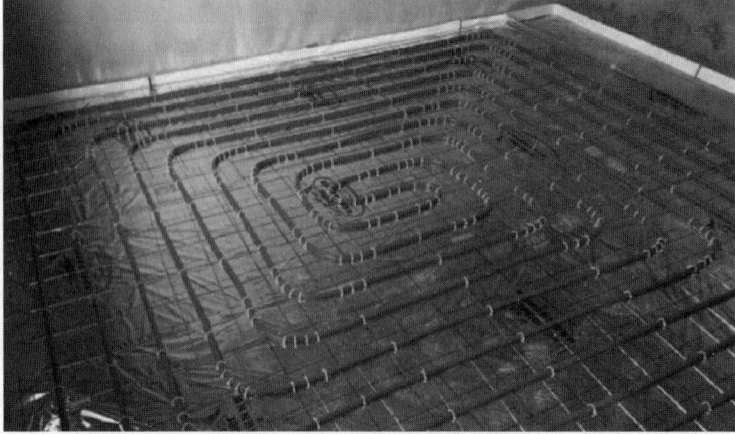

图 5-33　地暖管敷设布置图

地板辐射采暖系统的特点有：

（1）地板辐射采暖，热量从房间下部向上部传递，改善了室内温度的分布梯度，使室内温度分布均匀，是一种既经济又舒适的采暖方式。

（2）可以有效节省能量。人在采暖房间内感受的温度是室内温度和壁面温度综合作用的结果。在室温为 18℃ 的地板采暖房间内人所感受到的舒适程度与在室温为 20℃ 的散热器采暖房间相同。

（3）增大了室内有效空间的利用。地板采暖没有散热器及连接管道，因此室内可以自由地装修墙面、地面及摆放家具。

（4）供水温度一般为 35～60℃，可有效利用低温水废热。

（5）无腐蚀，不结垢，管材寿命长。

（6）不可维修，一旦系统出现问题，将给用户带来很大的麻烦和损失。

（7）占用空间高度，增加地面负载。

（8）地板采暖系统投资较高。因为管道全部布置在地板下，所以对管道的材质和施工质量要求较高。

（9）热惰性大，不适用于采用间歇室供暖的建筑（办公楼、商场、学校）。

三、风机盘管

（一）风机盘管的流程

风机盘管主要依靠风机的强制作用，使空气通过加热器表面时被加热，因而强化了散热器与空气间的对流换热，能够迅速加热房间的空气。但是，由于这种采暖方式只基于对流换热，致使室内达不到最佳的舒适水平，故只适用于人停留时间较短的场所，如办公室及宾馆，而不用于普通住宅。由于增加了风机，提高了造价和运行费用，设备的维护和管理也较为复杂。风机盘管工作流程如图 5-34 所示。

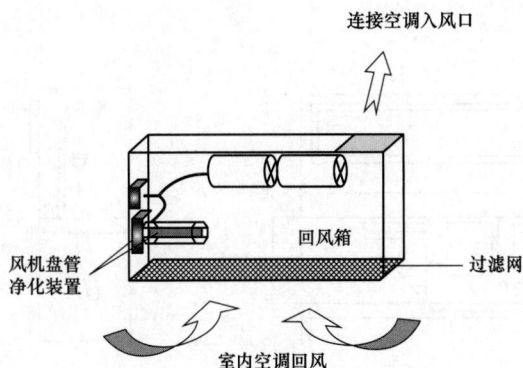

图 5-34　风机盘管工作流程

（二）风机盘管的结构

风机盘管分卧式（一般用于宾馆房间）和立式（一般用于办公楼），可明装或暗装。风机盘管结构如图 5-35、图 5-36 所示。

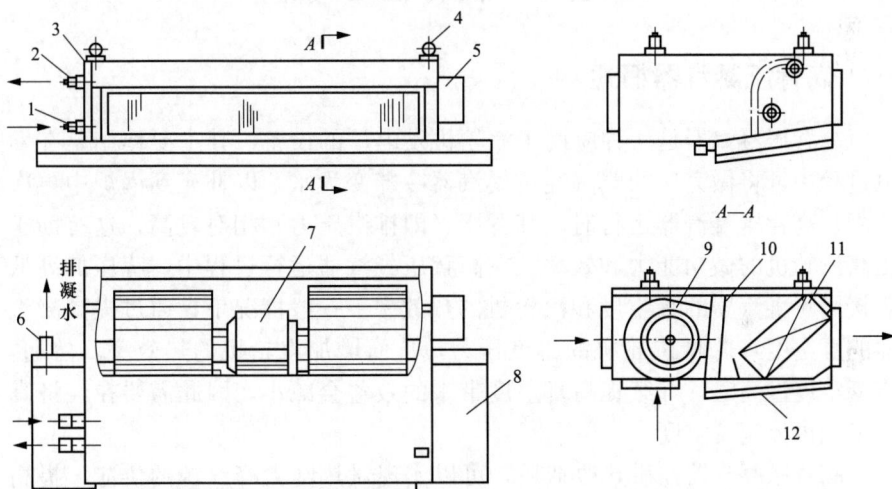

图 5-35　卧式风机盘管结构

1—进水管；2—出水管；3—手动跑风阀；4—吊环；5—变压器；6—排凝结水管；
7—电动机；8—凝水盘；9—通风机；10—箱体；11—盘管；12—保温层

（三）风机盘管系统的特点

风机盘管系统的特点如下：

（1）热惰性小，房间升温速度最快。

（2）不占用使用面积。

（3）热舒适度最差。

（4）对于房间高度有较高要求。

（5）与燃气壁挂炉配套使用时，容易出现吹冷风情况。

（6）不易维护，工程造价较高。

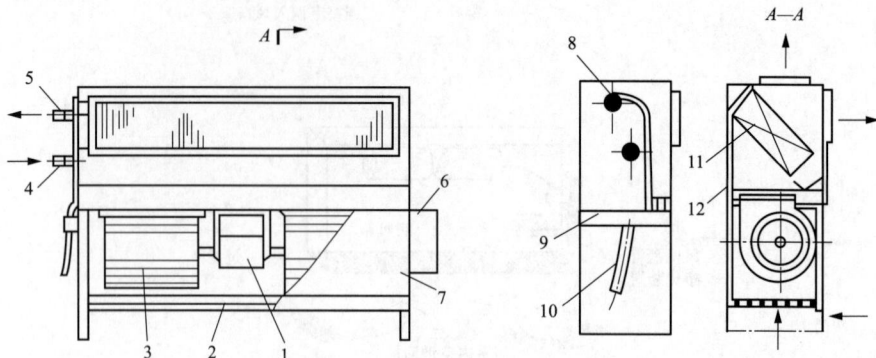

图 5-36　立式风机盘管结构

1—电动机；2—过滤器；3—通风机；4—进水管；5—出水管；6—变压器；
7—机体；8—手动跑风阀；9—凝水槽；10—排凝结水槽；11—盘管；12—保温层

第五节　高背压凝汽器

一、高背压凝汽器概述

高背压凝汽器是一种应用于汽轮机发电厂的设备，其主要作用是在发电过程中，将做完功的蒸汽经过凝汽器冷却变为水，以补充到锅炉中再次使用。高背压凝汽器运行时，其背压（即排汽压力）相对较高，这有助于提高汽轮机的做功能力和效率。在高背压凝汽器运行过程中，背压的高低直接影响凝汽器的真空度和汽轮机的热效率。一般情况下，通过提高凝汽器的真空度来降低汽轮机的排汽压力，从而增加汽轮机的热效率。然而，当真空度过高时，继续提高真空度带来的效益会减小，因此需要在经济真空范围内控制真空度。

高背压凝汽器在供热改造后，可以实现对热网尖峰汽源的供应，提高供热效果。主要是利用汽轮机排汽余热对热网循环水进行初步加热，温度升至 68～70℃后再送至热网首站进一步加热。

总之，高背压凝汽器是一种重要的发电厂设备，通过调整背压和真空度，可以提高汽轮机的热效率和做功能力，同时还可以为供热系统提供稳定的热源。

二、高背压凝汽器工作原理及基本构造

汽轮机排汽热损失是火力发电厂各项损失中最大的一项，若能利用起来，机组的热效率将会大幅提升。高背压供热即是通过调整空冷岛（空冷机组）的运行方式来提高汽轮机的排汽背压，从而提高汽轮机对应的排汽温度，然后充分利用汽轮机排汽的汽化潜热来加热热网循环水回水，降低汽轮机的冷源损失，提高机组的循环热效率。高背压凝汽器运行原理图如图 5-37 所示。

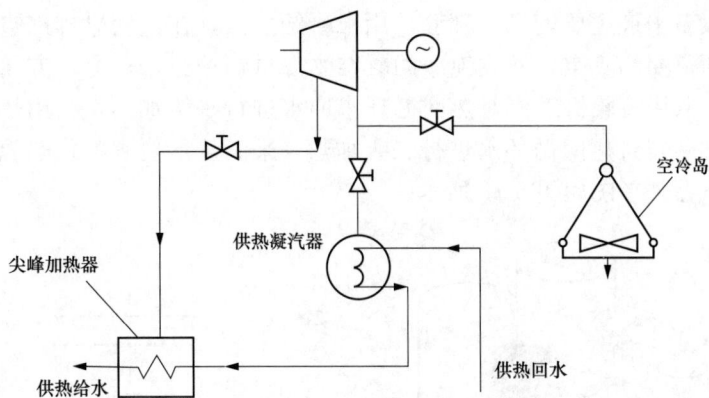

图 5-37 高背压凝汽器运行原理图

高背压凝汽器是指在汽轮机发电过程中，凝汽器内的压力较高的状态。高背压凝汽器的类型主要包括以下几种。

1. 常规高背压凝汽器

常规高背压凝汽器通常用于小型汽轮发电机组，其结构较为简单，主要由壳体、冷却管、蒸汽进口和出口等组成。冷却水通过冷却管外壁与蒸汽进行热交换，使蒸汽凝结为水。

2. 紧凑型高背压凝汽器

紧凑型高背压凝汽器具有较高的热交换效率，主要用于大型汽轮发电机组。其结构特点是将冷却管紧密排列，使热交换面积得到充分利用。此外，紧凑型高背压凝汽器还采用高效的水膜式除氧器，以降低氧腐蚀对设备的影响。

3. 再生式高背压凝汽器

再生式高背压凝汽器利用二次蒸汽重新加热进入凝汽器的给水，从而提高整个热力系统的效率。这种类型的凝汽器通常用于大型热电厂，其结构复杂，但具有较高的热能利用率。

4. 变工况高背压凝汽器

变工况高背压凝汽器能够根据汽轮机负荷的变化调整背压，以保持较高的热交换效率。变工况高背压凝汽器通常采用先进的控制系统，对蒸汽参数和冷却水流量进行实时调节。

5. 环保型高背压凝汽器

环保型高背压凝汽器在设计时注重环保性能，采用先进的技术和材料，降低排放和噪声污染。环保型高背压凝汽器通常应用于城市热力系统和工业生产领域。

总之，高背压凝汽器的选择需根据汽轮机的类型、负荷、热力系统的要求及环保等因素进行综合考虑。不同类型的凝汽器具有不同的优缺点，应根据具体情况选择适合的凝汽器类型。

本节主要以某热电厂 N-20000 型高背压凝汽器为例，一方面作为汽轮机辅助设备中最主要的一个部套，用来凝结蒸汽，在汽轮机排汽空间建立并维持所需要的真空，回收纯净的凝结水以供锅炉给水；另一方面接收热网回水，利用汽轮机乏汽对热网循环水回水进行一级加热，利用热网首站的热网加热器对热网循环水进行二级加热，来满足所要求的供热温度。高背压凝汽器外形图如图 5-38 所示。

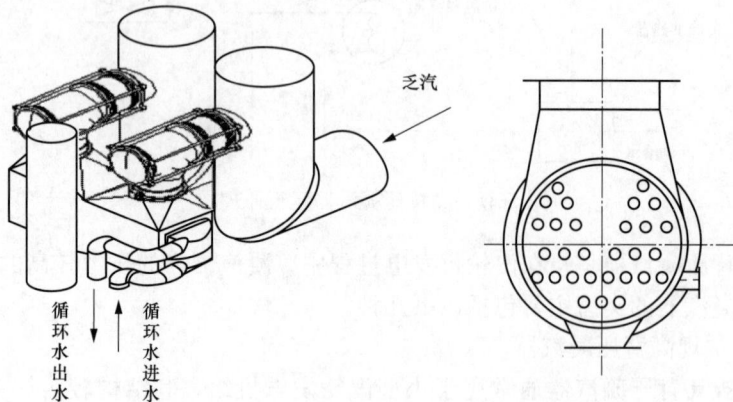

图 5-38　高背压凝汽器外形图

特性参数如下：

（1）冷却面积：$20000m^2$。

（2）冷却水设计流量：15433t/h。

（3）设计背压：33kPa。

（一）工作原理

高背压凝汽器正常工作时，冷却水由前水室进口进入，经过凝汽器壳体内冷却水管、水室回转后，从前水室出口排出。蒸汽由排汽口进入高背压凝汽器，然后均匀地分布到冷却水管全长上，经过管束中央通道及两侧通道使蒸汽能够全面地进入主管束区，与冷却水进行热交换后被凝结；部分蒸汽由中间通道和两侧通道进入热井对凝结水进行回热。凝结水汇集于热井内，经过疏水冷却段再次冷却，最后由凝结水泵抽出，升压后输入主凝结水系统。剩余的汽—气混合物经空冷区再次进行热交换后，少量未凝结的蒸汽和空气混合物经抽气口由抽真空设备抽出。

高背压凝汽器启动时必须在汽轮机启动前投入运行。首先投抽气设备，使凝汽器内形成一定的真空。启动凝汽器前，应检查与凝汽器相联的各阀门，使之处于正确状态。同时打开前后水室上部的放气阀。为了启动凝结水泵，热井内应预先灌入由储水箱来的凝结水，灌入的水位高度根据凝结水泵的吸入高度而定，然后进行凝结水再循环。当出现下列情况时，应停止启动：

（1）主要表计失灵，如温度表、真空表、凝汽器水位计。

（2）低真空自动保护装置失灵。

（3）凝结水调整阀、凝汽器循环水阀失灵。

（二）基本构造

高背压凝汽器的外壳大多用钢板焊接而成，内有支撑杆等加强件，具有良好的刚性。壳体内管束为三角形排列，冷却管的两端采用胀接＋焊接的方式固定在端管板上，端管板为不锈钢复合板，端管板与壳体采用焊接形式构成一整体，中间管板的两侧通过支撑杆与壳体侧板焊接，底部借助于垂直支撑钢管与热井底板焊接在一起。壳体内根据设计需要还设置了一些挡水板和挡汽板，壳体两端管板装有前水室、后水室，空气抽出管由壳体上部接出。在壳体下部、水室上均设有带盖板的人孔，以便对凝汽器进行检修、维护。水室上还开设有放气口、放水口等。高背压凝汽器喉部四周由钢板焊成，上部与空冷岛进气管道旁引的分支管道连接。底部支承为刚性支承，运行时凝汽器自下而上的热膨胀由上部排汽管道补偿。高背压凝汽器结构图如图 5-39 所示。

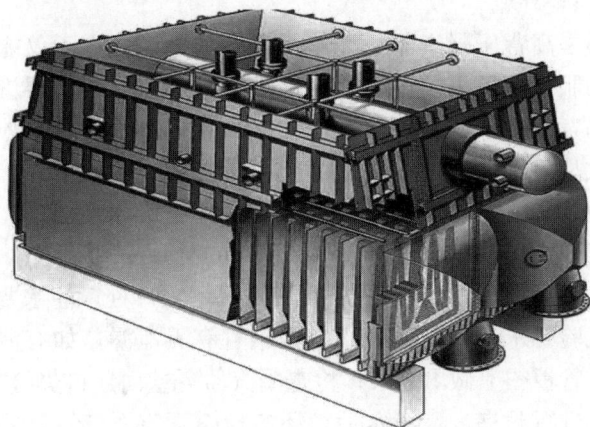

图 5-39　高背压凝汽器结构图

三、高背压凝汽器检修

（一）高背压凝汽器水侧的检查和清理

高背压凝汽器水侧是指运行中充满循环水的一侧，包括循环水进出口水室、循环水滤网、高背压凝汽器铜管内部等。只有在停止循环水运行，并将高背压凝汽器进出口水室内的存水放净以后，方可开始高背压凝汽器水室的检查和清理工作。

在端盖拆下以后，首先检查铜管的结垢情况。如有结垢，将影响高背压凝汽器的换热效率，因此必须视具体情况，制定清洗措施（包含受限空间作业的安全措施等内容）。

进入水室检查水室、管板的泥垢和铁锈情况，检查水室内壁上锌板的锈蚀情况；检查循环水进出口蝶阀的密封圈是否完好、无腐蚀，间隙是否在标准范围内（一般小于 0.05mm）；检查滤网是否清洁和完好等。如有泥垢、铁锈等，应进行清理；如蝶阀密封圈破损或者间隙不合格，则应进行更换；如网子破损，则应进行修补或更换。水室及网子清理完毕后，应用清水冲洗干净。

（二）高背压凝汽器汽侧的检查清理

高背压凝汽器汽侧是指低压缸排汽通过并在其中被凝结成凝结水的一侧，包括高背压凝汽器喉部、两侧管板等。

高背压凝汽器汽侧检查主要有以下项目：

（1）检查凝汽器管板壁及铜管表面是否有锈垢，若有锈垢，应制定措施进行处理。

（2）检查铜管表面，是否有垢下腐蚀、是否有落物掉下所造成的伤痕等。对于腐蚀或伤痕严重的铜管，应采取堵管或换管的措施。

（3）高背压凝汽器检漏。在机组检修后未投运时可以采用灌水法对高背压凝汽器进行检漏。

灌水找漏是高背压凝汽器找漏中最有效的方法，它不仅能找出破裂的铜管和渗漏的胀口，还可找出真空空气系统及高背压凝汽器汽侧附件是否有泄漏。对高背压凝汽器进行灌水找漏必须在汽侧和水侧均停止运行，并将水侧存水放尽后进行。具体方法如下：

1）打开水侧人孔盖，用压缩空气将铜管内的存水吹干净，并用棉纱将水室管板及管孔擦干，以便于检查不很明显的泄漏。

2）联系运行人员注水至高背压凝汽器汽侧入口处，注水要求按高背压凝汽器性能试验要求进行；检查水室内钢管有无泄漏，如有泄漏，用铜堵进行封堵并在管板图上做出记录；检查凝汽器各壁面连接焊缝及波形焊缝，如有泄漏，应进行封堵。灌满水后，还应检查真空系统、汽侧放水门、高背压凝汽器水位计等处是否有泄漏。如有，则应在高背压凝汽器放水后彻底消除。

（4）高背压凝汽器故障及事故处理。高背压凝汽器的运行故障，主要是凝汽器压力的升高（真空度下降）。高背压凝汽器压力升高不但影响整台机组的经济性，而且影响机组的寿命和安全性。发现高背压凝汽器压力升高应查明原因，设法消除。

1）核对排汽温度、凝结水温度，检查负荷有否变动。

2）当时如有操作，应暂时停止进行，立即恢复原状。

3）检查循环水进、出口压力及温度有无变化。

4）检查抽气设备工作是否正常。

5）检查热井水位及凝结水泵工作是否正常。

6）检查其他对真空有影响的因素。

7）紧急停机时，应打开真空破坏阀。正常停机时，则不允许打开真空阀。

第六章 大温差吸收式换热机组

第一节 概 述

一、吸收式换热机组在换热站中的应用

1. 常规换热站的换热设备

常规换热站的主要换热设备是板式换热器，板式换热器具有传热系数高、占地面积小、容易改变换热面积（增加或减少板片）或流程组合（改变板片排列）、组装方便、质量轻、价格低、维修保养方便、容易清洗等特点。

为了提高换热器的换热效率，通常将一次水和二次水做逆流换热，一级网的回水温度必须高于二级网的回水温度，即一级网的回水温度受到了二级网回水温度的限制（尤其是散热器采暖系统），如此便限制了一次水的总放热量；同时，一级网和二级网之间较大的换热温差导致换热器换热过程中产生很大的不可逆传热损失。

2. 吸收式换热机组在换热站中应用的优势

为了降低换热器大温差传热造成的不可逆损失，进一步提高集中供热一次管网的供热能力，将吸收式换热机组应用于集中供热系统的换热站中，替代传统的板式换热器，实现一次水和二次水的高效换热。

与传统板式换热器直接换热相比，吸收式换热机组对集中供热系统的一次水热量进行梯级利用，在二级网供热参数相同的前提下，与常规板式换热器装置相比，一级网的进出口温差大幅度增加，即一次水的回水温度大幅度降低，使之远低于二级网的回水温度，一级网的回水温度可降低至20℃左右，如图6-1所示。

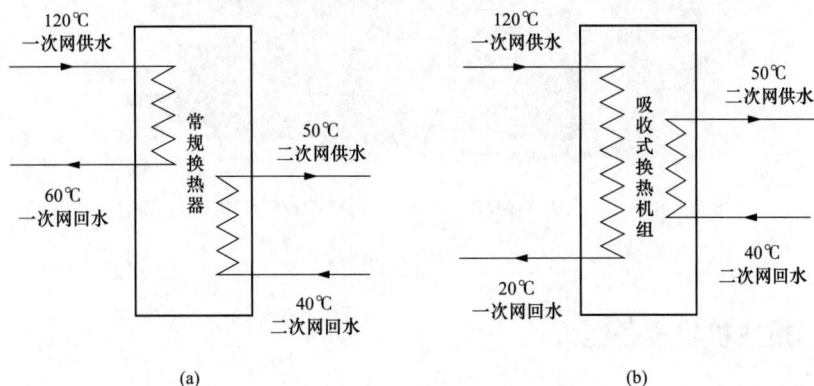

图 6-1 板式换热器与吸收式换热机组的对比
（a）板式换热器；（b）吸收式换热机组

二、吸收式换热机组简介

吸收式换热机组主要由热水型吸收式换热和水-水换热器组成。目前，吸收式换热采用的工质对主要有溴化锂/水和氨/水两种，其中以溴化锂/水作为工质对应用最为普遍。本节所提到的吸收式换热均采用溴化锂/水为工质对。

系统通过驱动能量驱动，将低温热源的热量传递到高温热源，使低温热源温度低，同时高温热源温度升高，利用这种循环的设备称为换热机。

水在大气压下 100℃ 沸腾蒸发，但是如果在大气压以上，则 100℃ 以上沸腾，相反，在大气压以下，也就是在真空条件下就可以在 100℃ 以下的温度沸腾，即变得容易蒸发了。换热即利用低压条件下水在较低的温度蒸发，从而吸收低温热源的热量。

吸收式换热就是利用了水在真空条件下低温沸腾吸热的原理。这里的水被称作冷剂水或冷媒水。

第二节　设备结构与组成

一、换热机组设备结构

机组主机由蒸发器、吸收器、发生器、冷凝器、溶液热交换器、自动抽气装置（含真空泵）、水-水板式换热器、运行盘、安全装置等构成，如图 6-2 与图 6-3 所示。

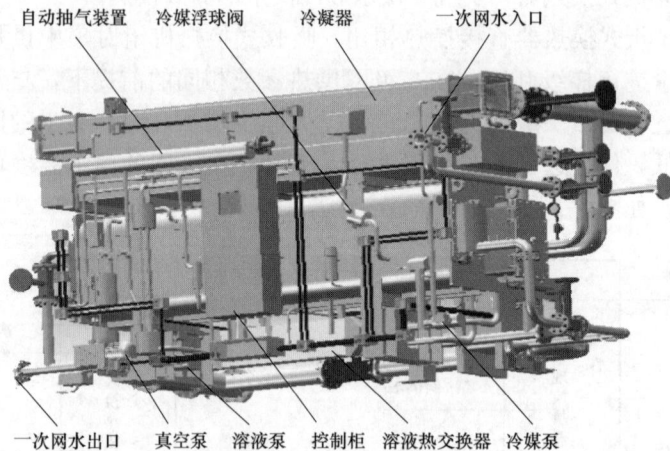

图 6-2　换热机组正面构成图

二、换热机组设备组成

（一）蒸发器

蒸发器由内部流动热源水的传热管和冷媒散布装置以及水盘构成，运

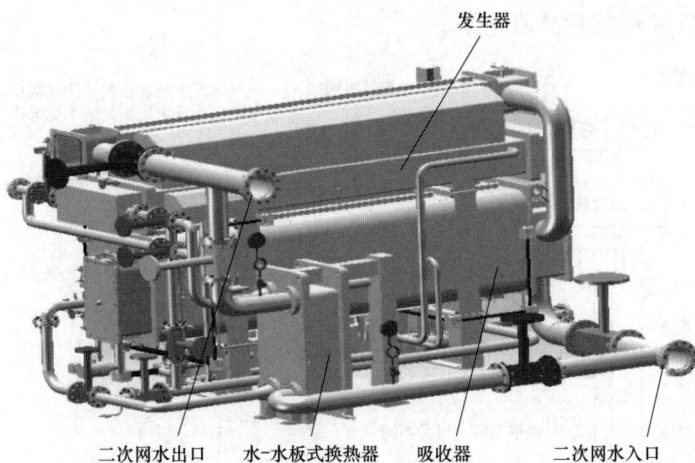

图 6-3　换热机组背面构成图

行时，通过冷媒的蒸发吸收余热源水热量变成冷剂蒸汽，进入吸收器内。

（二）吸收器

从发生器过来的溴化锂浓溶液喷淋在传热管表面，吸收冷剂蒸汽变成稀溶液，同时释放出大量热量；热水在传热管内流动，吸收热量，冷却溶液。稀溶液经过溶液泵加压提升，进入发生器内。

（三）发生器

热源水加热浓缩稀溶液，溶液浓度变高，产生大量冷剂蒸汽，进入冷凝器。

（四）冷凝器

热水在传热管内流动，吸收冷剂蒸汽热量，将冷剂蒸汽冷凝为冷剂水，进入蒸发器内。

（五）溶液热交换器

发生器出来的浓溶液与吸收器出来的稀溶液进行热交换，提高进入发生器的稀溶液温度，降低进入吸收器的浓溶液温度，提高机组运行效率。

（六）自动抽气装置

由可以将换热本体内部所产生的不凝气体或是空气等自动储存在集气箱内的自动抽气装置、将集气箱内不凝气体抽出的抽气泵（真空泵）、测量集气箱气体压力的压力感应器、抽气管路开关用电磁阀构成，来保持机组内的真空。图 6-4 所示为自动抽气装置简图。

（七）真空泵

吸收式换热机组比较常用的真空泵为旋片式真空泵。它是换热自动抽气装置的重要组成部分之一，泵内偏心安装的转子与定子固定面相切，两个（或以上）旋片在转子槽内滑动（通常为径向）并与定子内壁相接触，将泵腔分为几个可变容积的一种旋转变容积真空泵。吸收式换热机组比较常见的旋片式真空泵为图 6-5 所示 FX16 型双极直联旋片式真空泵和图 6-6

所示 PVD-N 型旋片式真空泵。

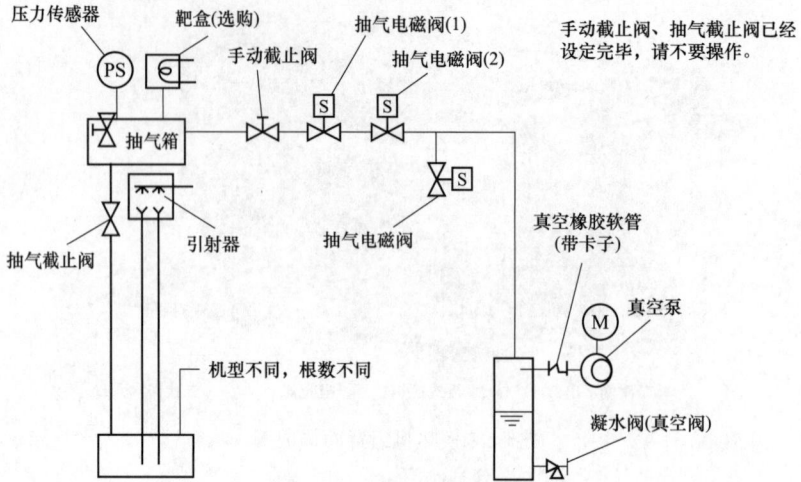

图 6-4　自动抽气装置简图

图 6-5　FX16 型双极直联旋片式真空泵

图 6-6　PVD-N 型旋片式真空泵

（八）水-水板式换热器

热侧发生器出来的一次网水经过板式换热器后流出来的一次网水再进入蒸发器，冷侧是二次网水进入换热完成后流出。

（九）溶液泵、冷剂（媒）泵

溶液泵、冷剂（媒）泵是全封闭型屏蔽泵。换热本体上溶液及冷剂水输送装置，维持溴化锂溶液及冷剂（媒）水循环。

第三节　定期维护及检查

一、日常的检查

为了使吸收式换热机组可以安全便捷、长久使用，每两周进行一次如下检查：

（1）换热本体各腔室、附属管路有没有泄漏。

（2）在使用中有没有异常的声音或是振动。

（3）运行盘监控画面上是否有警报出现。

（4）机组运行时，真空度是否符合要求。

二、每月的检查

吸收式换热机组每月定期检查内容及方法（要领）见表6-1。

表6-1　每月定期检查内容及方法（要领）

序号	主要检查内容	方法（要领）
1	一次网水过滤器	清理换热机组入口一次网水配管（附属配管）的过滤器
2	真空泵	更换泵中的油（高速真空泵油）
3	一次网水/二次网水水质	一、二次网水质检测

三、年度（1个供热季）的检查

吸收式换热机组运行了一个供暖季，除了日常消除的缺陷外，还须对换热本体进行细致的检查，检查内容及方法（要领）见表6-2。

表6-2　年度（1个供热季）的检查内容及方法（要领）

序号	主要检查内容	方法（要领）
1	水室盖板、管板上涂装	传热管洗净时，在水室盖板内部及管板上涂饰防锈涂料
2	真空泵	分解检查真空泵
3	安全装置类	确认各机器部件的设定值
4	一次网水控制阀	动作确认及检查控制阀
5	运行盘	确认各设定值及动作
6	钯盒加热器（选购）	动作确认及检查加热器
7	吸收液的液质	取出吸收液约500mL进行分析（缓蚀剂及其他）

四、每2年的检查

吸收式换热机组运行了两年后，有必要对真空阀及隔膜阀进行检查、检修，具体见表 6-3。

表 6-3 每 2 年的检查内容及方法（要领）

序号	检查、维修位置	方法（要领）
1	真空阀	更换真空阀的阀棒、O 形密封圈、阀帽用密封垫（如果开闭次数少，没必要更换）
2	隔膜阀	更换隔膜阀片

五、发生器压力容器的检查

因换热机组是以高温水（一次网水温约 115℃）运行的，发生器的管板、发生器的传热管及水室适用压力容器，应遵照技术监督相关规定进行定检。

六、机组的水质管理

（1）机组运行的一次水、二次水必须进行水质管理。否则传热管内附着水垢和黏着物，会引起机组换热能力下降，降低机组综合技术性能。

（2）机组水质要求与传统板式换热器供热水质要求基本一致，可按原标准执行。

（3）机组运行数个采暖季后，内部传热管可能发生结垢等现象，需要对传热管进行清洗。

（4）碳酸钙、二氧化硅等坚硬的污垢无法用毛刷去除时，需要用化学方法进行清洗。清洗前后对比如图 6-7 和图 6-8 所示。

图 6-7 清洗前的内部传热管

七、溶液管理及取样步骤

（一）溶液管理

1. 溶液腐蚀性管理

为了减小溶液的腐蚀性，溶液中添加有缓蚀剂和碱度调节剂。添加剂会逐渐消耗，因此溶液管理的重点就是定期检测溶液中缓蚀剂的浓度、碱

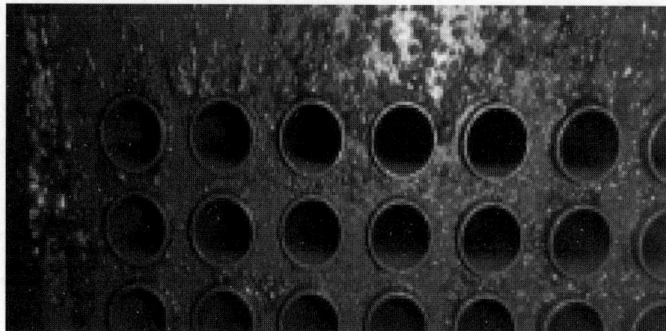

图 6-8　清洗后的内部传热管

度、沉淀物等，以判断溶液的工作状态，并根据分析对溶液进行调整。

2. 表面活性剂管理

为了增强溶液的吸收效果，有必要在采暖季初期，根据溶液检测结果需要添加表面活性剂（特殊醇类）。一般添加的周期为 2～3 个采暖季。

3. 废弃溶液管理

溴化锂溶液中不含有害物质，但如果废弃方法不当，会对环境造成较大的影响。废弃溶液必须由专业处理人员进行处理。

（二）溶液取样步骤

（1）稀溶液取液。溶液泵转动状态下，直接从溶液泵出口取液阀取出。（取完后要拧紧取液阀）

（2）浓溶液取液。

1）将取液罐拧紧。（不能有泄漏）

2）启动真空泵，在阻油罐的泄水阀处将取液罐抽成真空状态。（抽气前先将阻油罐中的液体放干净：抽气时间最少 1min，保证取液罐高真空度）

3）在回吸收器的浓液处取浓溶液。（取液前先开取样阀，再开取液罐的阀门）

（3）冷媒溶液取液。

1）将取液罐拧紧。（不能有泄漏）

2）启动真空泵，在阻油罐的泄水阀处将取液罐抽成真空状态。（抽气前先将阻油罐中的液体放干净：抽气时间最少 1min，保证取液罐高真空度）

3）在冷媒泵出口处的取样阀取冷媒。（取液前先开取样阀，再开取液罐的阀门）

八、真空维护

吸收式换热机组的正常运行，离不开机组内部的真空环境。内部真空环境不好，会导致机组运行能耗增加、效果降低，甚至导致机组内部腐蚀、降低机组寿命。因此，对于吸收式换热机组来说，真空就是生命。

机组运行过程中采用自动或手动抽真空方式，及时排出机组内不凝气体。

1. 自动抽真空

在"自动运行"状态下，机组可根据不凝气体信号自动开启真空泵及电磁阀进行抽气。（此操作需检查并确认真空泵、电磁阀等抽真空系统都正常）

2. 手动抽真空

机组在正常运行或停机状态下，可根据需要就地手动抽真空。手动抽真空步骤如下：

（1）检查抽真空系统设备及管路都正常后，启动真空泵并检查运行情况，维持真空泵运行一定时间（约2min）。

（2）开启抽真空电磁阀（或手动阀）进行抽气作业。图6-9所示为换热机组阻油器及真空阀门位置。

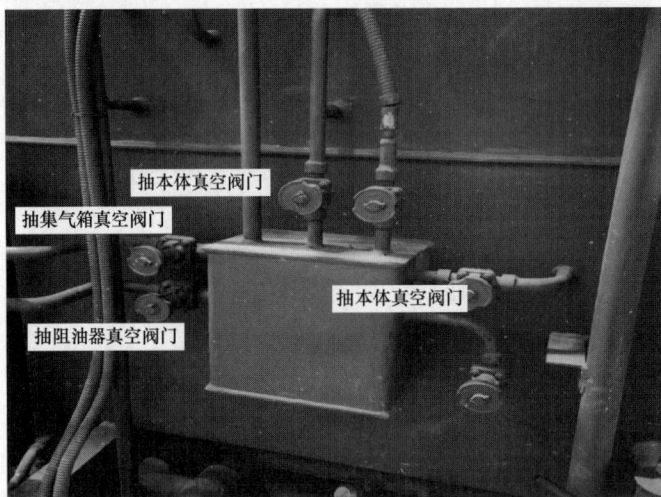

图6-9 吸收式换热机组阻油器及真空阀门

（3）机组内部真空达到要求（或真空泵排气口无气体排出）后，关闭抽真空电磁阀（或手动阀）。

（4）检查电磁阀（或手动阀）关闭正常后，停止真空泵，完成手动抽真空作业。

强制抽真空：在彩显触摸屏上按"强制"抽真空按钮，机组自动走一遍自动抽真空程序。（此操作需检查并确认真空泵、电磁阀等抽真空系统都正常）

图6-10所示为AHEX型换热机组抽真空控制画面。

3. 抽真空前的注意事项

（1）确认真空泵转向正确。

（2）确认真空泵油量达到油位线。

（3）确认真空泵进气管道已经连接到位。

（4）确认真空泵排气口通畅。

流程图　系统数据　**热泵数据**　　　　　　　　　　　报警消音

TOUCH

机组流程

实时数据

实时故障

历史故障

运行时间

一次水进口温度　36.8　℃
一次水出口温度　23.5　℃
二次水进口温度　26.2　℃
二次水出口温度　28.6　℃
上吸收器溶液出口　29.5　℃
下吸收器溶液出口　28.4　℃
上发生器溶液出口　27.6　℃
上蒸冷剂温度　28.6　℃
一次水阀开度　0.0　%
阻油器压力　1.2　Kpa

上吸溶液泵
下吸溶液泵
冷剂泵
真空泵
抽气泵二通阀
抽气箱电磁阀

不凝气体液位
集气箱液位
稀溶液液位
吸收器高液位
冷剂保护液位
二次水流量开关

开机　　停机　　停止中　　强制
　　　　　　　　　　　抽真空

PLC程序版本号　BD18-107-VER1.00
TP版本号　BD18-107-VER2.00

北京华源泰盟节能设备有限公司　　　　　　2000/12/31 10:59:39

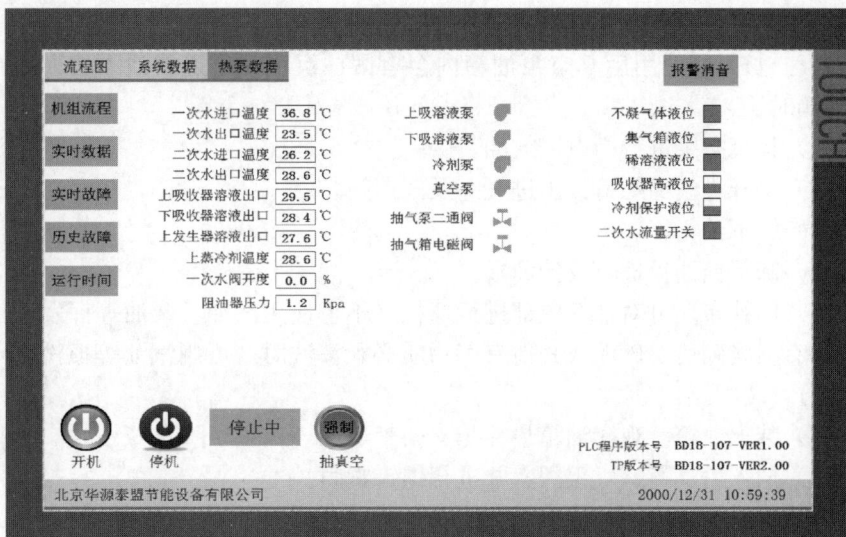

图 6-10　AHEX 型换热机组抽真空控制画面

4. 抽真空中的注意事项

（1）溴化锂进入真空泵应该立即停止运行并对真空泵进行更换新油。

（2）对系统进行检修，防止溴化锂再次被抽出。

（3）真空泵工作中突然停止运行，应断开电源查找原因。

5. 抽真空后的注意事项

（1）确认换热本体系统内已经达到要求真空度后关闭阀门。

（2）真空泵继续运行。

（3）打开气镇阀使真空泵瞬间升温。

（4）半小时后关闭气镇阀，停止真空泵运行。

（5）保持泵的清洁，防止杂物进入泵内。

（6）保持油位。

（7）存放不当，水分或其他挥发性物质进入泵内影响极限真空时，可打开气镇阀进行净化，观察极限真空回升情况，数小时无效时，应更换泵油，放出来的油可通过沉淀法再利用。

真空泵换油条件：

1）真空泵排气口明显有溴化锂味道。

2）真空泵油中明显含有溴化锂。

3）真空泵油中含水量已经超过 50%。

4）真空泵油明显变质乳化。

5）空泵使用后需停用一周以上。

6）真空泵已经闲置一年以上。

换油方法：先开泵运转约 10min，使油变稀，停止真空泵运行，从放油孔处放油，再敞开进气口运转约 10s，从进气口缓慢加入少量清洁泵油，以便放出泵腔内残余存油，然后加至正常油位。

（8）长时间使用后真空泵油箱内会有固体沉积，通过放油无法彻底清理油箱时：

1）将真空泵进行断电、放油。

2）松开进气嘴螺钉拔出进气嘴及气镇阀。

3）卸下油箱。

4）卸下挡油板螺钉及挡油板。

5）用纱布即可对油箱内部进行擦拭（不得使用汽油、柴油等挥发性液体），有金属碎屑、砂泥或其他有害物质必须清洗时，可用汽油等擦洗，干燥后方可装配。

6）装上油箱，观察油箱垫片与支架紧贴。

7）插入进气嘴、气镇阀，并进行螺钉紧固。

8）对真空泵进行加油。

9）真空泵运转前通过瞬间点动电源看运行是否流畅。

九、长期停机时的注意事项

（1）长期停机时，机组应处于真空状态。

（2）停机期间需定期记录装在气温发生器处的真空压力表的数值，确认机组的气密性。发生机内压力有上升倾向时，及时进行详细检查。

（3）长期停机后冷剂旁通阀门打开。

（4）在长期停机期间，应特别注意机组的气密性，定期检查机组的真空度。

（5）长期停机后开始运转前，检查真空泵油质情况，如果油质发生乳化现象，需更换新真空泵油至合格油位。

（6）长期停机后开始运转时，要采用手动抽真空方式，启动真空泵对机组进行抽真空作业。

（7）夏季停机状态时，机组内热源水、热水系统应满水保管，并确保无漏水缺陷，防止机组内传热管内壁发生锈蚀。

第四节　设备常见故障及处理

一、换热机组常见的故障及处理方法

换热机组常见的故障及处理方法见表 6-4。

二、真空泵常见的故障及处理方法

换热机组真空泵常见故障及处理方法详见表 6-5，旋片式真空泵内部构造如图 6-11 所示。

表 6-4　换热机组常见的故障及处理方法

序号	故障	原因	处理方法
1	机组主机不能启动	控制柜内的线路总断路器（MCB）未接通	检查控制柜内的线路总断路器（MCB）接通
		热水循环泵的压力、流量不正常	确认热水循环泵的压力、流量处于正常值
		远程控制信号不正常	确认远程控制信号正常
2	控制面板（彩显触摸屏）的显示操作部的指示灯不亮	所有指示灯都不亮时，机组总电源未通电	检查机组总电源，确认无异常后合闸通电
		彩显触摸屏的线路总断路器（MCB）未接通	检查彩显触摸屏的线路总断路器（MCB）处于接通状态
3	热网水出水温度过低	故障报警受限	消除影响机组运行的缺陷，将故障报警复位
		机组的进、出口压力、温度不正常	确认机组的进、出口压力、温度处于正常范围
		热网水流量未达到额定流量	确认热网水流量达到额定流量
		热网循环水的压力及机组进出口压力不正常	确认热网循环水的压力及机组进出口压力处于正常范围
		主机内存在泄漏	停机对主机进行渗漏试验，消除渗漏缺陷
		溶液泵、冷媒泵工作不正常	检查溶液泵、冷媒泵，使其处于正常工作状态
4	集气箱压力高（不凝气体报警）	三级网流量下降、温度上升	运行值班人员及时调整三级网流量、温度
		不凝结气体未及时抽出	及时进行机组抽真空
		密封件老化换热工作腔室漏入空气	进行抽真空后依然报警，须进一步进行本体漏气检查工作
		人员误操作造成漏真空	误操作造成真空下降，及时恢复原阀门状态，并及时进行抽真空处理
5	溶液泵不动作	吸收液泵的运行及停止确认信号没有返回	联系电控专业人员检查溶液泵的运行及停止确认信号是否正常
			检查机组溶液管路是否结晶，如有必要进行溶晶
			检查溶液泵是否损坏，如有必要进行检修或更换

表 6-5　换热机组真空泵常见故障及处理方法

序号	故障	原因	处理方法
1	极限真空不高	油位低，油对排气阀不起油封作用，有较大的排气声	加油，油位在中心线上下 5mm 范围内

续表

序号	故障	原因	处理方法
1	极限真空不高	油牌号不对	换牌号正确的真空泵油
		油乳化	拧松油箱底部放油螺栓放出乳化油或水珠，并适当补油，若太脏还需用真空油置换清洗
		阻油器及其管道泄漏	检查泄漏处并消除
		旋片弹簧折断	更换新弹簧
		油孔堵塞，真空度下降	应放油，拆下油箱，松开油嘴压板，拔出进油嘴，疏通油孔，但尽量不要用棉纱头擦零件
		旋片、定子磨损	检查、修整或更换旋片、定子
		吸气管或气镇阀橡胶件装配不当，损坏或老化	调整或更换吸气管或气镇阀橡胶件
		真空系统严重污染，包括管道	清洗真空系统，包括管道
2	漏油	放油旋塞和垫片损坏	检查并更换放油旋塞和垫片
		油箱盖板垫片损坏或未垫好	检查、调整或更换油箱盖板垫片
		有机玻璃热变形	更换有机玻璃、降低油温
		油封弹簧脱落	检查、检修油封弹簧
		气镇阀停泵未关闭	停泵时关闭气镇阀
		油封装配不当磨损	重新装配或更换油封
3	喷油	油位过高	放油使油位正常
		油气分离器无油或有杂物	检查并清洁检修油气分离器
		挡液板松脱或位置不正确	检查并重新装配挡液板
4	噪声	旋片弹簧折断，进油量增大	检查并更换旋片弹簧
		轴承磨损	检查、调整轴承，必要时更换轴承
		其他零件损坏	检查、更换相关零件
5	返油	泵盖内油封装配不当或磨损	更换油封
		泵盖或定子平面不平整	检查并检修泵盖或定子平面
		排气阀片损坏	更换排气阀片

三、抽（排）气电磁阀故障更换的质量要求及注意事项

换热机组抽（排）气电磁阀故障更换的质量要求及注意事项详见表6-6。

四、换热本体结晶处理的质量要求及注意事项

1. 本体结晶的现象

（1）换热浓溶液至吸收器管道温度下降，甚至变凉。

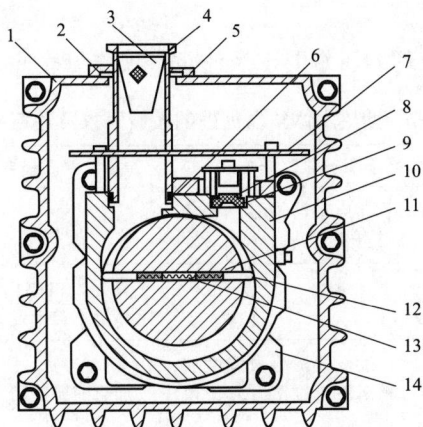

图 6-11 旋片式真空泵内部构造图

1—油箱；2—进气嘴密封圈；3—过滤网；4—进气嘴；5—进气嘴压板；6—进气嘴O形圈；

7—挡油板；8—排气阀弹簧；9—排气阀片；10—定子；11—转子；12—旋片；

13—旋片弹簧；14—高级端盖

表 6-6 换热机组抽（排）气电磁阀故障更换的质量要求及注意事项

序号	更换步骤	质量要求及注意事项
1	关闭集气箱与电磁阀之间的隔断阀	防止空气进入集气箱
2	拆除电磁阀电源线	在不抽真空的状态下操作（断开真空泵及电磁阀电源），防止发生短路
3	将电磁阀固定螺栓拧开	注意防止螺栓丢失
4	用扳手松开电磁阀上下的固定螺母	做好成品保护
5	安装新电磁阀	螺母要拧紧，防止漏真空，螺栓固定好
6	连接新电磁阀电源线	接线要规范，防止虚接
7	手动抽真空，测试电磁阀动作是否正常	确认电磁阀 220V 电压正常
8	电磁阀正常后，打开集气箱与电磁阀之间的隔断阀	确保阀门全开

注 此项检修工作需与电气专业人员配合共同完成。

（2）换热溶液泵、冷媒泵频繁启停或跳闸停运。

（3）蒸发器进出口温差变小，二级网回温上升，三级网供水温度下降。

2. 原因

（1）二级网温度、流量偏大，发生器过负荷致使浓溶液浓度偏大，流至溶液热交换器出口区域因温度下降析出溴化锂晶体，堵塞热交换器。

（2）三级网失水，为保持循环泵入口压力大量补水，造成吸收器管束温度急剧下降拉低稀溶液温度，致使溶液热交换器出口区域浓溶液析出溴化锂晶体，堵塞热交换器。

（3）换热跳闸或急停，溶液未充分稀释，冷却后温度下降析出溴化锂晶体，堵塞热交换器。

换热本体结晶处理的质量要求及注意事项详见表 6-7。

表 6-7　换热本体结晶处理的质量要求及注意事项

序号	溶晶步骤	质量要求及注意事项
1	结晶后首先停机，手动启动溶液泵，手动控制电调节阀开到 5％的开度	防止结晶进一步严重
2	关闭热水进口阀门	只关进口阀门，不关出口阀门，让机组热量不被带走
3	慢慢增加电调节阀开度，把稀溶液温度加热到 90℃左右，通过稀溶液温度溶开热交换器中的晶体	加热前要关闭主体通集气箱的隔断阀
4	用喷枪或者气割烤发生器浓溶液到热交换器一段的管道，顺便用木方子或者橡胶锤击打管道，使管道振动	不可以用金属物件直接敲击管道，气割烤管道时注意不要把管道烤红，禁止加热温度传感器和仪表及线缆
5	浓溶液温度高于溢流温度，高于稀溶液温度，并且稀溶液度和溢流温度在下降，浓液温度升高后不下降的时候，溶晶完成	确认温度稳定后判断是否溶晶成功
6	关闭电调节阀，让溶液泵一直运转稀释，直到机组整体温度自然冷却到 60℃以下，然后慢慢打开热水进口阀门	机组温度没有降下来前禁止打开热水进口阀门
7	停止溶液泵运转，按正常开机顺序开机	缓慢增加一次网热水量

五、换热本体漏气检修的质量要求及注意事项

换热本体漏气：本体只是真空度破坏，溶液浓度正常，液位正常。

换热本体漏气检修的质量要求及注意事项详见表 6-8。

表 6-8　换热本体漏气检修的质量要求及注意事项

序号	检修步骤	质量要求及注意事项
1	关闭集气箱与本体隔断阀	防止氮气冲坏换热防爆泄压装置
2	换热本体充入氮气，至表压 0.01MPa	气管先排挤空气再接入真空阀
3	检漏，液位以下仔细观察是否有溶液渗出，液位以上用装洗涤灵水（或肥皂水）喷壶喷水检查每一条焊缝，每一个阀门，每一个连接处	喷完洗涤灵水（或肥皂水）后要观察一会儿，反复多次检查
4	查出漏点后进行修补，修补完再次充氮气至表压 0.01MPa，检查修补处是否有泄漏	反复确认
5	补漏完成后，把氮气排除至平压，用真空泵抽真空	本体真空抽到 5kPa 以下后转动溶液泵继续抽真空，直到真空泵出气口没有气出来
6	保压	本体真空抽好，保压 8h，压力不上升为合格

六、换热本体漏水检修的质量要求及注意事项

换热本体漏水：吸收器液位上涨，真空破坏，主要是热水、余热水换热管泄漏。

换热本体漏水检修的质量要求及注意事项详见表 6-9。

表 6-9　换热本体漏水检修的质量要求及注意事项

序号	检修步骤	质量要求及注意事项
1	停机，关闭机组高温侧水、低温侧水的所有进出口阀门	防止继续有水灌进机器里面
2	关闭集气箱与本体隔断阀	防止氮气冲坏换热防爆泄压装置
3	测量机组液位，放掉机组的热水和余热水，判断泄漏位置	通过尝水是否是咸的和从泄水口判断是否往里吸气，判断哪个部位水流进了机组
4	拆开泄漏的前后水室盖板	如果机组液位太高，流出来的液体里含有浓度较高的溴化锂溶液，需要先将溶液放到溶液桶里，液位降到泄漏点以下
5	检漏。将传热管的一侧用橡胶塞堵住，一边充氮气从另一侧涂抹洗涤灵（或肥皂液）泡沫，检查泄漏的传热管位置和数量	减少溶液流失
6	补漏。少数几根泄漏可以直接用铜塞子将两头堵死，数量较多需要拔除破罐，换新管	换新管期间要做好本体防腐蚀工作，经常往本体里充氮气，挤出里面的空气
7	补完漏后对换热本体充入氮气，充压力至表压 0.01MPa	再次检查是否还有泄漏的位置

第七章　水处理系统

水处理是指含有少量的可溶性镁盐和钙盐的水，也可以说经软化处理过的硬水。水处理一方面减少换热器等设备及管道积留水垢、堵塞，增加换热器的效率，提高热能利用率；另一方面从根本上消除了水碱，使设备安全运行，节省经费支出。水处理系统在锅炉水处理、热交换系统净水处理、工业冷却系统、中央空调系统以及其他需要水处理设备系统中都有着广泛的应用。

离子交换软化法是水处理技术中常用的一种方法。本章针对供热行业水处理系统设备构造、原理、工艺、水处理设备检修要点及相应的处理方法进行分析论述，从而确保软水设备的安全运行。

第一节　水处理系统概述

供热系统的水处理系统通常设置在隔压站及各换热站中，并配置相应的全自动水处理装置及水处理箱。水处理系统由交换系统、控制系统、盐液系统三大部分组成，其中交换系统（钠离子交换器）采用固定床逆流再生工艺。该系统为全自动控制，即自动产水、自动停机、自动吸盐再生与清洗，并与水处理箱高低液位形成联锁，实现高液位停机、低液位启动，以及信息上传与远程控制。

水处理设备专门用于清除水中的钙镁离子，有效率高达 99％，同时也可以去除水中的藻类、固体悬浮物，使之处理后的水软化、清澈。当含有硬度离子的原水通过软水器内树脂层时，水中的钙、镁离子被树脂交换吸附，同时等量释放出钠离子。从软水器内流出的水就是去掉了硬度离子的水处理。图 7-1 所示为水处理系统流程图，图 7-2 所示为水处理工作流程图。

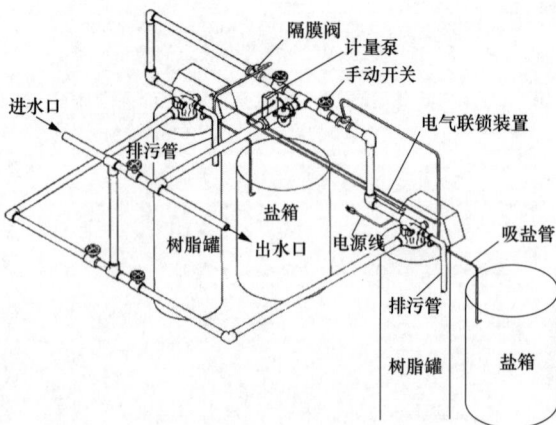

图 7-1　水处理系统流程图

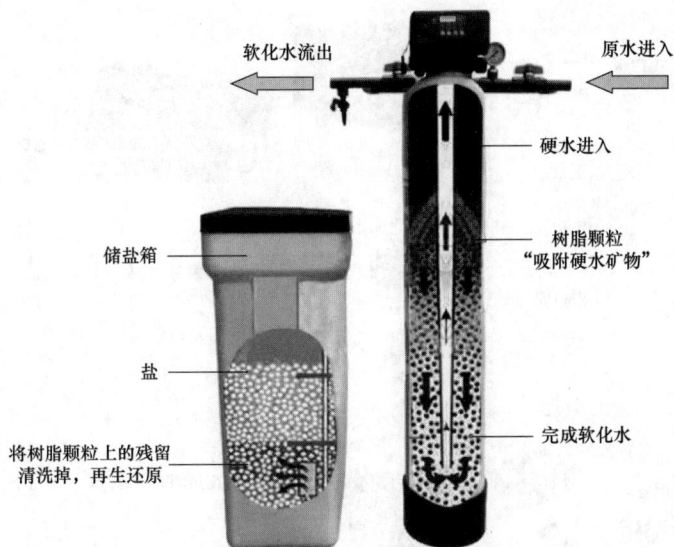

图 7-2　水处理工作流程图

第二节　水处理系统设备构造及原理

一、水处理系统设备构造

水处理设备一般由电源、控制柜、多路控制阀、盐箱、树脂罐、布水器、树脂、滤网、水箱、液位计、阀门及附属管道组成，如图 7-3 所示。

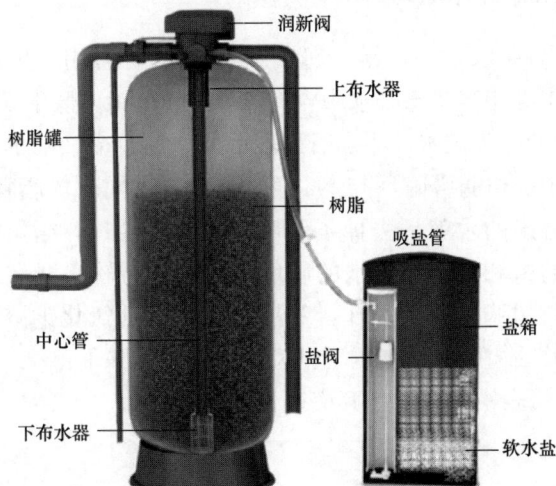

图 7-3　水处理设备构造

（1）多路控制阀。在同一阀体内多个通路的阀门，控制器根据设定的程序向多路控制阀发生指令，多路控制阀自动完成多个阀门的开关，从而实现运行反洗、再生、置换、正洗的程序。图 7-4 所示为多路控制阀构造分解图。

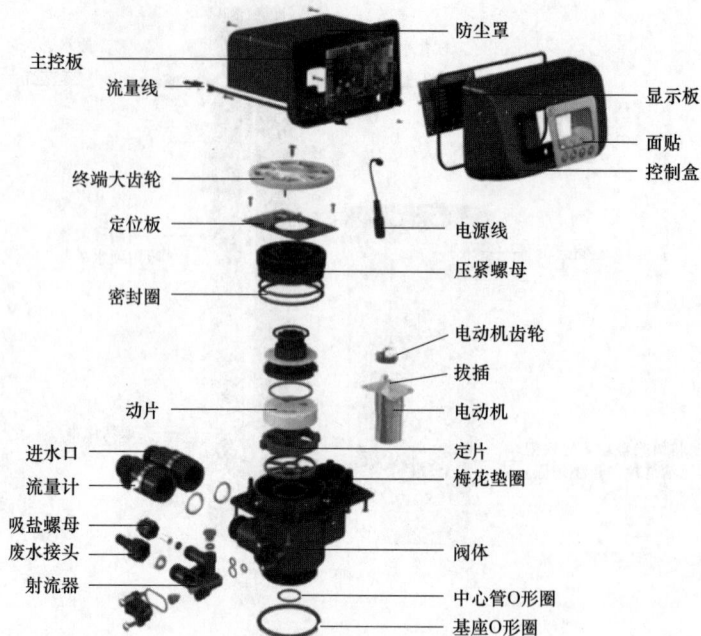

图 7-4　多路控制阀构造分解图

（2）树脂。强酸性变色阳离子交换树脂，主要用于硬水软化、纯水制备、家用饮水机、净水器等。使用中可以通过树脂颜色变化直观地观察树脂的运行情况。该产品为球状颗粒物，可反复再生使用。

二、水处理系统工作原理

通常把水中钙（Ca^{2+}）、镁（Mg^{2+}）离子的含量用"硬度"这个指标来表示。硬度 1 度相当于每升水中含有 10mg 氧化钙。低于 8 度的水称为软水，高于 17 度的称为硬水。当含有硬度的原水通过交换器的树脂层时，水中的钙、镁离子被树脂吸附（与 Na^+ 发生交换），同时树脂释放出钠离子，这样交换器内流出的水就是去掉了硬度离子的水处理，当树脂吸附钙、镁离子达到一定的饱和度后，出水的硬度增大，此时软水器会按照预定的程序自动进行失效树脂的再生工作，利用较高浓度的氯化钠溶液（盐水）通过树脂，使失效的树脂重新恢复至钠型树脂，具体如下：

如以 RNa 代表钠型树脂，其交换过程如下：

$$2RNa + Ca^{2+} = R_2Ca + 2Na^+$$
$$2RNa + Mg^{2+} = R_2Mg + 2Na^+$$

即水通过钠离子交换器后，水中的 Ca^{2+}、Mg^{2+} 被置换成 Na^+。

当钠离子交换树脂失效之后，为恢复其交换能力，就要进行再生处理，再生剂为价廉货广的食盐溶液。再生过程反应如下：

$$R_2Ca + 2NaCl = 2RNa + CaCl_2$$

$$R_2Mg+2NaCl \Longrightarrow 2RNa+MgCl_2$$

经上述处理，再生过程就是用盐箱中的食盐水冲洗树脂层，把树脂上的硬度离子再置换出来，随再生废液排出罐外，树脂就有恢复了软化交换的能力。

当水流过树脂层时，离子交换树脂可以释放出钠离子，功能基团与钙、镁离子结合，这样水中的钙、镁离子含量降低，水的硬度下降。硬水就变成了软水，这是水处理设备的工作过程。

当树脂上大量功能基团与钙、镁离子结合后，树脂的软化能力下降，可以用氯化钠流过树脂，此时溶液中的钠离子含量高，功能基团会释放出该离子而与钠离子结合，这样树脂就恢复了交换能力，这个过程叫做"再生"。

三、水处理系统工作流程

一般水处理系统的运行流程为运行（产水）、反洗、再生（吸盐）、慢洗（置换）、正洗、盐箱补水。图7-5所示为水处理系统。

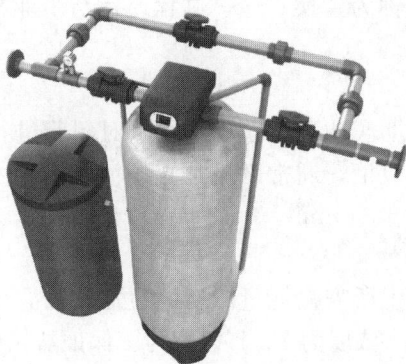

图7-5　水处理系统

1. 运行（产水）

原水在一定的压力、流量下，流经装有离子交换树脂的容器（软水器），树脂含的可交换离子 Na^+，与水中的阳离子（Ca^{2+}、Mg^{2+}、Fe^{2+}……）进行离子交换，使容器出水的 Ca^{2+}、Mg^{2+} 离子含量达到要求。

2. 反洗

设备工作一段时间后，会截留树脂上部原水中的大量污染物。去除这些污染物后，离子交换树脂可以充分暴露，保证再生效果。反洗的过程是水从树脂的底部被冲进去，从顶部流出，这样从顶部截留的污垢就可以被冲走。这个过程通常需要 6～15min。

反洗的目的有两个：一是通过反洗，使运行中压紧的树脂层松动，有利于树脂颗粒与再生液充分接触。二是使树脂表面积累的悬浮物及碎树脂随反洗水排出，从而使交换器的水流阻力不会越来越大。

3. 再生（吸盐）

将盐水注入树脂罐的过程，即盐液在一定浓度、流量下，流经失效的树脂层，使其恢复原有的交换能力。传统的设备是用盐泵注入盐水，全自动设备是用特制的内置注射器（只要进水有一定压力）吸入盐水。在实际的工作过程中，盐水以较低的流速流过树脂的再生效果要优于单纯用盐水浸泡树脂的再生效果。因此，水处理设备采用盐水缓慢流过树脂再生的方法。这个过程一般需要 30min 左右，实际时间受工业盐消耗的影响。再生效果的好坏直接影响软水器的出水质量、产水量及树脂的使用寿命等，所以软水器不正常吸盐被视为软水器的重要故障。

4. 慢洗（置换）

将盐水流过树脂后，用相同流速的原水缓慢冲洗树脂中所有盐的过程称为慢洗。即在再生液进完后，交换器的膨胀空间及树脂层中还有尚未参与再生交换的盐液，为了充分利用这部分盐液，采用小于或相当于再生液流速的清水进行清洗，目的是不使清水与再生液产生混合。一般清洗水量为树脂体积的 0.6～1 倍。根据实践经验，这一过程是再生的主要过程，因此很多人把这一过程称为置换。这一过程通常与工业盐吸收时间相同，即大约 30min。

5. 正洗

为了将残留的盐彻底冲洗干净，用原水对树脂进行冲洗。目的是清除树脂层中残留的再生废液，通常以正常流速清洗至出水合格为止。一般情况下，快冲洗过程为 6～15min。

6. 盐箱补水

向盐箱中注入再生所需盐耗量的水。通常一加仑水可溶解 3kg 盐。即 $1m^3$ 水溶解 360kg 盐（浓度为 26.4%）。为了保证盐箱中的盐液浓度达到饱和，首先应保证溶解时间不小于 6h，其次是必须保持盐液箱中，盐平面始终高于水平面。通俗地讲，盐液箱中要做到见盐不见水。软水系统工作状态如图 7-6 所示。

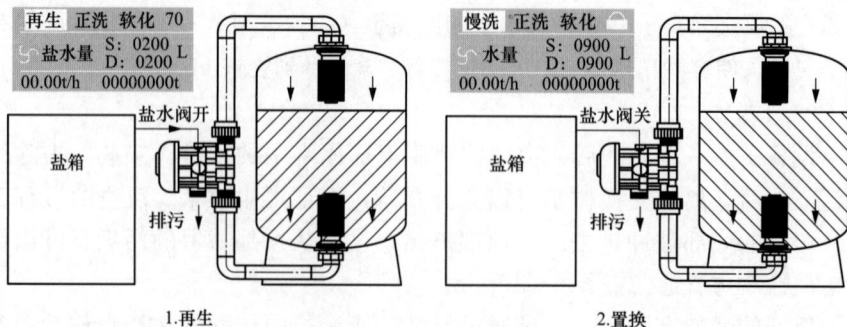

图 7-6 软水系统工作状态（一）

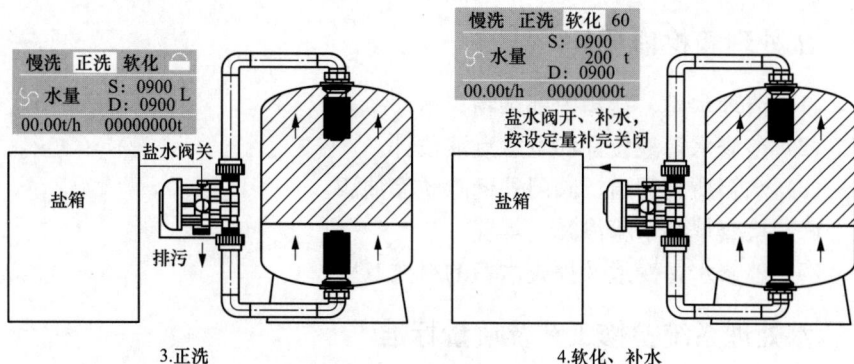

图 7-6 软水系统工作状态（二）

水处理各工作流程的时间设置原则见表 7-1。

表 7-1 水处理各工作流程的时间设置原则

工位及描述	床型	计算公式
软件：周期制水量（t）	DR	树脂装填量（L）×70%÷原水硬度（mmol/L）
	GR	树脂装填量（L）×90%÷原水硬度（mmol/L）
再生（补水）：吸盐补水量（L）	DR	20%×树脂装填量（L）
	GR	30%×树脂装填量（L）
慢洗：慢反洗（置换）水量（L）	DR/GR	50%×树脂装填量（L）
正洗：正洗水量（L）	DR	50%×树脂装填量（L）
	GR	100%×树脂装填量（L）

注 DR 浮床树脂装填率不小于 90%；GR 固定床树脂装填率不小于 70%。

第三节 水处理系统设备检修

一、钠离子交换器检修项目

（1）检查离子交换层表面平整情况和交换剂高度是否正常。分别将交换树脂和海砂垫层卸出，检修后依次装入海砂垫层和交换树脂，并适当加以补充。

（2）检查交换器内外器和部件的防腐层是否严密，若发生开裂脱落，应进行清理、修补。

（3）检查进水装置是否符合配水均匀的要求，并进行整修。

（4）检修出水水帽是否正常并进行整修。

（5）对交换器零部件，如外部管道、取样装置、空气管等进行修理、疏通或更换。

（6）检修或更换交换器所属的全部阀门。

（7）检修进口 Y 过滤器、出口的树脂捕捉器。

二、水处理箱检修项目

(1) 清理水箱、盐箱内部杂物。

(2) 整修水箱液位计和电触点液位计。

(3) 水箱所属管道、阀门外壁除锈涂油漆。

(4) 检查修补水箱渗漏、焊缝。

(5) 整修水箱变形及检查水箱的材质厚度。

三、水处理系统检修工艺及质量标准

(一) 检修前的准备

(1) 根据设备实际情况确定检修项目及重点。

(2) 准备好需要更换的备品配件,备品配件要符合图纸要求。

(3) 准备好检修中需要的工具、材料等,使用工具应符合安全工作规程的规定。

(二) 钠离子交换器检修工艺质量标准

(1) 交换器内外壁及零部件上应清理干净,防腐层应严密完整。

(2) 进水装置应完好。

(3) 支管孔眼中心位置,应分别在支管两侧与下端点交角为 45°处,孔眼不得有堵塞。

(4) 支管换新网套时,应先套一层塑料网扎紧,应保证严密不漏树脂。

(5) 穿形多孔板应安装牢固,孔眼无堵塞现象。

(6) 石英砂垫层应清洗无杂物,筛分后按粒度要求,平整、均匀地装入,达到布水均匀,不漏树脂。

(7) 离子交换树脂装卸要求:

1) 树脂内不得掺有泥沙、铁锈等污物。

2) 树脂存放时必须保持充分湿润,防止水分蒸发,存放环境温度应保持 5~40℃。

3) 树脂装入前,应先后向交换器进适量水,使装入的树脂浸入水中,树脂装入后,从交换器底部进水使树脂表面平整,进行交换剂层高度检查,应达到装料高度的要求。

4) 交换器监视窗的有机玻璃应完整、透明,如有裂纹必须更换。

5) 检修的交换器应保证所属阀门严密、开关灵活,反馈信号装置指示准确可靠。

6) 检修后的交换器应保证严密,经水压试验无泄漏。

7) 钠离子交换器进口 Y 过滤器滤网孔径不能大于 0.25cm,滤网干净,无堵塞物,滤网完整不能有破损现象。

(三) 水处理箱检修工艺质量标准

(1) 内部清理干净,无泄漏现象。

（2）所属管道阀门严密无泄漏，阀门开关灵活。

（3）设备及管道外壁保温层严密完整。

（4）组合型不锈钢水箱材质厚度不能减薄。

四、水处理系统的设备安装

（一）水处理设备的安装位置选择

（1）系统应尽可能靠近排水处。

（2）如果有需要其他水处理设施，应考虑预留安装位置。

（3）因要经常性向盐箱中加盐，应考虑放盐的位置。

（4）要将设备置于室温高于 1℃和低于 49℃的环境中。远离酸性物质和酸气环境。

水处理系统安装图如图 7-7 所示。

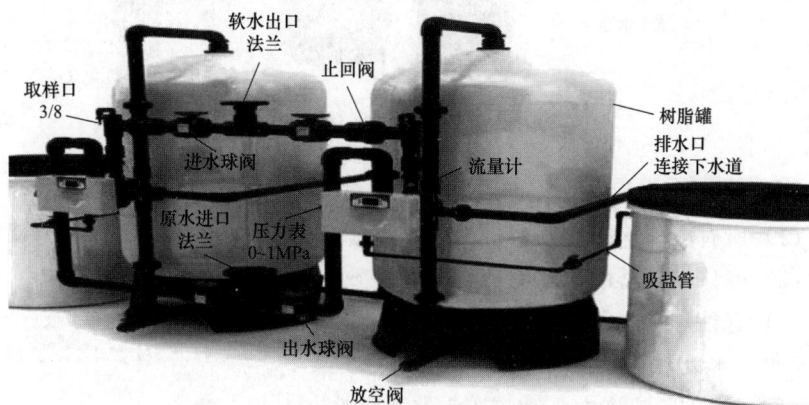

图 7-7　水处理系统安装图

（二）水处理设备管道的连接

（1）管道系统的连接应符合"给排水管道施工标准"。

（2）按照控制口径连接进、出水管。

（3）进、出水管应装有手动阀门，出水管之间应安装旁通阀门，一则便于排出安装焊接过程中的残余物，以免污染树脂；二则方便检修。

（4）出水口应安装取样阀，进水管道建议安装 Y 过滤器。

（5）尽量缩短排水管的长度（<6m），并不得安装各类阀门，在安装过程中只可采用聚四氟乙烯胶带密封。

（6）排水管与排水道水面之间必须保持一定的空间，以避免产生虹吸现象。

（7）各管道之间必须设独立的支架，不允许将管道的重力、应力传给控制阀。

水处理系统流程图如图 7-8 所示。

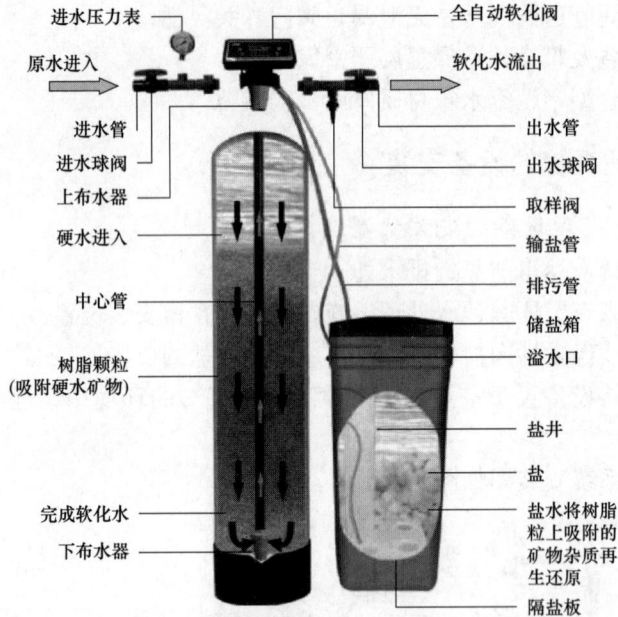

图 7-8　水处理系统流程图

（三）水处理设备电器连接

（1）所有电器连接必须遵守电气施工规范。

（2）确认控制器的电器参数与电源一致。

（3）有独立的电源插座。

（四）水处理设备布水器及中心管的安装

（1）用 PVC 胶将中心管与布水器座粘接在一起。

（2）将粘接后的中心管插入树脂罐。

（3）将布水器支管拧紧在布水器座上。

（4）布水器安装完成后，中心管应垂直立于交换罐中央，然后将高于罐口平面以上的 PVC 管裁去。

（5）将树脂罐放在选好的位置。将中心管和下布水器用胶粘接牢固，下布水器朝下将中心管插入树脂罐内，中心管的高度连同下布水器的高度应该和罐口平齐。将多余的部分中心管截掉。注意中心管上口应光滑无毛刺。拿出中心管。

（6）树脂加入树脂罐内，不能加满。留出的空间为树脂的反洗空间，高度为树脂层高的 $40\%\sim60\%$。

（7）上布水器套在中心管上或先将上布水器固定在控制阀的底部。注意不管将上布水器放在什么位置都应该保证不会掉下来导致树脂逸出。

（8）将中心管插入控制阀的底部，注意：中心管必须穿过里面的 O 形圈，并最好抹上不溶于水的润滑剂后旋入阀内，以免破坏密封圈。把上布水器固定在多路阀上。

（五）水处理系统设备检修后试运

（1）检修人员检修结束后，将现场打扫干净，联系运行人员试运。

（2）在运行过程中应达到以下条件：

1）进水试压，检查本体各结合面及管道阀门应无漏水现象。

2）开启出水阀门，检查水帽及出水装置排水应无漏树脂现象。

3）所属阀门无卡涩现象，表计齐全、完整；管道阀门标志齐全，油漆完整。

4）检修记录、技术资料整理齐全完整。

（3）记录要求。

1）检修前后的交换剂状况、交换树脂的损耗及补充数量。

2）设备本体检修及改进情况。

3）管道阀门的检修情况。

4）程序控制装置检修情况。

5）试运行情况。

（4）设备日常注意事项。

1）设备停止，只是关闭进出水阀门或水箱浮球阀自动控制。

2）设备应使用大于 4mm 的大颗粒工业盐，若使用细颗粒盐，则每次加盐不宜太多并防止板结和漏到盐篦底下，防止堵塞，保证盐箱注水和吸盐畅通。

3）经常查看并清理盐箱底部沉积污泥。

4）定期清洗进水过滤器，以免进水堵塞导致设备工作压力降低，出水量减少。

5）设备长期使用中，出水量减少并压力升高时，主要是因交换罐内部下布水器周围树脂被淤泥污染，拧掉机头，取出中心管，清洗上下布水器，并反冲交换罐上层破碎树脂等悬浮杂质。

第四节　水处理系统常见故障及处理办法

水处理设备主要是除去水中的钙、镁离子，被广泛应用在各个行业。在设备操作运行过程中，无法避免故障的出现，下面为一些水处理设备常见的故障及解决办法，以便检修时自行排查，具体见表 7-2。

表 7-2　水处理系统常见故障及处理

常见故障	现象/原因	解决办法
产水不合格	盐箱内没有盐	加盐
	盐箱内盐篦堵塞	经常清理，保证盐箱注水量足够
	盐阀内滤网堵塞	检查并清理滤网
	吸盐量不够	增加吸盐量

续表

常见故障	现象/原因	解决办法
产水不合格	盐箱内加盐太多，没有容水空间	严格按照盐面低于盐阀的加盐方式
	产水量过大，运行流速太高	降低设备进出水压差
	树脂层高度不够	填充树脂，减少空间
氯根超标	清洗量太少	加大清洗量
	树脂不够，交换罐上部有浓度水空间太大，造成清洗不彻底	填充树脂，减少空间
设备进水压力增大，出水量减少	树脂被悬浮物污染	拆卸机头、擦洗罐外或罐内树脂
	进水中胶状物质堵塞布水器，污染树脂	拆卸布水器、清洗树脂
	出水管道有截流现象	检查并排除截流现象
控制阀不吸盐	排污管不畅通	检查排污管出口端或者管路中是否有堵塞截留现象
	射流器堵塞	射流器堵塞主要由进水杂质引起，需要在进水管道上安装过滤器
进水流量参数值不递减	设备有水流出，进水流量参数值不递减，多路阀不切换	进水流量计叶轮被异物卡住或磁铁吸上异物，造成转动不灵，关闭进水和出水，拆阀控制器后壳
排污异常	运行时排污细水长流	阀芯、陶瓷圈、硅胶圈处有异物或有损伤，拆卸、清理并检查前置过滤器是否异常

第八章 阀 门

热网系统是由热网设备和汽水管道及各种附件连接而成的有机整体，在这个有机整体中，汽水管道与阀门不仅是生产系统中不可分割的一部分，而且占有重要地位，因为系统的生产过程和工质输送，都必须通过管道来完成，阀门是管道的重要部件，只有在管系中布置各类阀门，使介质的运动受到控制，管道设施充分发挥效用，才能满足生产流程的需要，保证系统的安全。

热网管道系统一般可分为抽汽、循环水、疏水等管道系统，在这些庞杂的管道系统中，安装有许多阀门，要在热网系统运行中，保证管道、阀门的安全可靠，做到不滴、不漏、严密，就必须靠检修人员的精心策划和高质量的维护检修。

第一节 阀门的型号及分类

一、阀门的选型及型号编制

热网系统的安全、经济运行与正确合理的选用阀门是分不开的，管道上的阀门，可以根据用途、介质种类及介质的工作参数（压力、温度及流量）等因素来选择。选择时，应使所选阀门的公称压力、公称直径、阀门允许的工作温度及使用范围等，均与该阀门所在管道系统中的工称压力、工称直径和介质种类相适应。同时，还应考虑安装、运行、维护和检修方便，以及经济上的合理性。

阀门的型号，主要表明阀门类别、作用、结构特点以及所选用的材料性质等，一般用 7 个单元组成阀门型号，其排列顺序如图 8-1 所示，如有特殊的按照生产厂家定义。

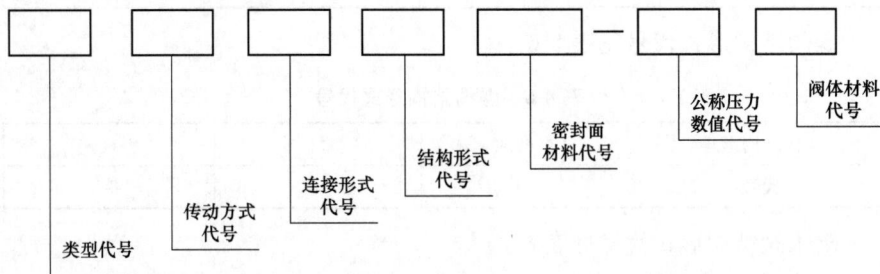

图 8-1 阀门型号

第 1 单元为阀门类型代号，用汉语拼音表示，详见表 8-1。

表 8-1　阀门类型

闸阀	截止阀	止回阀	节流阀	球阀	蝶阀	隔膜阀	安全阀	调节阀	旋塞阀
Z	J	H	L	Q	D	G	A	T	X

第 2 单元为传动方式代号，用数字表示；对手动传动以及安全阀、减压阀、疏水器等省略本代号，详见表 8-2。

表 8-2　阀门传动方式代号

电磁动	电磁-液动	电-液动	蜗轮	正齿轮	锥齿轮	气动	液动	气-液动	电动
0	1	2	3	4	5	6	7	8	9

第 3 单元为连接形式代号，详见表 8-3。

表 8-3　阀门连接形式代号

连接形式	内螺纹	外螺纹	法兰	焊接
代号	1	2	4	6

注　焊接包括对焊和承插焊。

第 4 单元为结构形式代号，以数字表示。

闸阀结构形式代号见表 8-4。

表 8-4　闸阀结构形式代号

闸阀结构	明杆楔式			明杆平行式		暗杆楔式		暗杆平行式	
形式	弹性闸板	刚性单闸板	刚性双闸扳	刚性单闸钣	刚性双闸板	刚性单闸板	刚性双闸板	刚性单闸板	刚性双闸板
代号	0	1	2	3	4	5	6	7	8

截止阀和节流阀结构形式代号见表 8-5。

表 8-5　截止阀和节流阀结构形式代号

截止阀、节流阀结构形式	直通式	角式	直流式	平衡直通式	平衡角式	三通式
代号	1	4	5	6	7	3

碟阀结构形式代号见表 8-6。

表 8-6　碟阀结构形式代号

蝶阀结构形式	杠杆式	垂直板式	斜板式
代号	O	1	3

疏水阀结构形式代号见表 8-7。

表 8-7　疏水阀结构形式代号

疏水阀结构形式	浮球式	钟形浮子式	脉冲式	圆盘式
代号	1	5	8	9

止回阀结构形式代号见表8-8。

表8-8　止回阀结构形式代号

止回阀结构形式	升降		旋启		
	直通式	立式	单瓣式	多瓣式	双瓣式
代号	1	2	4	5	6

第5单元为密封面材料代号，用汉语拼音字母表示，见表8-9。

表8-9　密封面材料代号

阀座密封面或衬里材料	代号	阀座密封面或衬里材料	代号
尼龙塑料	N	合金耐酸或不锈钢	H
氟塑料	F	渗氮钢	D
衬胶	J	硬质合金	Y
铜合金	T	橡胶	X
衬胶	CJ	搪瓷	C

由阀体直接加工的阀座密封面用W表示，当阀座与阀瓣或闸板密封面材料不同时，用低硬度材料代号表示。

第6单元为阀门的公称压力数值代号，以数字表示。用于工业的阀门，当介质最高温度超过530℃时，标注工作压力，公称压力的数值用10倍的兆帕（MPa）数表示。

第7单元为阀体材料代号，用汉语拼音字母表示。PN≤1.6MPa的铸铁阀体和PN≥2.5MPa的碳素钢阀体，可省略本代号，阀体材料代号见表8-10。

表8-10　阀体材料代号

阀体材料	代号	阀体材料	代号
Cr13系不锈钢	H	铬钼钢	I
球墨铸铁	Q	铜及铜合金	T
碳钢	C	铬钼钒钢	V

二、阀门的分类构造及在热网中的分布

（一）阀门的分类构造

按照用途和作用分类可分为截断阀类、止回阀类、安全阀类、调节阀类、分流阀类和其他特殊用途类。水暖系统常用阀门包括闸阀、球阀、蝶阀、截止阀、止回阀、节流阀、旋塞阀、隔膜阀、减压阀、安全阀、调节阀等。根据不同管路使用的压力、温度、作用不同，进行选择。

1. 闸阀

（1）闸阀的原理及用途。启闭件为闸板，由阀杆带动沿阀座接触进行密封，做直线升降运动，达到流体通闭的阀门为闸阀，又称为闸板阀。闸阀闸板的运动方向与流体方向相垂直，闸阀只能作全开和全关，不能作调

节和节流。

(2) 闸阀的种类及构造。闸阀根据压力、温度等条件，采用铸铁、铸钢、合金钢材质加工制作。阀门形体简单，结构长度短，制造工艺性好，适用范围广。一般为顺时针关闭、逆时针开启。闸阀按连接方式分螺纹闸阀、法兰闸阀。按阀杆的不同分明杆式和暗杆式，按闸板构造不同分平行式和楔式，还有单闸板、双闸板之分。供热工程中，常用的是明杆楔式单闸板闸阀（Z41H-16C）和暗杆楔式单闸板闸阀（Z45T-10），Z41H-16C 装在热力站内一次侧，Z45T-10 装在热力站内二次侧。它一般起两个作用：作为主设备起开关作用，作为辅设备安在主设备前后作检修用。

闸阀结构组成部分主要有阀体、阀盖、阀杆、闸板、阀座及驱动装置，图 8-2 所示是典型的法兰式连接明杆楔形弹性单闸板闸阀。

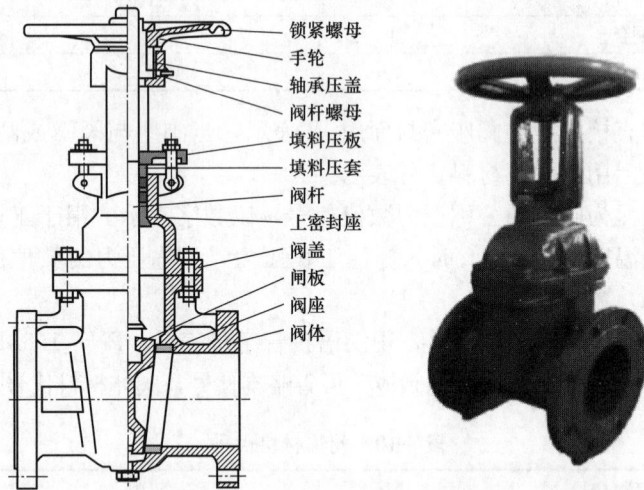

图 8-2　明杆楔形弹性单闸板闸阀

对于大口径或高压闸阀，为了减少启闭力矩，可在阀门邻近的进出口管道上并联旁通阀（截止阀），使用时，先开启旁通阀，使闸板两侧的压力差减少，再开启闸阀。旁通阀公称直径不小于 DN32。

1）阀体：与管道直接连接构成介质流通管道的承压部件，是安装阀盖、安放阀座、连接管道的重要零件。阀体要容纳垂直并做升降运动的圆盘状闸板，因而阀体内腔高度较大。闸阀阀体的结构决定阀体与管道、阀体与阀盖的连接，阀体毛坯可采用铸造、锻造、锻焊以及管板焊接等。

2）阀盖：与阀体相连并与阀体构成压力腔的主要承压部件，上面有填料函。对于中、小口径阀门，阀盖上设有支承阀杆螺母或驱动装置等零件的机面。

3）阀杆：与阀杆螺母或驱动装置直接相接，光杆部分与填料形成密封副，能传递力矩起着启闭闸板的作用，根据阀杆上螺纹的位置分明杆闸阀和暗杆闸阀。

a. 明杆闸阀：阀杆做升降运动，其传动螺纹在体腔外部的闸阀。阀杆的升降是通过在阀盖或支架上的阀杆螺母旋转来实现的，阀杆螺母只能转动而没有上下位移，对阀杆润滑有利，闸板开度清楚，阀杆螺纹及阀杆螺母不与介质接触，不受介质温度和腐蚀性的影响，因而使用较广泛。

b. 暗杆闸阀：阀杆做旋转运动，其传动螺纹在体腔内部的闸阀。阀杆的升降是靠旋转阀杆带动闸板上的阀杆螺母来实现的，阀杆只能转动，而没有上下位移，见图8-3，阀门的高度尺寸小，它的启闭行程难以控制，需要增加指示器，阀杆螺纹及阀杆螺母与介质接触，要受介质温度和腐蚀性的影响，因而适用于非腐蚀性介质以及外界环境条件较差的场合。

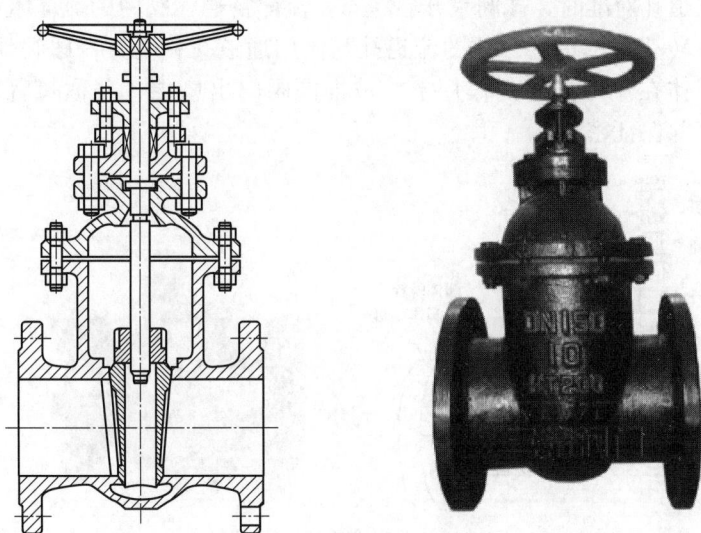

图8-3 暗杆楔形闸阀

4）闸板：是闸阀的启闭件，闸阀的启闭以及密封性能和寿命都主要取决于闸板，它是闸阀的关键控压零件。

5）阀座：用滚压、焊接、螺纹连接等方式将阀座固定在阀体上与闸板组成密封副的零件。阀座密封圈可根据客户要求在阀体上直接堆焊金属形成密封面。对于铸铁、不锈钢、铜合金阀门，也可以在阀体上直接加工出密封面。

6）驱动装置：可直接把电力、气力、液力和人力传给阀杆或阀杆螺母。常采用手轮、阀盖、传动机构、连接轴和万向联轴器进行远距离驱动。

2. 球阀

（1）球阀的原理及用途。启动件为球体，绕垂直于通路的轴线转动的阀门为球阀。相比闸阀、截止阀，球阀是一种新型的、逐渐被广泛采用的阀门。它的工作原理是球体中部有一圆形孔道，操纵手柄旋转90°即可全开或全关。它在管路中起关断作用。

由于球阀无方向性，所以可以任意角度安装且具有极佳的密封性、操作的可靠性，被广泛应用于集中供热管网。

（2）球阀的种类及构造。球阀主要由阀体、阀座、球体、阀杆、手柄（或其他驱动装置）组成。按照球体支撑方式分为浮动球球阀和固定式球阀。

1）浮动式球阀：其主要特点是球体无支撑轴，球体系藉阀门进、出口两端的阀座予以支撑，阀杆与球体为活动连接，浮动式球阀结构示例如图8-4所示。这种球阀的球体被两阀座夹持其中而呈"浮动状态"。球体通过阀杆借助于手柄或其他驱动装置可以自由地在两阀座之间旋转。当球体的流道孔与阀门通道孔对准时，球阀呈开启状态，流体畅通，阀门的流体阻力最小。当将球体转动90℃时，球体的流道孔与阀门通道孔相垂直，球阀处于关闭状态，球体在流体压力的作用下，被推向阀门出口端（简称阀后）阀座，使之压紧并保证密封。

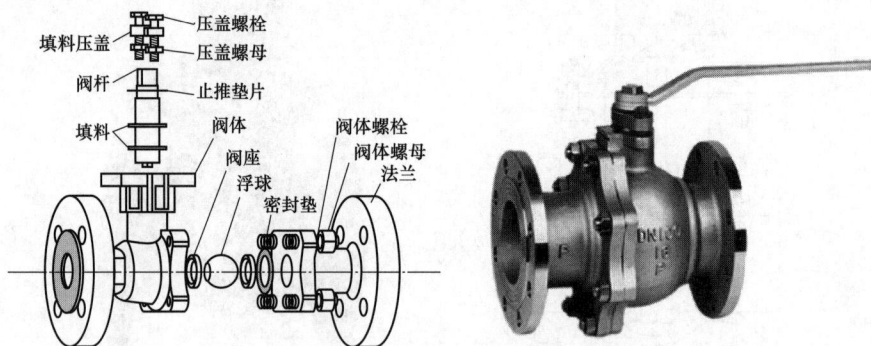

图8-4　浮动式球阀结构示例

2）固定式球阀：球体与上、下阀杆连成一体或制成整体连轴式球，即球体与上、下阀杆锻（焊）成一体装在轴承上，球体可沿与阀门通道相垂直的轴线自由转动，但不能沿通道轴线移动，固定式球阀结构示例如图8-5所示。因此，固定式球阀工作时，阀前流体压力在球体上所产生的作用力全部传递给轴承，不会使球体向阀后阀座移动，因而阀座不会承受过大的压力，所以固定式球阀的转矩小、阀座变形小、密封性能稳定、使用寿命长，适用于高压、大通径的场合。

3. 蝶阀

（1）蝶阀的原理及用途。启闭件为蝶板，绕固定轴转动的阀门为蝶阀，又称为翻板阀。蝶阀是一种结构简单的调节阀，主要起切断和节流作用，用于低压管道介质的开关控制。

蝶阀因其具有启闭方便迅速、流体阻力小、结构简单、外形尺寸小、安装方便等优点被广泛使用，但其使用压力和工作温度范围小、密封性较差的缺点也较为明显，一般用于压力温度较低、对密封性能要求不高的管网系统。

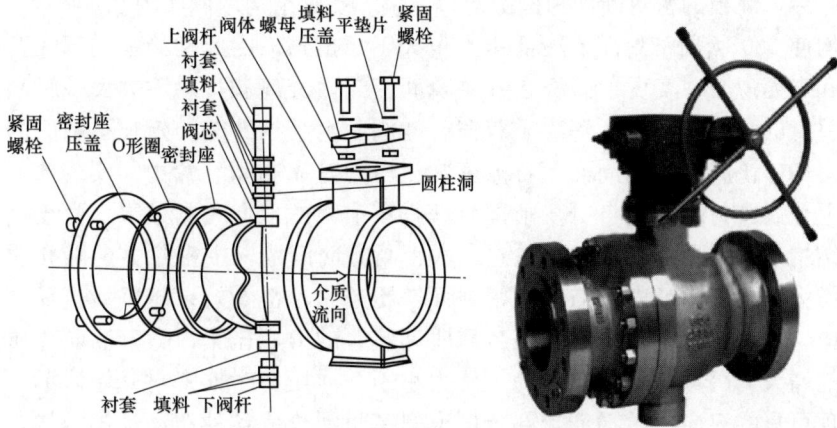

图 8-5　固定式球阀结构示例

（2）蝶阀的种类及构造。蝶阀主要由阀体、阀座、蝶板、阀杆、驱动装置组成。按照密封结构特征可分为同心、单偏心、双偏心、三偏心；按密封方向可分为单向和双向。现在供热管网大多使用的蝶阀多为双偏心和三偏心蝶阀。

1）双偏心蝶阀：其结构特征为阀杆中心与阀体中心和阀板密封中心相对偏心。双偏心结构使阀板球面与密封件面在开关时能迅速分离和接触，减轻阀板与密封件的摩擦扭矩力，降低了磨损，提高了阀门寿命。但是，阀板在开关 0~10° 范围内与阀板轴向上下两端附近密封面未能分开，仍处在滑动摩擦状态，此时扭矩较大，易造成该处擦伤、咬伤，从而能引起密封泄漏现象。从结构分析，双偏心属于单方向蝶阀，双偏心蝶阀结构示例如图 8-6 所示。

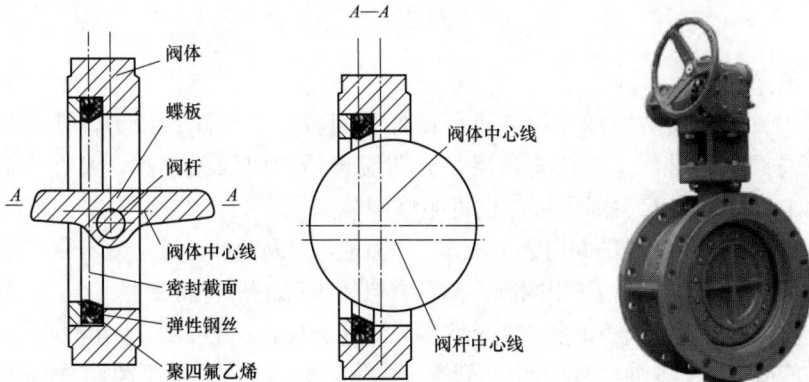

图 8-6　双偏心蝶阀结构示例

2）三偏心蝶阀：为解决双偏心蝶阀存在的问题，又对双偏心蝶阀进行了第三次偏心。其结构特征是在双偏心的基础上，增加阀圆锥密封基座中心线偏斜于阀体中心线，即由正圆锥形密封改为斜锥形密封。经过第三次偏心后，蝶板的密封断面为椭圆形，三偏心蝶阀结构示例如图8-7所示。该结构使360°圆周密封面上最低压力角大于摩擦角，因此杜绝了局部相互摩擦和卡死现象，实现了阀板在开关瞬间密封面分离和接触，大大减轻阀门开关时的摩擦扭矩力，解决了双偏心蝶阀密封结构缺陷，延长了阀门的使用寿命。该阀360°圆周面上各点密封正压力是靠驱动装置力矩实现的，理论上金属密封圈无须自身变形即可获得零泄漏的双向密封效果。由于其密封结构是斜锥形，所以，存在主、次密封方向问题。主密封方向随介质压力增大，阀板斜锥表面与阀座密封面挤压越紧，密封效果越好。当反方向受压时，阀板与阀座之间的密封靠驱动装置的力矩压紧，随着反向介质压力的增大，阀板与阀座之间的正压力小于介质压力时，密封开始泄漏。为实现可靠的双向密封功能，部分厂家把密封圈改成各种浮动补偿结构，这样阀门关闭时，随着驱动装置的力矩增大，还可以通过密封圈的变形来补偿密封效果不足问题。

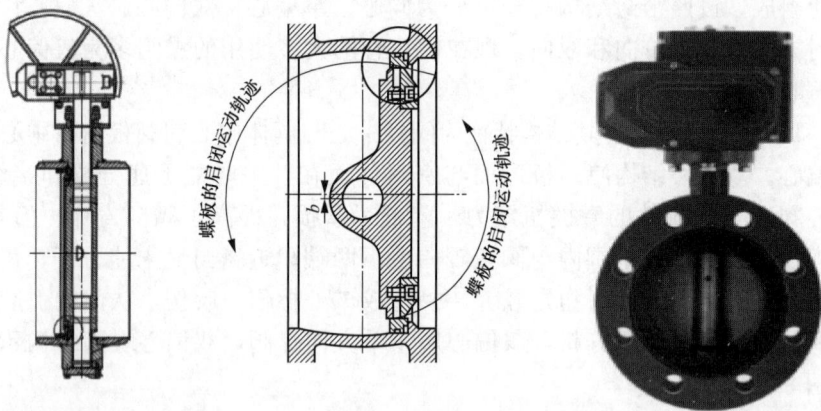

图 8-7　三偏心蝶阀结构示例

4. 截止阀

（1）截止阀的原理及用途。启动件为阀瓣，依靠阀杠压力，使阀瓣密封面与阀座密封面紧密贴合，阻止介质流通的阀门为截止阀，又称为截门阀。它在管路中起关断作用，也可粗略调节流量。

截止阀是最常用的阀门之一，其工作原理与闸阀相近，只是关闭件（阀瓣）沿阀座中心线移动。相对于闸阀，其具有启闭过程中密封面摩擦力小，比较耐磨；开启高度比闸阀小得多；制造容易，维修方便，压力等级适用范围广等优点，因而多用于各种参数的水、蒸汽、压缩空气、油路以及腐蚀性质的管路，但不宜用于黏度大、易结焦、易沉淀的介质管路，以免破坏密封面。

（2）截止阀的种类及构造。截止阀主要由阀体、阀盖、阀杆、阀瓣、阀座及驱动装置组成。按照结构形式分为直通式、直角式、直流式、平衡式。按照连接方式分内螺纹截止阀、外螺纹截止阀、法兰截止阀、卡套式截止阀。工程中一般使用法兰直通式（J41H）和内螺纹直通式（J11H）。

截止阀有方向性，不可接反，也不宜倒安。在人们的生产、生活中，过去常用直通式、小口径截止阀，现在已渐渐被球阀所取代。

1）法兰截止阀。法兰截止阀与传统多阀组件系统相比具有结构紧凑、质量轻等特点，从而降低了载荷和振动带来的应力，潜在漏点少、安装和维护时间短等优势。法兰截止阀启闭件是圆柱形的阀瓣，密封面呈平面或锥面，阀瓣沿流体的中心线做直线运动。法兰截止阀只适用于全开和全关，一般不用来调节流量。法兰截止阀的启闭速度较快，密封性极强，不易发生泄漏，适用性强，适用范围广。

法兰截止阀如图8-8所示。

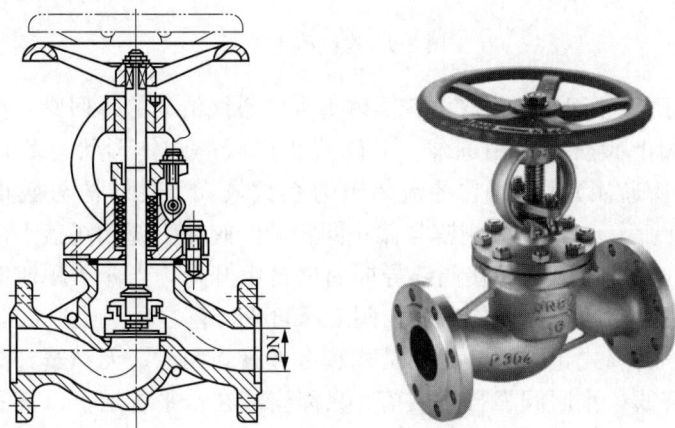

图8-8　法兰截止阀

2）螺纹截止阀。内螺纹截止阀具有结构简单、密封性好、流体阻力大、调节性能较差等特点。内螺纹截止阀的启闭件是塞形的阀瓣，密封面呈平面或锥面，阀瓣沿流体的中心线做直线运动。阀杆的运动形式，有升降杆式（阀杆升降，手轮不升降），也有升降旋转杆式（手轮与阀杆一起旋转升降，螺母设在阀体上）。螺纹管截止阀只适用于全开和全关，不允许作调节和节流。

5. 止回阀

（1）止回阀的原理及用途。启闭件为圆形阀瓣，能靠自身重量及介质压力产生动作来阻止介质逆流的阀门为止回阀，又称为逆止阀、单向阀、回流阀或隔离阀。止回阀是一种常用的起辅作用的阀门，一般用于水泵出口，与截止阀配合使用，如图8-9所示。

（2）止回阀的种类及构造。止回阀按照其连接方式的不同分为螺纹止回阀、法兰止回阀。按照结构的不同分为升降式和旋启式。升降式止回阀的介质从阀瓣下方往上流为开启，反之为关闭；旋启式止回阀的介质向阀瓣旋启方向流动为开启，反之为关闭。

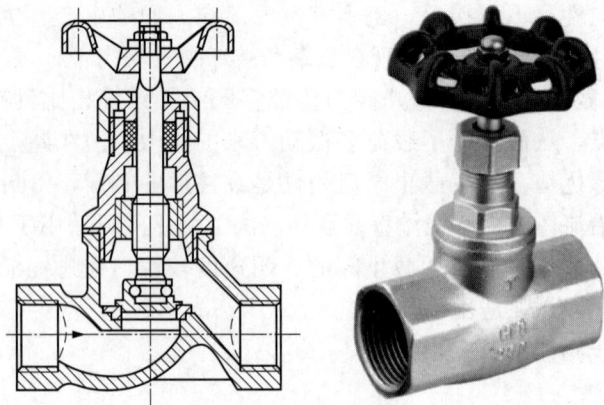

图 8-9　螺纹截止阀

1）升降式止回阀。阀瓣沿着阀体垂直中心线滑动的止回阀，在高压小口径止回阀上阀瓣可采用圆球。升降式止回阀的阀体形状与截止阀一样（可与截止阀通用），因此它的流体阻力系数较大。其结构与截止阀相似（如图 8-10 所示），阀体和阀瓣与截止阀相同。阀瓣上部和阀盖下部加工有导向套筒，阀瓣导向筒可在阀盖导向筒内自由升降，当介质顺流时，阀瓣靠介质推力开启，当介质停流时，阀瓣靠自垂降落在阀座上，起阻止介质逆流作用。升降式止回阀分无弹簧式和有弹簧式两种。无弹簧升降式（又称重力升降式）止回阀靠自重回落，只能安装在水平管道上，其密封性较好，噪声小，但介质流动阻力大。

图 8-10　升降式止回阀

a. 直通式升降式止回阀［如图 8-11（a）所示］。介质进出口通道方向与阀座通道方向垂直，升降式水平瓣止回阀只能安装在水平管道上，一般在公称通径 50mm 的水平管道上都可选用。

b. 立式升降式止回阀［如图 8-11（b）所示］。介质进出口通道方向与阀座通道方向相同，升降式垂直瓣止回阀只能安装在垂直管道上，其流动阻力比直通式小。

升降式比旋启式密封性好，流体阻力大。阻力值大小：直通式升降式止回阀＞立式升降式止回阀＞旋启式止回阀。

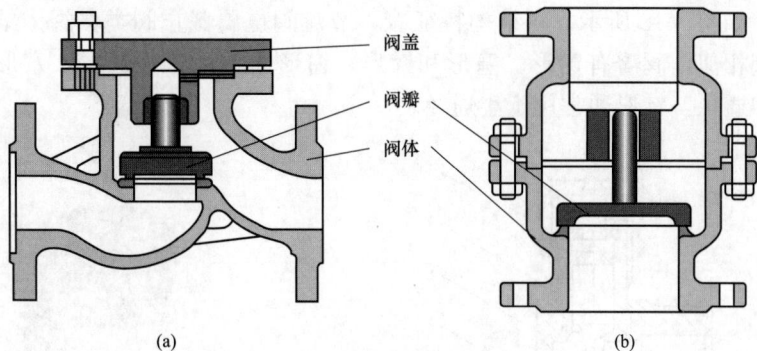

图 8-11　升降式止回阀

(a) 直通式；（b）立式

2）旋启式止回阀（如图 8-12 所示）。阀瓣呈圆盘状，绕阀座通道的转轴做旋转运动，按其口径的大小可分为单瓣或多瓣，单瓣一般用于 DN≤600mm，DN＞600mm 者为双瓣或多瓣，以减少阀门运行时的冲击力。因阀内通道成流线型，流动阻力比升降式止回阀小，适用于低流速和流动不常变化的大口径场合，但不宜用于脉动流，其密封性能不及升降式止回阀。旋启式止回阀安装时，仅要求阀瓣的销轴保持水平，因此可装于水平和垂直管道。当安装在垂直管道上时，介质的流向必须是由下向上流动，否则阀瓣会因自重而起不到止回的作用。

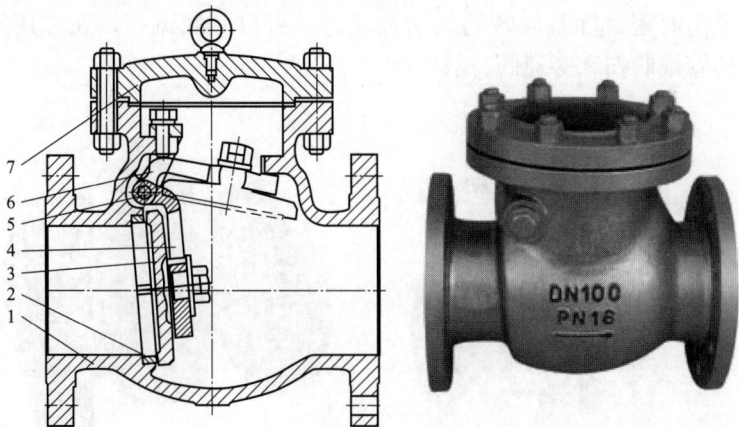

图 8-12　旋启式止回阀

1—阀体；2—阀座；3—阀瓣；4—摇杆；5—销轴；6—摇臂；7—阀盖

3）底阀。底阀也是止回阀的一种，其类型有升降式和旋启式两种，它专门用于水泵吸水管端，保证水泵启动，并防止杂质流入泵内，底阀的开启靠水泵工作的吸引力将阀瓣打开。

6. 节流阀

通过启闭件（阀瓣）来改变阀门的通路截面积，以调节流量、压力的阀门称为节流阀。节流阀起节流降压，使介质膨胀的作用，因此，也称膨

147

胀阀，如图 8-13 所示。从结构特征看，节流阀也属截止阀类，阀体结构与
截止阀相似，阀瓣有窗形、塞形和针形，窗形通常用于大通径，塞形通常
用于中通径，针形通常用于小通径。

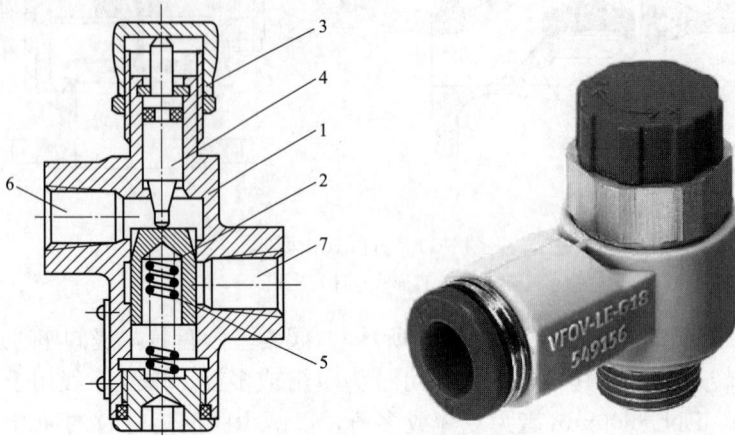

图 8-13 节流阀
1—阀体；2—阀芯；3—螺母；4—顶杆；5—复位弹簧；6—气口；7—旋塞阀

启闭件呈塞状，绕其轴线转动的阀门称为旋塞阀，旋塞阀的塞子中部
有一孔道，旋转 90°即可全开或全关，如图 8-14 所示。旋塞阀具有结构简
单、启闭迅速、操作方便、流动阻力小等优点，缺点是密封面维修困难，
在参数较高时密封性及旋转的灵活性较差，可以做截流用，通常用于管输
系统中的管线吹扫和旁通阀、放空阀。

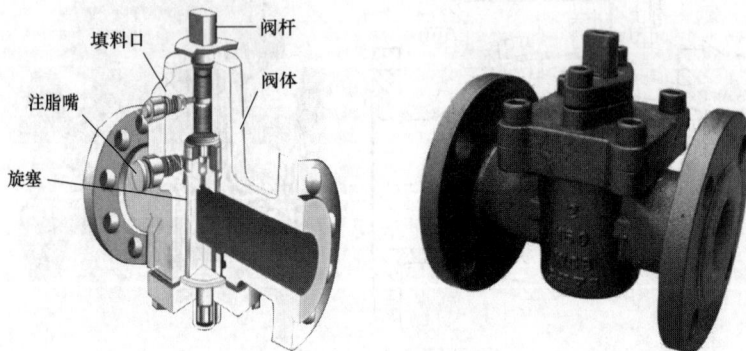

图 8-14 旋塞阀

7. 隔膜阀

启闭件为软质隔膜，由阀杆控制并沿阀杆轴线做上、下运动以切断介
质的阀门。具体隔膜阀结构如图 8-15 所示，隔膜阀用橡胶、塑料、搪瓷等
耐腐蚀材料做衬里。隔膜阀只有阀体和隔膜会与介质相接触，其他的阀杆
等并不会接触，因此常常用于卫生级管道环境和有着特殊介质接触规定的
环境。堰式隔膜阀和直通式隔膜阀的结构如图 8-15 所示。

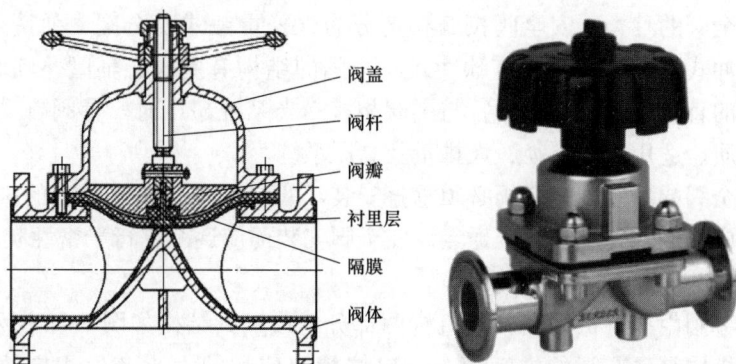

图 8-15　隔膜阀结构

8. 减压阀

减压阀是靠膜片、弹簧活塞等敏感元件改变启闭件（阀瓣）与阀座间的间隙，把进口压力减至需要的出口压力，并依靠介质本身的能量，使出口压力自动保持恒定的阀门。其结构如图 8-16 所示。

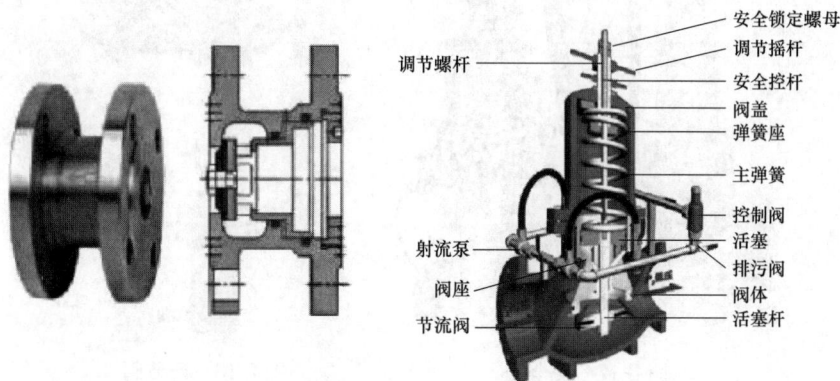

图 8-16　减压阀

减压阀根据敏感元件及结构不同可分为薄膜式、弹簧薄膜式、活塞式、波纹管式等。上述阀门只适用于空气、蒸汽等介质，而不适用于液体介质及含有固体颗粒的介质，用于不洁净的气体应加设过滤器。

减压阀的安装：减压阀前后设截止阀、压力表、旁通管，为防止减压阀失灵且又保证减压阀后管道在安全工作状态下工作，减压阀后还设置安全阀。由这些组件构成的减压装置称为减压阀组。不论何种减压阀，均应垂直安装在水平管道上。

9. 安全阀

当管道或设备内介质的压力超过规定值时，启闭件（阀瓣）不借助任何外力，自动开启排放一定量的流体，以防止系统内压力超过预定的安全值；当低于规定值时，自动关闭以阻止介质继续流出，对管道或设备起保护作用的阀门是安全阀，其结构如图 8-17 所示。

安全阀的种类：安全阀按其构造分为杠杆重锤式安全阀、弹簧式安全阀、脉冲式安全阀。其中，脉冲式安全阀的结构有主阀、辅阀。辅阀为口径很小的直接载荷式安全阀，与主阀相接。当系统超压时，辅阀首先开启，排出介质。适用于大口径、大排量及高压系统。

安全阀的安装：安全阀必须垂直安装，并应装设有足够截面的排气管，其管路应畅通，并通至安全地点。安全阀安装前应逐个进行严密性实验。

10. 调节阀

调节阀由执行机构和调节机构两部分组成，其结构如图 8-18 所示。其中执行机构是调节阀的推动部分，它按控制信号的大小产生相应的推力，通过阀杆使调节阀阀芯产生相应的位移。调节机构是调节阀的调节部分，它与调节介质直接接触，在执行机构的推动下，改变阀芯与阀座间的流通面积，从而达到调节流量的目的。

图 8-17　安全阀　　　　　　　图 8-18　调节阀

调节阀选择时必须注意阀门的工作压力和阀门最大允许压差（即保证正常开启和关闭时所允许的阀门两端最大压降）。通常，最大允许关闭压差会随着选配不同的执行器而有所不同，也和阀本身的结构有关。根据阀门介质种类的要求，选择不同的阀门部件材料，同时，阀门的介质温度范围应符合要求。

调节阀的安装：在一般的情况下，调节阀应安装在水平管道上，且执行机构应高于阀体，以防止水进入执行器。

11. 排气阀

系统的水被加热时，会分离出空气。在大气压力下，1kg 水在 5℃时，水中的含气量超过 30mg，而加热到 95℃时，水中的含气量只有 3mg。此外，在系统停止运行时，通过不严密处会渗入空气，充水后，也会有些空气残留在系统内。系统中如积存空气，就会形成气塞，影响水的正常循环。

热水供暖系统排除空气的设备可以是手动的，也可以是自动的。国内目前常见的排气阀门，主要有自动排气阀和冷风阀等。

（1）自动排气阀［其结构如图 8-19（a）所示］。目前国内生产的自动排气阀形式较多。它的工作原理很多都是依靠水对浮体的浮力，通过杠杆机构传动，使排气孔自动启闭，实现自动排气的功能。

（2）冷风阀［其结构如图 8-19（b）所示］。冷风阀多用于水平式和下供下回系统中，它旋紧在散热器上部专设的丝孔上，以手动方式排除空气。

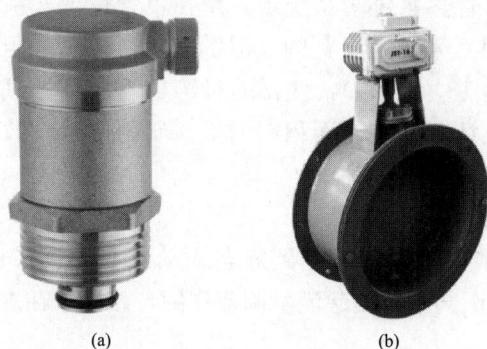

图 8-19　排气阀门
（a）自动排气阀；（b）冷风阀

12. 锁闭阀

锁闭阀（其结构如图 8-20 所示）是随着既有建筑采暖系统分户改造工程与分户采暖工程的实施而出现的，既有建筑采暖系统分户改造工程常采用三通型，分户采暖工程常采用两通型。主要作用是关闭功能，是必要时采取强制措施的手段。阀芯可采用闸阀、球阀、旋塞阀的阀芯，有单开型锁与互开型锁。有的锁闭阀不仅可关断，还具有调节功能。此类型的阀门可在系统试运行调节后，将阀门锁闭。既有利于系统的水力平衡，又可避免由于用户的"随意"调节而造成失调现象的发生。

图 8-20　锁闭阀

13. 散热器温控阀

散热器温控阀是一种自动控制散热器散热量的设备，结构如图 8-21 所示，它由两部分组成。一部分为阀体部分，另一部分为感温元件控制部分。当室内温度高于给定的温度时，感温元件受热，其顶杆就压缩阀杆，将阀口关小，进入散热器的水流量减小，室温下降。当室内温度降低于设定值时，感温元件开始收缩，其阀杆靠弹簧的作用，将阀杆抬起，阀孔开大，水流量增大，散热器散热量增加，室内温度开始升高，从而保证室温处在设定的温度值上。温控阀控温范围在 $13\sim28℃$ 之间，控温误差为 $\pm1℃$。

散热器温控阀具有恒定室温、节约热能的优点。在欧美国家得到广泛应用。主要用在双管热水供暖系统上。用在单管跨越式系统上，从工作原理（感温元件作用）来看是可行的。但散热器温控阀的阻力过大（阀门全开时，阻力系数达 18.0 左右），使得通过跨越管的流量过大，而通过散热器的流量过小，设计时散热器面积需增大。研制低阻力散热器温控阀的工作，在国内仍有待进一步开展。

14. 平衡阀

平衡阀是在水力工况下，起到静态或动态平衡调节的阀门，结构如图 8-22 所示。平衡阀主要是起流量调节作用，相当于在水系统中的一个阻力元件。

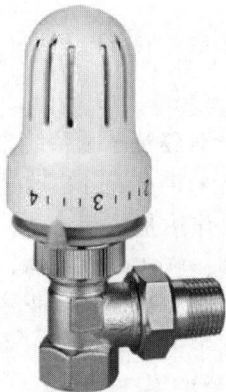

图 8-21　散热器温控阀　　　　图 8-22　平衡阀

采用平衡阀的水管路系统可以按设计工况进行流量调节，平衡阀的调节性能比手动流量调节阀好，具有等百分比调节性能，阀门进出口侧设有供测压力差的接头旋塞阀。

液体平衡阀可以安装在用户引入口的供回水管道上，也可以安装在热网分支环路上。

（二）热网系统中常用阀门分布

热力网管道干线应装设分段阀门，输送干线分段阀门的间距宜为 2000～3000m。多热源供热系统热源间的连通干线、环状管网环线的分段阀应采用双向密封阀门。

热网输送干线沿程阀门应采用三偏心硬质密封蝶阀，每组蝶阀安装在对应的阀门井内；系统的放水、放气门的设置为高点放气、低点放水，放水门、放气门安装在阀门井内。如管网最高点处无阀门井，则在最高点处应单独建放气门操作井，同理，如管网最低点处无阀门井，则在最低点处单独建放水门操作井，其中，井内阀门组阀前安装排气门、门后安装放水阀。

供、回水循环泵出入口和除污器出入口处一般使用的是大口径蝶阀；板式换热器出口管道处一般使用的是调节阀；管道排空、疏放水处一般使用的是闸阀、球阀；除污器顶部一般使用的是安全阀。

换热站循环泵出口一般最常用的是蝶阀和闸阀，根据热力管网的压力大小选用规格；换热站到用户室外一般最常用的是闸阀和蝶阀，需要加流量阀的时候要考虑加装流量阀，泄水阀门一般选用小的铸铁闸阀；用户室内一般使用黄铜球阀或者黄铜闸阀，需要加泄水阀可以选用黄铜球阀或者黄铜闸阀；压力表和温度计或者传感器使用的阀门一般自带，按照配套选取。

当工作压力大于或等于 1.6MPa 且公称直径大于或等于 500mm 的管道上的主阀应安装旁通阀。旁通阀的直径可按阀门直径的 1/10 选用。

当供热系统补水能力有限需控制管道充水流量时，管道阀门应装设口径较小的旁通阀作为控制阀门；当动态水力分析需延长输送干线分段阀门关闭时间以降低压力瞬变值时，宜采用主阀并联旁通阀的方法解决。旁通阀直径可取主阀直径的 1/4。主阀和旁通阀应联锁控制，旁通阀必须在开启状态主阀方可进行关闭操作，主阀关闭后旁通阀才可关闭。

公称直径大于或等于 500mm 的阀门，宜采用电动驱动装置。由监控系统远程操作的阀门，其旁通阀也应采用电动驱动装置。

第二节 热网系统常用阀门维护与检修

一、阀门的日常维护

对阀门的维护，可分为保管维护和使用维护两种情况。

（一）阀门的保管维护

（1）阀门保管不当，是阀门损坏的重要原因之一。

（2）阀门保管，不能乱堆乱垛，小阀门放在货架上，大阀门可在库房地面上整齐排列，不要让法兰连接面接触地面。保护阀门不致碰坏。

（3）短期内暂不使用的阀门，应取出石棉填料，以免产生电化学腐蚀，损坏阀杆。

（4）对刚进库的阀门，要进行检查，如在运输过程中进了雨水或污物，要擦拭干净，再予存放。

（5）阀门进出口要用蜡纸或塑料片封住，以防异物进入阀门内部。

（6）对能在大气中生锈的阀门加工面要涂防锈油，加以保护。

（7）放置室外的阀门，必须盖上油毡或苫布之类防雨、防尘物品。存放阀门的仓库要保持清洁干燥。

（二）阀门的使用维护

（1）阀杆螺纹经常与阀杆螺母摩擦，要涂一点黄油或石墨粉，确保其润滑。

（2）不经常启闭的阀门，要定期转动手轮，对阀杆螺纹加润滑剂，以防锈蚀。

（3）室外阀门，要对阀杆加保护套，以防雨、雪、尘土锈污。

（4）如阀门是机械传动，要按时对变速箱添加润滑油并保持阀门的清洁。

（5）不要依靠阀门支持其他重物，不要在阀门上站立。

（6）阀杆，特别是螺纹部分，要经常清洁并添加新的润滑剂，防止尘土中的硬杂物磨损螺纹和阀杆表面，影响使用寿命。

二、阀门的安全操作

对于阀门，不但要会维护管理，而且要会规范操作。

（一）手动阀门的开闭

手动阀门是使用最广的阀门，它的手轮或手柄，是按照普通的人力来设计的，考虑了密封面的强度和必要的关闭力，因此不能用长杠杆或长扳手来扳动。不要用力过大过猛，否则容易损坏密封面或扳断手轮、手柄。

（1）启闭阀门，用力应该平稳，不可冲击。某些冲击启闭的高压阀门各部件已经考虑了这种冲击力与一般阀门不能等同。

（2）当阀门全开后，应将手轮倒转少许，使螺纹之间严紧，以免松动损伤。

（3）对于明杆阀门，要记住全开和全闭时的阀杆位置，避免全开时撞击上死点，并便于检查全闭时是否正常。假如阀瓣脱落或阀芯密封之间嵌入较大杂物，全闭时的阀杆位置就要变化。

（4）管路刚开始用时，内部脏物较多，可将阀门微启，利用介质的高速流动，将其冲走，然后轻轻关闭（不能快闭、猛闭，以防残留杂质夹伤密封面），再次开启，如此重复多次，冲净脏物，再投入正常工作。

（5）常开阀门，密封面上可能粘有脏物，关闭时也要用上述方法将其冲刷干净，然后正式关严。

（6）如手轮、手柄损坏或丢失，应立即配齐，不可用活络扳手代替，以免损坏阀杆四方，启闭不灵，以致在生产中发生事故。

（7）操作时，如发现操作过于费劲，应分析原因。若填料太紧，可适当放松；如阀杆歪斜，应通知人员修理。有的阀门，在关闭状态时关闭件受热膨胀，造成开启困难，如必须在此时开启，可将阀盖螺纹拧松半圈至一圈,消除阀杆应力,然后扳动手轮。

(二)手动阀门开闭注意事项

(1)检修人员操作阀门时,应站在阀门的一侧,尤其是操作高温高压阀门时,严禁将身体正对着阀门操作,以防阀门盘根汽水泄漏烫伤或射伤工作人员。

(2)开关阀门时,只允许人力徒手操作,DN125以下的阀门一人操作,大于DN125的阀门不得超过两人操作,如开、关不动应设法寻找并消除障碍,禁止强开、强关。

(3)所有阀门手轮,不准用带有油质棉丝擦拭,以免操作时打滑伤人。

(4)天气寒冷时,水阀长期闭停,应将阀后积水排除。汽阀停汽后,也要排除凝结水。阀底如有丝堵,可将它打开排水。

(5)非金属阀门,有的硬脆,有的强度较低,操作时,开闭力不能太大,尤其不能使猛劲。还要注意避免物件磕碰。

(6)新阀门使用时,填料不要压得太紧,以不漏为度,以免阀杆受压太大,加快磨损,而又启闭费劲。

三、阀门设备的检修项目

(一)阀门检修周期

(1)水泵出、入口门和逆止门随水泵检修周期进行检修。

(2)一次热网管路所有阀门每年解体检修一次。

(3)当年不解体检修的阀门,在非供暖检修期间需做详细检查,更换盘根做好维护工作。

(二)阀门检修项目

1. 阀体外观检查

(1)阀体与阀盖表面有无裂纹、砂眼、冲刷吹损等缺陷,门盖密封面是否平整,有无凹、凸麻点和径向沟槽等缺陷。

(2)各螺栓、螺母完好,配合灵活;合金钢螺栓硬度符合要求。

2. 传动装置检查

(1)各轴承滚珠、滚道应无麻点、腐蚀、剥皮等缺陷。

(2)传动装置动作灵活,各配合间隙正确,手轮完整无损。

3. 阀杆、阀芯、阀座密封检查

(1)阀芯、阀座密封面有无锈蚀、裂纹、磨损、冲刷吹损等缺陷。

(2)阀杆弯曲度不超过 $0.1\sim0.25$mm,即阀杆弯曲应小于阀杆直径的 $3‰$,椭圆度不超过 $0.08\sim0.05$mm,光洁面无锈蚀、磨损、磨蚀,阀杆螺纹完好,与阀杆螺母配合灵活不松旷。

(3)填料室(如有)内壁无腐蚀、砂眼,压盖无变形,与阀杆间隙适当,一般为 $0.1\sim0.2$mm。

(4)阀杆密封垫或密封圈(如有)无变形、老化。

4. 阀门（闸阀、截止阀）盘根及盘根室的检修

针对二次热网阀门较为繁杂，末级站采用较多的闸阀、截止阀的检修进行规范，闸阀、截止阀的检修重点为每年检修期内解体检查阀门的填料，具体如下：

（1）盘根及盘根室的清理。

1）掏盘根时应使用专用的掏盘根钩，用榔头轻轻将盘根钩打入再往外掏，在掏盘根时一定要专心，以防用力过猛，盘根钩伤及眼睛，在掏时可边掏边活动一下阀杆。

2）部分高压阀门，盘根不好掏时，可将门盖拆下，退出阀杆，用盘根钩将盘根全部清理出去。

3）将盘根室内外壁清理干净，除去内外壁、压兰、阀杆上的污垢、锈垢、干铅粉块，用砂布打磨光滑，盘根室底部应平整，底下有盘根垫圈。

4）一般情况下，压兰与阀杆的间隙为 0.4～0.5mm，盘根室底部与阀杆的间隙为 0.4～0.5mm，压兰与盘根室之间应以滑动配合为好。

阀杆与盘根垫圈/阀杆与盘根压兰（压圈）的径向总间隙见表 8-11。

表 8-11　阀杆与盘根垫圈/阀杆与盘根压兰（压圈）的径向总间隙　　mm

阀杆直径	公称压力 $p_g>100MPa$ 的阀门	公称压力 $p_g\leqslant64MPa$ 的阀门
10～18	0.7～0.43	0.10～0.48
18～16	0.8～0.46	0.14～0.56
16～50	0.9～0.50	0.20～0.67
50～50	—	0.40～0.80

（2）阀门（闸阀、截止阀）盘根的更换。针对目前二次热网普遍运行温度及压力，阀门盘根的更换本教材推荐使用柔性石墨盘根。也可根据各热力公司管网系统的压力及温度，选择合适的石棉盘根进行更换，更换步骤如下：

1）盘根室填盘根应根据需要采取合适的盘根，一般情况下所用的盘根应比阀杆与盘根室间隙大 1～2mm，剪口时应特别注意接口斜度为 45°，且必须确保没有空隙及重叠现象。

2）使用螺丝刀紧压盘根外边，将其装入盘根室，不可使用可能在盘根上形成孔尖的尖针。

3）盘根应一圈一圈压入，盘根接口为 45°斜口搭接，且每两圈盘根的接口应错开 90°～180°，压兰与阀杆周围间隙要均匀。

4）盘根压兰螺栓，密封座上的预紧螺栓应光滑、灵活，在紧的时候应防止紧偏造成泄漏。

5）低压阀门在紧盘根时不可用力过大，以免压兰或螺栓的耳朵紧坏。

6）在填完盘根后应试验阀门开关灵活，无卡住，做水压试验时无泄漏。

四、阀门设备的检修工艺

（一）检修的质量标准

阀门检修工艺及质量标准见表 8-12。

表 8-12　阀门检修工艺及质量标准

序号	检修项目	工艺步骤	质量标准
1	进、出口法兰垫片检查更换	（1）螺栓清理，确认螺栓无损伤。 （2）确认垫片无泄漏	螺栓无损伤，紧固到位，垫片完好，法兰无泄漏
2	传动涡轮箱检查补油，涡轮箱与传动装置连接部位有无松动	检查传动涡轮箱无缺油，润滑正常，涡轮箱与传动装置无松动	传动涡轮箱无缺油，润滑正常，涡轮箱与传动装置无松动
3	门盖、阀杆传动丝母检查、补油	（1）检查各轴承滚珠、滚道应无麻点、腐蚀、剥皮等缺陷。 （2）检查传动装置动作灵活，各配合间隙正确，手轮完整无损	丝母无缺油、无丝扣损坏现象，开关灵活
4	检查填料、填料压紧螺栓	检查填料有无泄漏，检查填料压紧螺栓有无断裂、滑丝	填料无泄漏，填料压紧螺栓无锈蚀、无咬丝现象，紧、松螺栓无卡涩

（二）检修前的准备

（1）根据设备实际情况确定检修项目及重点。

（2）准备好需要更换的备品配件，备品配件要符合图纸要求。

（3）准备好检修中需要的工具、材料等，使用工具应符合安全工作规程的规定。

（4）办理好工作票手续。

（三）阀门的解体

（1）清除阀门外部污垢。

（2）做好各部装配相对位置记号，将阀门开启在中间位置。

（3）拆下传动装置或手轮螺母，取下传动装置。

（4）拆卸阀门压盖，取出卡簧（如有）。

（5）拆下门盖，取出填料或垫片等密封件。

（6）拆除阀杆与阀芯的定位销，旋出阀杆，取下阀芯，妥善保管。

（7）拆下螺纹套筒和平面轴承。

（四）阀门的组装

（1）阀门的组装可按阀门的解体步骤反向进行。

（2）阀门组装完毕后，做开关试验，动作应灵活，电动阀门应做电动开关试验，并整定中断开关位置，中断后应留有 4～5 圈阀杆行程，供手动操作。

（五）阀门检修的注意事项

（1）解体阀门前应确信内部已无存汽、存水或无压力。

（2）各部零件应保管好，防止检修过程中丢失和碰伤。

（3）阀门检修当天不能完成时，应采取措施，以防管道掉进东西。

（4）做好检修前后的各原始记录。

（5）拆下的阀门检修前可先做阀门的严密性试验，检查底口是否泄漏。泄漏或密封面损伤时应进行研磨，但不能用阀头和阀座直接研磨。

（6）电动门在检修前应切断电源，揭门盖检修时，解体前应使阀门处于开启状态。

五、阀门的更换

新更换的阀门应有出厂合格证或检修单位试验合格证。新阀门安装前应进行检查并经严密性及压力试验合格后方能安装使用。

（一）阀门严密性试验

在阀门关闭的情况下，按照通用阀门压力试验标准中规定的压力值。对于工作压力较低的管路上的阀门，试验压力也可采用 1.5～2 倍工作压力进行耐压试验，不渗漏，压力表无压降。要求阀门的两侧轮流承压、分别检测，且多次启闭达到相同效果。

阀门的操作灵活性。在单人多次对阀门启闭的情况下，仍然灵活轻便。

（二）阀门的压力试验

阀门的压力试验包括试压、试漏两项。试压指的是阀体强度试验，试漏指的是密封面严密性试验，这两项试验是对阀门主要性能的检查。试验介质一般是常温清水，重要阀门可使用煤油。阀门强度试验压力与公称压力的关系见表 8-13。

表 8-13　阀门强度试验压力与公称压力的关系　　　　　　　MPa

公称压力	强度试验压力	公称压力	强度试验压力
0.1	0.2	1	1.5
0.25	0.4	1.6	2.4
0.4	0.6	2.5	3.8
0.6	0.9	4	6

1. 试验方法

试压试漏在试验台上进行。试验台上面有一压紧部件，下面有一条与试压泵相连通的管路。将阀压紧后，试压泵工作，从试压泵的压力表上，可以读出阀门承受压力的数值，试压阀门充水时，要将阀内空气排净。试验台上部压盘，有排气孔，用小阀门开闭。空气排净后，排气孔中出来的全部都是水。关闭排气孔后，开始升压。升压过程要缓慢，不要急剧，达到规定压力后，保持 3min，压力不变为合格。

试压试漏程序可以分三步：

（1）打开阀门通路，用水（或煤油）满阀腔，并升压至强度试验要求压力，检查阀体阀盖、垫片、填料有无渗漏。

（2）关闭阀路，在阀门一侧加压至公称压力，从另一侧检查有无渗漏。

（3）将阀门颠倒过来，试验相反一侧。进行压力试验时，操作人员要远离被试验的阀门，防止阀门质量不好发生爆裂而伤及人员。

2. 阀门安装前应进行的外观检查

（1）零件应无缺损、裂纹、砂眼，尤其阀杆在运输过程中，最易撞歪，因此安装前要转动几下，观察是否歪斜，同时还要清除阀内的杂物并保持通道干净。

（2）阀门法兰孔与管道法兰孔应一致。

（3）阀门法兰面应无径向沟纹，水线应完好。

（4）阀门安装前应核对型号，并根据介质流向及工作原理确定其安装方向。

（5）截止阀的阀腔左右不对称，流体由下而上通过阀口，这样流体阻力小（由形状所决定），开启省力（因介质压力向上），关闭后介质不压填料，便于检修。

（6）闸阀不能倒装（即手轮向下），否则会使介质长期留存在阀盖空间，容易腐蚀阀杆，同时更换填料极不方便。明杆闸阀不能安装在地下，否则会由于潮湿而腐蚀外露的阀杆。

（三）阀门的安装

1. 阀门安装的位置

阀门安装的位置必须方便于操作，即使安装暂时困难些，也要为操作人员的长期工作考虑。阀门手轮的安装高度最好与胸口取齐，一般距离操作地面1.2m高，这样开闭阀门比较省劲。落地阀门手轮要朝上，不要倾斜，以免操作别扭；靠墙及靠设备的阀门，也要留出操作人员站立空间，要避免仰天操作。

2. 焊接式阀门安装的一般要求

（1）在切除旧的焊接阀门时，应确保阀体完整。阀门两端应留有150～200mm管段。

（2）焊按时应符合下列要求：

1）焊接前蝶阀应关闭阀板；球阀应处于开启状态；高压注水阀门应把阀体打开，把胶皮垫圈挑出，防止胶圈被烫坏。焊接时电焊机接地线必须搭接在同侧焊口的钢管上，防止电流穿过阀体损伤密封面。

2）焊接后阀门的边缘应与管道的边缘连成一圆周。

3）焊接过程中应采取相应措施减少焊接应力。

4）安装在立管上的阀门时，应向已关闭的阀板上方注入不少于10mm的水；安装在水平管道上的阀门，要垂直向上，水平向上或向下倾斜45°，其中心线要尽量取齐。

5）焊接方式及焊条应根据阀体材料选择或由阀门供货厂家推荐。

6）完成焊接后，所有飞溅物应清理干净，并进行 2～3 次完全的开启以检查阀门是否能正常工作。

（四）阀门的填料更换

阀门在经过一段时间的使用，达到了一定的操作次数，或者库存阀达到了一定的期限，有的填料已不好使，有的与使用介质不符，这就需要更换填料。阀门制造厂无法考虑使用单位的不同介质，填料函内总是装填普通盘根，但使用时必须让填料与介质相适应。

在重换填料时，要一圈一圈地压入。每圈接缝以 45°为宜，圈与圈接缝错开 180°。填料高度要考虑压盖继续压紧的余地，同时又要让压盖下部压入填料室适当深度，此深度一般可为填料室总深度的 10%～20%。

对于要求高的阀门，接缝角度为 30°，圈与圈之间接缝错开 120°。

除上述填料之外，还可根据具体情况，采用橡胶 O 形密封环（天然橡胶耐 60℃以下弱碱，丁腈橡胶耐 80℃以下油品，氟橡胶耐 150℃以下多种腐蚀介质）、三件叠式聚四氟乙烯圈（耐 200℃以下强腐蚀介质）、尼龙碗状圈（耐 120℃以下氨、碱）等成形填料（如现在已经广泛使用的小口径的球阀，即采用管状聚四氟乙烯密封环）。在普通石棉盘根外面，包一层聚四氟乙烯生料带，能提高密封效果，减轻阀杆的电化学腐蚀。

在压紧填料时，要同时转动阀杆，以保持四周均匀，并防止太死，拧紧要用力均匀，不可倾斜。

六、阀门常见故障及消除方法

阀门常见故障及消除方法见表 8-14。

表 8-14　阀门常见故障及消除方法

序号	故障	原因	处理方法
1	密封面泄漏	关闭不严	重新开关
		有异物卡住	将阀门开启冲洗再关严
		密封面有坑沟或研磨偏了	重新研磨密封面
		闸板阀门和阀座的衬垫调整得太高或太低，密封面吻合在一起	检查调整衬垫
		阀瓣或阀座密封面有裂纹或焊缝有砂眼	更换阀座、阀瓣或补焊或更换阀门
2	阀盖法兰结合面漏	垫圈质量不好	更换垫圈
		结合面不好，有坑沟	修复结合面，消除坑沟
		阀盖螺母紧力不够或紧偏斜	重新紧固螺母，使四周间隙一致
		操作人员关门用力过大	阀门关严即可，力不要太大
		工质温度突然变化	保证运行中工质温度稳定

续表

序号	故障	原因	处理方法
3	填料漏泄	填料质量不好	更换合格的填料
		填料加入数量少，填料压兰紧力不够	增加合适数量的填料，再次紧固填料压兰螺栓
		阀杆质量不好，弯曲或腐蚀	更换新阀杆
		加入填料方法不对	按正确的方法加装填料
4	噪声	阀杆与阀杆螺母丝扣咬死	更换新阀杆和阀杆螺母
		阀杆与填料压盖座圈间隙过小或锈住	修理压盖座圈孔径，用砂布打光阀杆
		填料压盖紧扁螺母，紧力不均	调整压盖螺母紧力
		阀杆丝扣部分弯曲	更换新阀杆

第九章　电极式锅炉及背压式汽轮发电机组

第一节　概　述

在能源结构调整和控制煤炭消费总量、淘汰落后产能、碳达峰的大背景下，热电行业就如何发掘潜力，突破发展障碍，进而实现转型升级和高质量发展，成为行业和社会关注的焦点。其中电极锅炉蓄热技术与背压式汽轮发电机组的能量梯级利用在热网系统中作为备用热源与能量梯级利用设备应用前景十分广阔。本章主要向读者介绍热网系统中电极式锅炉与背压汽轮发电机组的应用及主要性能、结构、运行和维护等内容。

电极锅炉蓄热储能技术是指利用低谷电力加热水，以显热或者潜热的形式将热能在蓄热罐中储存起来，在用电高峰期间将存储的热量释放出来以满足大面积供暖或外供工业蒸汽等其他用热的需要，均具有能量转换效率高、无环境污染、调节控制便利等优点。电极锅炉蓄热适用于发电厂端，能够大幅度提高机组灵活调节能力，其分布式储热的灵活电加热方式可以完全实现低谷储热供热，提高电网低谷调峰能力，电极式锅炉系统原理图如图 9-1 所示。

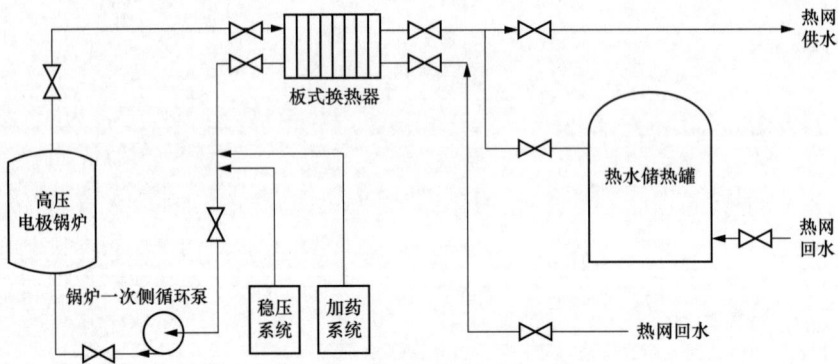

图 9-1　电极式锅炉系统原理

电极式锅炉有响应能力迅速、噪声小、全自动、清洁和环保等主要特点，电极式锅炉蓄热供暖可以充分利用低谷电储蓄能量、削峰填谷、节约电能，在风电、光伏等发电波动性和不确定环境下，通过优化供热出力安排和及时调整电能消费，使得电供暖系统尽可能运行在弃风、弃光时段或者供给充裕时段（在市场环境下必然体现为低电价时段），尽量降低供热的电能消费成本，保证电转热供热系统的经济性。

电极式锅炉是电转热技术的典型应用，作为电力和热力系统的耦合环节，能够为电力系统提供灵活性的重要需求侧储能资源。其投资成本相对低廉，能耗大、技术成熟度高且具有储能能力，在较低的运行小时数下即可收回投资成本，适合参与电力资源调度及为电力系统提供多种辅助服务。

背压式汽轮发电机组能量梯级利用是将用于加热热网加热器的抽汽，先进入背压式汽轮发电机组，发电机发出的电为热电厂厂用系统提供电源，从而降低厂用电，实现供热能源梯级利用，背压式汽轮发电机组的排汽进入相应的热网加热器加热热网循环水。

背压式汽轮发电机组排汽压力高，通流部分的级数少，结构简单，同时不需要庞大的凝汽器和冷却水系统，机组轻小，造价低。它的排汽全部用于供热，热能得到充分梯级利用，但这时汽轮机的功率与供热所需蒸汽量直接相关，因此不可能同时满足热负荷和电（或动力）负荷变动的需要，因此它适用于热负荷相对稳定的场合。

这种机组的主要特点是设计工况下的经济性好，节能效果明显。另外，它的结构简单，投资省，运行可靠。主要缺点是发电量取决于供热量，不能独立调节来同时满足热用户和电用户的需要，变负荷适应能力差。因此，背压式汽轮发电机组多用于热负荷全年稳定的企业自备电厂或有稳定的基本热负荷的区域性热电厂。

第二节　电极式锅炉

一、电极式锅炉的分类

电极式锅炉除具有环保、清洁、无污染、无噪声、全自动、占地小、易于维护与保养、寿命长等一般特点之外，还有快速响应调节的突出特点，因此，越来越受到供热运营商或个体热用户的认可。电极式锅炉一般采用电厂的除盐水，除盐水的电导率（25℃时）一般较小，不易导电。因此，锅炉内必须加入一定的电解质，使得锅水具有一定的电阻，才能使其导电。并且，出于安全考虑，为避免击穿等事故的发生，电导率应存在上限。电极式锅炉利用水的高热阻特性，直接将电能转换为热能。

电极式锅炉主要有喷射式电极锅炉与浸没式电极锅炉两种。

（1）喷射式电极锅炉：主体结构（如图9-2所示）是一个大型的压力容器，在容器上部装有一个储水容器，储水容器周围垂直地安装着电极。容器底部储有处理过的锅水，锅水通过循环水泵输送到储水容器之中，并通过容器壁四周的喷嘴喷出至周围的高压电极上，沿电极向下流动，高压电流使得水加热蒸发，产生蒸汽。

（2）浸没式电极锅炉：主体结构（如图9-3所示）分为内、外筒两个区域，位于炉外的循环水泵向锅炉外筒输送经过处理的除氧水，炉内的循环水泵将外筒中的水输送至内筒，内筒的炉水在高压电极的作用下变成热水或蒸汽。通过调控外筒补水控制高压电极的浸没深度，从而调节锅炉的输出功率。

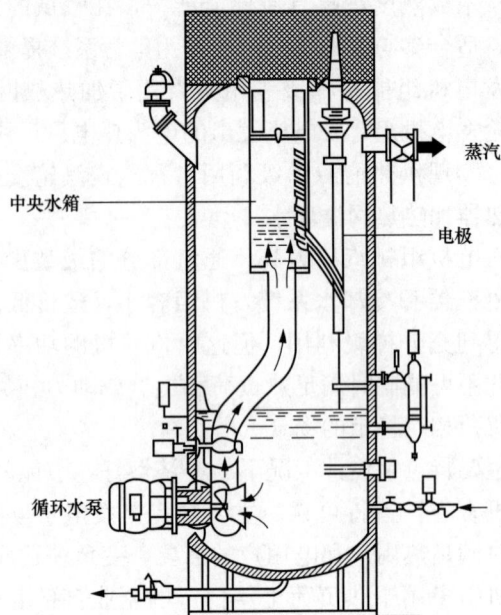

图 9-2　喷射式电极锅炉

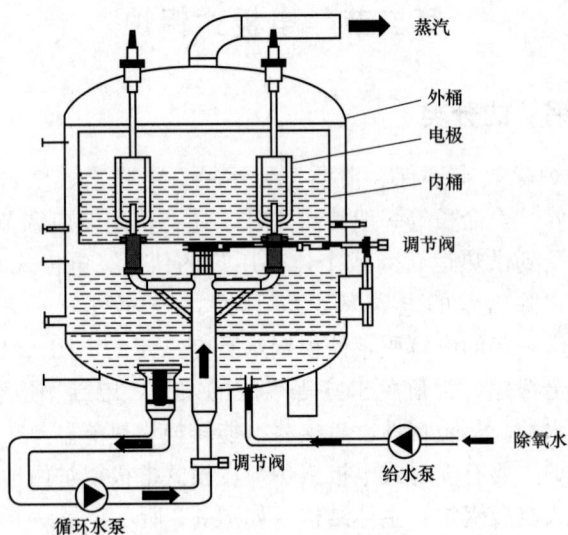

图 9-3　浸没式电极锅炉

两种电极式锅炉的差异主要表现在以下几个方面。

（一）结构不同

两种电极式锅炉结构实现的方式有较大的区别，由此造成两者的循环水量有较大差异。浸没式电极锅炉的循环水量主要是补充蒸发损失的水量，因此水量较少；而喷射式电极锅炉是依靠喷射的水量来维持加热功率，因此水量需求较大，大功率的水量甚至达到 $1000m^3/h$ 以上。

（二）接触面积不同

两种电极式锅炉与锅水的接触面积不同，其电阻差别较大，因此对锅水电导率的要求不同。喷射式电极锅炉电导率一般是浸没式电极锅炉的十几倍。

（三）绝缘要求不同

两种电极式锅炉的绝缘要求不同，浸没式电极锅炉的电极直接与锅水接触，因此要求与电极接触的锅水部分与锅炉金属筒体绝缘隔离，而喷射式电极锅炉不存在这方面的要求。

（四）电源要求不同

两种电极式锅炉对电源要求不同，浸没式电极锅炉三相电极基本处于对称状态，因此对进线电源没有特殊要求，而喷射式电极锅炉三相不对称运行加热，因此要求进线为三相四线中性点接地。

（五）蒸汽品质不同

两种电极式锅炉的蒸汽品质不同，蒸汽一般不溶解盐，只要循环水中含有盐，在相同的蒸汽湿度下，喷射式电极锅炉蒸汽中含盐量高于浸没式电极锅炉。

喷射式电极锅炉通过调节水泵的频率，通过水量调节汽缸上下位移，进而调节喷射水柱量，控制负荷升降；超高温电弧容易造成水分解，产生 H_2 和 O_2，安全系数相对较低。

二、电极式锅炉的结构与原理

电极式锅炉的工作方式与传统的电锅炉有着很大的区别，传统的电锅炉的加热方式为电阻式加热，即通过电热管来加热锅水，而电极式锅炉则是通过将高压的电极直接作用于具有一定阻值的锅水，从而产生热水或蒸汽，实现电热之间高效的转化，其效率可达99％以上。

电极式锅炉采用内外筒结构，充分地利用了内筒的热量，增加了热效率。电极式锅炉的系统主要由电锅炉本体、锅炉给水和加药系统三部分组成。锅炉本体材料采用不锈钢组成，炉体外包裹一层隔热棉进行保温，减少热量散失造成的浪费。高压三线电极经外筒高压绝缘套管接入内筒，绝缘方式主要有内外筒的液位测量通过采用绝缘的特氟隆管接入、内筒采用悬挂的绝缘子吊在外筒顶端、循环水由外筒进入内筒采用特氟隆管材、内筒下泄阀门与外筒金属杆利用六角绝缘连接。

基本结构的三部分具体如下：

（一）加药系统

采用磷酸三钠作为加药溶质，电锅炉通过加热一定浓度的电解质溶液产生蒸汽，系统采用加药泵将三路加药分别连接到 3 个锅炉进水管，管道之间相连保证管道间压力无差压或者差压较小。

（二）锅炉给水

锅炉正常运行时，要使内筒与外筒总的水量维持在一定范围内，所以会有除盐水不断地进入外筒。给水泵从除盐水箱取水并混合一定浓度的磷酸三钠溶液送往锅炉进水口，对锅炉内水量及电导率进行调节控制。

在输入电压较高的情况下，电极式锅炉要求水的电导率很低。在大多数情况下，给水必须除掉无机物，把电导率控制在规定的范围之内，考虑经济效益问题，系统不能过量排污。电极式锅炉可以在较低电压情况下通过改变电导率产生大量蒸汽。电锅炉运行成功的关键在于水处理，其中包括电导率、碱金属含量、硬度、pH 值、溶解氧等，机组系统的化学变化比其他结构的锅炉更为急剧。

（三）电锅炉本体

在锅炉本体内，内筒电极通过高压电极产生的电流加热锅水，产生蒸汽，并通过锅炉内筒循环泵来维持内筒水量。

电极式锅炉本体的组成主要包括内筒体、外筒体、高压电极、内外筒循环回路及各种配件等，如图 9-4 所示。

电极式锅炉采用 10kV 电压，用户将 10kV 电源进线接入电极锅炉的电极上端，该电极直接与内筒具有一定离子浓度的锅水（磷酸三钠溶液）接触加热，通过以下三个环节实现：

（1）锅水加热：三相电极直接浸入内筒锅水中，通过高压电极产生电流加热混有磷酸三钠的锅水，由于电流的存在，锅水温度快速升高，产生蒸汽由管路输出。

（2）锅炉内部水循环：为控制内筒水位与锅水流速，需要控制循环回路中由外筒注入内筒水的流量。

（3）锅炉进水：在设备正常运行或处于热备用状态时，需要保持锅炉内外筒水总量不变，不断地补充除氧后的冷却水与加磷酸盐后的电解质水。

三、电极式锅炉的检修维护工艺

（一）电极式锅炉的维护方法及质量标准

1. 检修准备

（1）在进行检修前，需要确保锅炉已经完全冷却，避免高温对检修工作造成危险。

（2）切断锅炉电源和所有与锅炉连接的管道，确保无电压和压力。

（3）准备必要的工具和材料，如扳手、螺丝刀、绝缘手套、防护眼镜等。

（4）检查检修人员的个人防护装备是否齐全，包括防护服、安全帽、防护手套等。

2. 检修步骤

（1）检查电极棒和电极连接线是否有损坏或腐蚀，必要时进行更换或

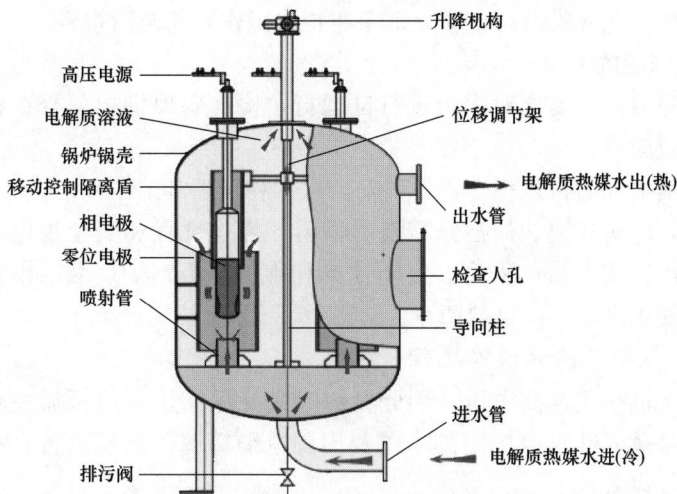

图 9-4　电极式锅炉结构图

修复。

（2）清洁电极棒和电极连接线上的污垢和杂质，以保证电极的导电性和热效率。

（3）检查电极棒之间的距离是否均匀、电极棒与锅炉本体的绝缘状况，确保无破损或老化。

（4）检测电极棒的绝缘电阻，确保其符合要求，以防止漏电事故的发生。

（5）检查并维护水位传感器和相关控制系统，确保其正常工作。

3. 安全注意事项

（1）在整个检修过程中，必须遵守"停电、挂牌、验电、接地"的原则。

（2）检修人员需经过专业培训，熟悉电极式锅炉的结构和检修方法。

（3）检修过程中，应有专人负责监护，确保操作安全。

（4）如发现异常情况，应立即停止检修工作，并及时报告。

4. 检修后的测试

检修完成后，需要对锅炉进行试运行，检查各项指标是否正常，如水位、加热效率等。

确保锅炉在运行过程中，各项安全保护装置正常工作。

总之，电极式锅炉的检修需要严格遵守操作规程和安全规范，确保锅炉的正常运行和人员的安全。定期检修和维护电极锅炉，可以提高锅炉的热效率和使用寿命，降低故障率。

（二）维护与保养操作规程

电极式锅炉连接高电压，因此检修时应确保高压电源可靠关断，避免出现安全事故。针对电极锅炉本体及周围电缆等属于高压设备、水泵等属于低压电气设备：

高压电气设备：对地电压在 1000V 及以上者。

低压电气设备：对地电压在 1000V 以下者。

对锅炉进行维修等操作必须严格遵守相关操作规程，具体操作步骤如下：

1. 着装

高压设备验电、装设及拆除接地线时，必须两人同时进行作业，一人操作、一人监护，两人均必须穿绝缘靴和戴安全帽，操作人须戴绝缘手套。

2. 停电

对电极锅炉进行停电作业时，必须保证切断高低压所有电源，确认接地开关为接地状态。断路器和隔离开关开断后，应采取防止误分误合措施。

3. 验电

验电时，应使用相应电压等级的验电器。验电前要将验电器先在有电的设备上试验确认良好，然后在停电的设备上验电，最后再在有电的设备上复验一次。验电时对被检验设备的所有引入、引出线均要检验。表示断路器、隔离开关分闸的信号以及常设的测量仪表显示无电时，仍应通过验电器检验设备是否已停电。若验明有电则禁止在该设备上作业。

4. 放电

放电前，确保先停电、验电，验明无电后方可进行放电。

（1）放电线必须先接接地端，后接导体端。

（2）放电时必须精神集中，不能做与放电无关的事，以免漏放。

（3）放电时先放低压、后放高压，先放分开关、后放总开关。

（4）相与相之间、相与地之间均应放电，电缆与电容器的残存电荷较多，要特别注意，一定要将残余电荷放净。

（5）严禁放电线与防爆面接触进行放电工作。

（6）操作高压时必须穿戴试验合格的高压绝缘鞋、绝缘手套。

5. 悬挂标示牌和防护栏

（1）在一经合闸即可送电到工作地点的断路器和隔离开关的操作把手

上均应悬挂"禁止合闸（操作），有人工作"的标示牌。若线路上有人作业，应在有关断路器和隔离开关操作手柄上悬挂"线路有人工作，禁止合闸"的标示牌。

（2）在室内设备上作业时，应在工作地点四周的相邻设备和禁止通过的过道上装设防护栏并悬挂"止步，高压危险！"的标示牌或标示带，且须在检修的设备上和作业地点悬挂"在此工作"的标示牌。

（3）部分停电的工作，当作业人员可能触及带电部分时，要装设防护栏，在邻近可能误登的带电构架上应悬挂"禁止攀登，高压危险！"的标示牌。

（4）在结束作业之前，任何人不得拆除或移动防护栏和标示牌。

6. 排气通风

（1）进入锅炉检修前应确保满足检修要求（常温、没有压力），并对设备内部进行排气通风。

（2）进入锅炉内部作业，锅炉外部必须要有人监护，以便能及时处理锅炉内部发生的异常情况。

（3）锅炉侧管道最高点及与锅炉直接连接设备（如换热器等）的最高点应进行排气，防止积存易燃气体。

（4）在锅炉以及与锅炉相连的管道、设备上进行下列操作时，事先应对设备和管道内部进行排气通风：电焊、切割等会产生热量、弧光、火花之类的工作。否则，可能引起爆燃等不安全事故。

（三）电极式锅炉日常故障及维护

1. 日常故障

（1）水位传感器故障。水位传感器是监测锅炉水位的重要部件，其故障可能导致锅炉运行不稳定。常见的故障有信号不灵敏或输出错误信号。

（2）电极磨损或损坏。电极在长时间的高温高压环境下工作，可能会出现磨损或损坏，影响锅炉的热效率和安全性。

（3）电路故障。包括电源故障、线路老化或短路等，可能会引起锅炉无法正常启动或突然停止。

（4）安全阀故障。安全阀是保证锅炉安全的最后一道防线，如果故障将可能导致压力异常升高，甚至爆炸。

（5）给水泵故障。给水泵负责将水输送到锅炉内，如发生故障将影响锅炉的正常补水。

2. 维护方法

（1）定期检查。定期对锅炉所有部件进行检查和维护，包括电极、传感器、电路和安全阀等。

（2）清洁保养。对锅炉内部进行清洁，特别是电极的保养，可以减少磨损，延长使用寿命。

（3）校验仪表。定期校验锅炉的水位传感器、压力表等仪表，确保其准确性和可靠性。

（4）安全培训。对操作人员进行安全培训，使其了解如何正确操作锅炉，并能在紧急情况下采取正确措施。

（5）更换耗材。对于磨损或损坏的部件，如电极、传感器等，应及时更换，确保锅炉的安全运行。

（6）电气安全检查。由专业电工定期对锅炉的电路进行检查和维护，确保电路没有老化或短路的风险。

（7）预防性维护。制定预防性维护计划，对锅炉进行定期的全面维护，以预防潜在故障。

总的来说，电极式锅炉的日常故障和维护与锅炉的质量、操作的正确性及日常保养有着密切的关系。只有通过正确的操作和定期的保养，才能确保电极式锅炉的安全、高效运行。

第三节　背压式汽轮发电机组

一、背压式汽轮发电机组性能特点与结构

（一）背压式汽轮发电机组运行原理

背压式汽轮机发电机组发出的电功率由热负荷决定，因而不能同时满足热、电负荷的需要。背压式汽轮发电机组的排汽压力高，蒸汽的焓降较小，与排汽压力很低的凝汽式汽轮发电机组相比，发出同样的功率，所需蒸汽量大，因而背压式汽轮机每单位功率所需的蒸汽量大于凝汽式汽轮发电机组。但是，背压式汽轮机排汽所含的热量被热用户所利用，不存在冷源损失，所以从燃料的热利用系数来看，背压式汽轮机装置的热效率比凝汽式汽轮发电机组高。由于背压式汽轮发电机组可通过较大的蒸汽流量，前几级可采用尺寸较大的叶片，所以内效率比凝汽式汽轮发电机组的高压部分高。在结构上，背压式汽轮机与凝汽式汽轮发电机组的高压部分相似。背压式汽轮机多采用喷嘴调节配汽方式，以保证在工况变动时效率改变不大。因背压机常用于热负荷较稳定的场合，一般采用单列冲动级作为调节级。

（二）背压式汽轮发电机组特点

（1）排汽压力高，蒸汽的热降较小。与排汽压力很低的凝汽式汽轮发电机组相比，发出同样的功率，所需蒸汽量大。

（2）发电机组发出的电功率由热负荷决定，因而不能同时满足热、电负荷的需要。背压式汽轮机一般不单独装置，而是和其他凝汽式汽轮发电机组并列运行。

（3）当背压式汽轮发电机组用于供给原有中、低压汽轮机以代替老电厂的中、低压锅炉时，被称为前置式汽轮机。这样不但可以增加原有电厂的发电能力，而且可以提高原有电厂的热经济性。

（4）背压式汽轮发电机组适用于热电厂主力机型，广泛应用于各行业。

总之，背压式汽轮发电机组是一种具有广泛应用的热电联产汽轮发电机组，既能满足供热需求，又能提高电厂的热经济性。在热负荷稳定的场合，背压式汽轮发电机组是一个理想的选择。

（三）背压式汽轮发电机组配置

（1）背压式汽轮机。背压式汽轮机是一种热力式汽轮机，其排出的蒸汽压力高于大气压力。系统中背压式汽轮机的作用是将供热抽汽在进入热网加热器前先进入背压式汽轮机汽缸经过膨胀做功，驱动发电机旋转发电，排汽进入热网加热器或直接参与热网循环。

（2）发电机。发电机是背压式汽轮机发电系统的核心部件，它将汽轮机转动的机械能转化为电能，供给电网或厂用电使用。背压发电机通常采用同步发电机或异步发电机。

（3）控制系统。背压式汽轮机配备了完善的控制系统，用于监测和调节运行过程中的各种参数，确保背压式汽轮机的稳定运行。控制系统包括传感器、执行器、保护装置等，对转速、电压、电流、温度等参数进行实时监测，并根据实际需求进行调整。

（4）辅助设备。为保证背压式汽轮机的正常运行，还需要一些辅助设备，如冷却系统、润滑系统、调节系统等。这些设备为背压式汽轮机提供稳定的工作环境，确保背压式汽轮机的高效、安全、可靠运行。

二、背压汽轮发电机组本体及辅机结构

背压式汽轮发电机组主要包括背压式汽轮机部分和发电机部分（如图 9-5 所示）。

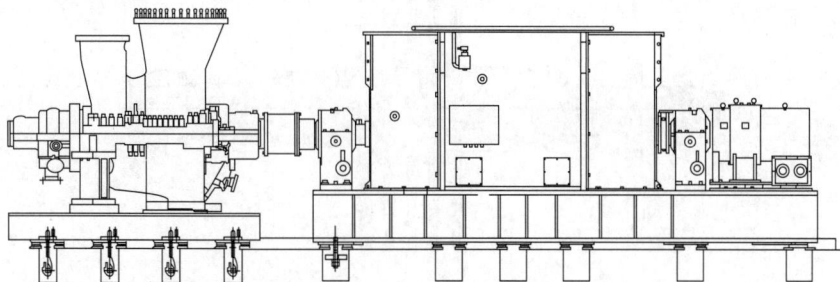

图 9-5　背压式汽轮发电机组

背压式汽轮机由汽缸、转子、轴承箱、汽封、速关调节组合阀、联轴器、盘车装置、轴封冷却器、危急遮断器错油门等组成。

转动部分由主轴、叶轮、轴封套和安装在叶轮上的动叶片等组成。

固定部分由汽缸、隔板、喷嘴、静叶片、汽封和轴封等组成。

控制部分由调速装置、保护装置和油系统等组成。

（一）汽缸

背压式汽轮机的汽缸是固定部分，起到支撑和固定转动部分的作用。汽缸内部装有喷嘴、静叶片、隔板等组件，这些组件与汽轮机的运行原理和性能密切相关；汽缸由上、下两半组成，中分面采用螺栓连接，上方两侧进汽，正上方排汽结构，且汽缸上、下半分别设有测量汽缸壁温度装置各一处（如图 9-6 所示）。

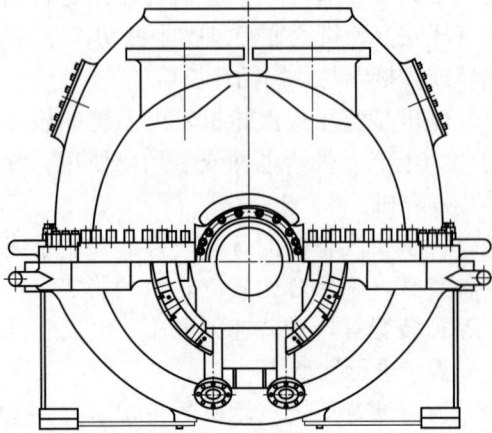

图 9-6　汽缸装配图

（二）转子

背压式汽轮机转子是汽轮机的核心部件，负责将热能转化为机械能。背压式汽轮机转子主要由以下部分组成（如图 9-7 所示）。

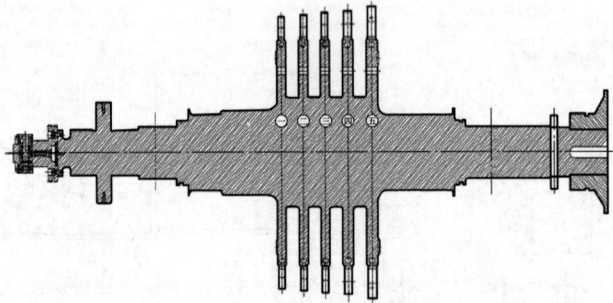

图 9-7　转子装配图

（1）主轴。主轴是转子的核心部分，承担着传递动力和承受各种力的作用。

（2）叶轮（或转鼓）。叶轮是转子的重要组成部分，负责将蒸汽的动能转化为轴功率。根据背压式汽轮机的类型，叶轮可以分为转轮型和转鼓型。

（3）动叶栅。动叶栅是叶轮上的一组固定叶片，用于引导蒸汽流动，增加蒸汽的流速和压力。

背压式汽轮机转子的制造工艺有多种，如套装转子、整锻转子、组合转子及焊接转子等。材料多采用中碳钢和中碳合金钢，加入一定量的铬、镍、钼、锰等合金元素以提高钢的强度和热强性。

总之，背压式汽轮机转子是汽轮机的关键部件，其结构、材料和制造工艺都经过精心设计和优化，以满足高温、高压、高速旋转的工作条件，实现热能向机械能的高效转化。

（三）轴承箱

背压式汽轮机轴承箱（如图9-8所示）是汽轮机的一个重要组成部分，它承担着支撑和定位转子的重要任务。轴承箱内装有径向和推力轴承，用于承受转子在运行过程中的各种载荷。轴承箱分为前轴承箱和后轴承箱；在前轴承箱盖上装有测速传感器、危急遮断器错油门和轴振传感器、轴向位移传感器。后轴承箱分为上、下两部分，上、下两部分通过中分面螺栓连接，在上半部分开有盘车机接口，用来安装盘车装置。

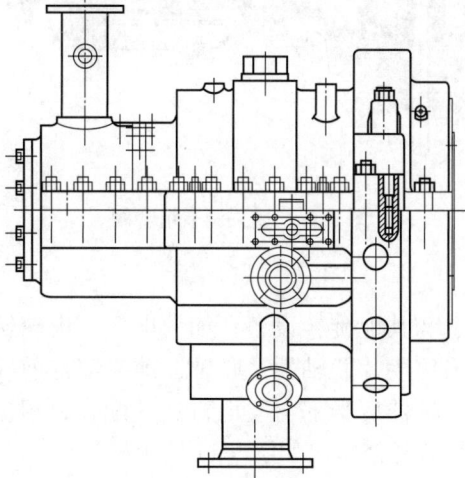

图 9-8　轴承箱

（四）汽封

背压式汽轮机的汽封是为了防止蒸汽从轴端泄漏而设计的，提高了汽轮机的经济性，避免蒸汽从两端漏出。汽封齿与转子上的凹凸槽构成迷宫式汽封结构（如图9-9所示）。

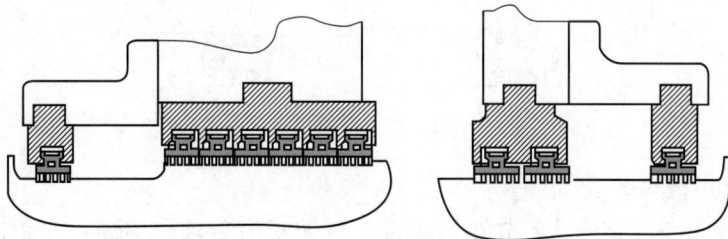

图 9-9　汽封

（五）速关调节组合阀

背压式汽轮机设置两套速关调节组合阀，分别布置在机组两侧。其中，主汽阀水平布置、调节阀竖直布置。可以实现小开度下蒸汽流量的精确控制。此外，组合阀与支架之间设有滑销系统，用于补偿组合阀自身的热膨胀（如图 9-10 所示）。

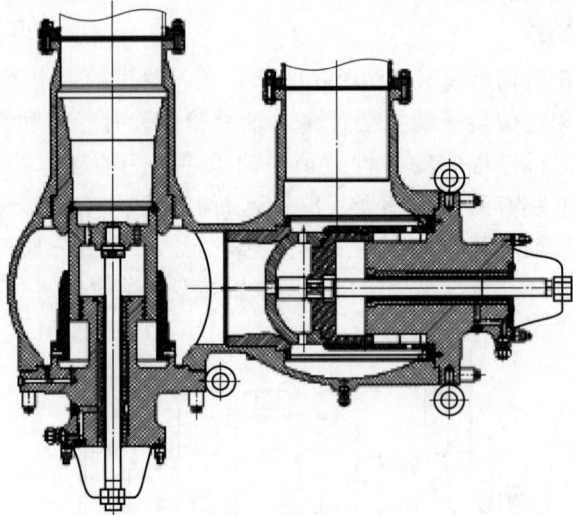

图 9-10　速关调节组合阀

（六）联轴器

联轴器连接转子和其他旋转设备，如发电机、齿轮箱等，实现动力的传递。联轴器一般采用膜片联轴器，联轴器前半部与前部汽轮机转子过盈配合，用键连接；联轴器后半部与发电机过盈配合，用键连接。联轴器半部与中间连接段采用膜片连接（如图 9-11 所示）。

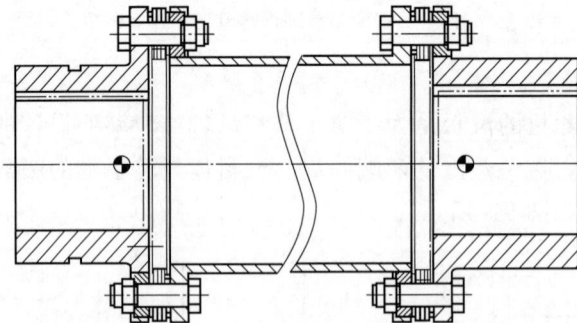

图 9-11　联轴器

（七）盘车装置

盘车是指在背压式汽轮机启动前，将转子沿着轴向移动一定距离，使其与静子部件对齐。盘车的目的是确保背压式汽轮机启动后，转子与静子之间的间隙合适，避免产生摩擦或撞击。此外，盘车还可以使转子上的叶片与静子部件的喷嘴对准，以确保蒸汽在通过喷嘴时能够产生良好的流动，提高汽轮机的效率。

（八）轴封冷却器

背压式汽轮机轴封冷却器的作用主要包括以下几点：

（1）回收轴封漏汽。轴封冷却器用于回收汽轮机轴封部位泄漏的蒸汽，将其转化为凝结水，从而减少轴封漏汽和热量损失。

（2）降低轴封部位温度。轴封冷却器通过冷却凝结水，降低轴封部位的温度，有助于维持轴封部位的稳定性和可靠性。

（3）改善车间环境条件。通过回收轴封漏汽和热量，轴封冷却器有助于降低车间温度，改善车间环境。

（4）维持轴封冷却器内部负压。轴封冷却器通过抽走剩余未凝结的气体，维持轴封冷却器内部必要的负压，确保轴封系统正常运行。

（5）提高机组运行效率。轴封冷却器有助于提高背压式汽轮机的运行效率，降低能源消耗。

总之，背压式汽轮机轴封冷却器在回收轴封漏汽、降低轴封部位温度、改善车间环境、维持轴封冷却器内部负压以及提高机组运行效率等方面具有重要意义。

三、背压式汽轮发电机组调节、监控及保护系统

（一）调节系统

数字电液控制系统由电子部分和液压部分组成。完整的数字电液控制系统包括微处理单元、过程输入输出通道、数据通信接口、人机接口、液压伺服系统和配套的就地仪表等。

1. 电子部分

电子部分是以冗余的微处理器为基础的数字式控制系统。主要包括机柜、控制器、过程输入输出通道模块、阀门定位卡、测速卡、操作员站等。具有压力限制、转速自动、负荷自动、在控制室内手动控制背压式汽轮发电机组升速及升降负荷的功能。

2. 液压部分

液压部分是调节系统的执行机构，它接受调节系统发出的指令，完成驱动阀门和遮断机组等任务。主要包括主汽阀油动机、调节阀油动机、隔膜阀等。

液压部分的抗磨液压油系统的主要功能是提供控制部分所需要的液压油及压力。它由油箱、油泵、控制块、滤油器、溢流阀、蓄能器、冷油器、测量仪表等组成。

（二）监控系统

监控系统由汽轮机安全监测系统、就地仪表等组成。

1. 安全监测系统

安全监测系统是监测背压式汽轮发电机组安全运行的系统，由监测装置（框架仪表）、就地设备及附件组成；可实时反映各项在线测量参数，如转速测量、轴振动测量、轴向位移测量等。

2. 就地仪表

就地仪表包括背压式汽轮发电机组就地仪表盘上仪表、热力系统仪表、润滑油系统仪表、液压油系统仪表。

（三）保护系统

保护系统主要为汽轮机紧急跳闸保护系统，是与安全监测系统相配合监视背压式汽轮发电机组一些重要信号并保证背压式汽轮发电机组安全的系统。保护系统设置有电气遮断、机械超速和手动遮断三种保护。

1. 电气遮断

电气遮断由主汽阀油动机上的遮断电磁阀完成。当接收到电气停机指令时，遮断电磁阀得电动作，卸掉高压安全油，油动机驱动阀门迅速关闭。

2. 机械超速

机械超速由危急遮断器、危急遮断器错油门和隔膜阀共同完成。当机组转速达到极限值时，危急遮断器飞锤飞出，击打危急遮断器错油门，泄掉低压保安油压，油动机驱动阀门迅速关闭。

3. 手动遮断

手动遮断由危急遮断器错油门和隔膜阀共同完成，供紧急停机用。手动拍下危急遮断器错油门上的按钮，泄掉低压保安油压，油动机驱动阀门迅速关闭。

四、检修工艺及常见故障

（一）检修内容及方法

1. 检修的目的和重要性

背压式汽轮发电机组检修的主要目的是确保机组可以安全、稳定地运行，同时提高机组的效率和经济性。通过定期检修，可以发现并解决潜在的问题，预防事故的发生，保证电力供应的连续性和稳定性。

2. 检修的内容

（1）机械部件检修。包括汽轮机的各个转子、静子、动叶片的检查和更换，以及紧固件的检查和更换。

（2）电气部件检修。对发电机、励磁系统、控制系统等进行检查和维护，确保其正常工作。

（3）热力系统检修。包括对蒸汽系统、凝结水系统、冷却系统等的检查和维护。

（4）安全系统检修。对安全阀、压力表、温度计等安全装置进行检查和校验。

3. 检修的流程

（1）准备工作。包括对检修工具和设备的准备，以及对工作场地的准备。

（2）拆卸和检查。对机组进行必要的拆卸，暴露出需要检修的部件，进行详细的检查。

（3）故障诊断和维修。根据检查结果，确定故障并进行维修。这可能包括更换损坏的部件、修复磨损的部分等。

（4）组装和测试。完成维修后，进行组装，并进行试运行和性能测试，确保机组达到预期的运行状态。

4. 检修的周期和计划

检修周期通常根据机组的运行时间、工作条件以及制造商的建议来确定。一些关键部件可能需要更频繁的检查和更换。

5. 检修的质量控制

检修过程中应严格遵守相关的标准和规范，确保检修的质量。这包括对检修过程中的每一个步骤进行记录和审核。

总之，背压式汽轮发电机组的检修是一项系统工程，需要专业的技术团队和严格的工作流程来保证机组的正常运行和长期稳定性。

（二）检修安全注意事项

（1）办理工作票。在进行检修前，必须办理工作票，确保工作有序进行。同时，督促运行工作人员对水、汽、油、电等各系统做好隔离措施，并检查有无挂牌标识。

（2）揭缸。在进行揭缸操作时，要注意检查各部件是否完好，防止在揭缸过程中发生意外。

（3）检查设备状态。检修前要检查背压式汽轮发电机组各部件是否正常、是否存在损坏或磨损严重的情况。

（4）安全防护措施。在检修过程中，要确保操作人员戴好安全帽、手套等防护用品，避免因操作不当导致人身伤害。

（5）电气安全。在检修电气设备时，要确保设备停电，并使用绝缘工具，防止触电事故。

（6）防止机械伤害。在检修过程中，要确保现场没有遗留的锐利边缘、突出物等，避免造成机械伤害。

（7）现场管理。要保持现场清洁、整齐，避免因杂物堆放不当导致摔倒等事故。

（8）应急处理。在检修过程中，要熟悉应急预案，一旦发生事故，能迅速采取措施进行处理。

（9）定期培训。要加强操作人员的安全生产培训，提高他们的安全意识和操作技能。

（10）强化安全意识。要加强安全生产宣传教育，提高员工的安全意识，使每个人都能够严格遵守安全操作规程。

通过以上措施，可以有效降低背压式汽轮发电机组检修过程中的安全风险，确保检修工作顺利进行。

（三）本体检修拆卸

（1）汽轮机停机后需进行自然降温，汽缸温度降至120℃以下可拆除设备的保温层，降至40℃左右可进行其他拆卸工作。

（2）拆卸下来的大型紧固件或者有特殊要求的紧固件都要进行编号，防止回装时弄混。特别是栽头螺栓，可将螺母连同缸体之间对应的紧固位置做好记号，作为回装时的参考。

（3）拆除测振动、轴位移和温度等仪表设备及电缆线时要注意保护接线、接头和套管，防止检修过程中的人为损坏。

（4）拆除油、汽、水管道时，拆卸后对敞开的管口进行有效封闭，并对配装位置做好相关标记。

（5）测量转子的轴向窜动值，记录止推轴承间隙。拆除前后轴承箱上盖，检查径向轴承和止推轴承，测量并记录径向轴承间隙即瓦背紧力（过盈量）。拆除止推轴承的副止推瓦块，并合上轴承箱上盖，测量转子自工作位置向进汽侧的分窜动量。再拆除主推力瓦块，测量转子的总窜动量。然后将转子推回总窜动量的1/2左右。

（6）按由低压段到中压段的顺序依次拆除汽缸中分面螺栓，拆除定位销。

（7）安装吊上汽缸用的导向杆，在天车上挂好起吊工具。在轴承箱部位转子垂直位置上架设百分表，用于观察揭缸过程中转子是否有较大位移量。

（8）调好起吊工具后，四角有人用钢板尺测量吊起高度，用顶丝将上汽缸均匀顶起5～10mm，注意监视百分表读数，检查缸内部件不应随之带起；四角不平度不应大于5mm，如发现不正常立即停止起吊，起吊时导向杆不要吃力憋劲，保持上下缸结合面平行，确认正常后慢慢起吊上汽缸，将上汽缸放置在指定位置，并下垫枕木。如果需要翻缸修理，应准备好枕木及木板，一般采用双钩进行翻缸操作，在汽缸翻转过程中，操作要平稳缓慢。

（9）拆卸蒸汽室、隔板中分面定位销和静叶持环的中分面螺栓，并吊开隔板和持环的上半部。

（10）装复主止推瓦块，将转子停靠在主止推瓦块上（即工作位置），测量通流部分各部间隙和所有汽封间隙，测量完毕后取出止推瓦块。

（11）使用专用的吊具和索具吊出整个转子，并放置于专用的支架上，支撑处要用木块或橡皮垫塞。拆除径向轴承的下瓦。拆卸轴承时应认真检查拆除记号和装配方向，没有记号应补做，以免装配时搞错。

（12）隔板和静叶持环的下半部分，若拆卸困难，可在安装沟槽内充入煤油进行一定时间的浸泡，并用紫铜棒小心进行敲击，禁止在未松动时强行起吊。

（四）本体各部件检修

1. 汽缸检修

汽缸的检修内容包括汽缸缸体的检修、缸体螺栓的检修和滑销的检修。

（1）汽缸缸体的检修。吊出下隔板及汽封套后，全面检查清理，结合面应光滑平整、不变形，无冲蚀漏气及腐蚀痕迹，特别是注意检查有无由内至外的贯穿性的冲刷痕迹。清理结合面时，可用无刃口的铲刀和金相砂纸手工进行，也可用平面砂光机作业。结合面检查无误后，做汽缸严密性检查，扣空缸，冷紧 1/3 的汽缸中分面螺栓后，用 0.05mm 的塞尺塞不进为合格。

（2）缸体螺栓的检修。进行缸体螺栓检修时，螺帽和螺栓应按编号进行配装；安装前应清洗去除锈垢，修理螺纹的伤痕和毛刺，最后用螺母检查，要能使手轻快地拧到底，否则应重新修整。在检修汽缸螺栓特别是高温高压部位的螺栓时，除了应进行常规的外观检查外，还应进行物理性能检查和探伤检查，以防止螺栓脆断等失效情况发生。

汽轮机缸体螺栓的安装紧固要求：一要保证机器设备在连续运转周期内结合面的严密性；二是紧固力必须适当，在启动或运行状态允许的温差范围内螺栓不应因其应力超过许用值而发生塑性变形，或者因螺栓状况不良、拧紧工艺不当而发生螺纹咬死和损坏。

螺栓的紧固方法分为冷态紧固和热态紧固，而且应按照一定的顺序紧固。冷态紧固一般用于 M32 以下的螺栓紧固。对于汽轮机的高压汽缸大螺栓，用冷态紧固的方法往往达不到设计要求的紧力，这时就要采用热态紧固的方法。在冷态紧固后，按照设备手册中的要求温度，通过专用的加热装置加热螺栓，进行热态下的紧固。

缸体螺栓的松卸和紧固顺序都是从汽缸结合间隙最大的中部螺栓开始，对角并依次向外展开。另外，在紧固时，由于先紧的螺栓的紧力在相邻螺栓紧固后往往会减少，因此要重复多次才能使各个螺栓紧力达到均匀。

（3）滑销的检修。背压式汽轮机的滑销系统是保证汽轮机安全运行的重要设备。滑销出现磨损、卡涩会造成汽缸的热膨胀受到阻碍或发生偏移，进而造成动、静环摩擦、振动。

滑销的检修要求：清洗除锈以后，检查销子的滑动表面，修除毛刺，然后在滑动表面涂上一层石墨粉以利于润滑。检查各个紧固螺栓是否紧固、定位销是否安装到位。

2. 转子检修

背压式汽轮机的转子主要由叶片、转轴和转轴上的其他动部件组成。

转子叶片直接担负着将蒸汽热能转换为机械能的作用，由于其在高温、高应力和有腐蚀的介质下工作，对背压式汽轮机的安全、经济运行有重要影响。

转子叶片在检查之前应对其进行彻底的除垢和清洗，除垢清理方法主要有人工清理、喷砂清理和化学清理三种。清理完成后要进行叶片的宏观检查，检查是否存在机械损伤、变形、腐蚀、过度磨损、弯曲、冲蚀等缺陷，并进行着色和磁粉探伤检查裂纹、合金脱落等缺陷。

汽轮机转子转动组件由轴、叶轮、叶片、联轴器、止推盘等组成，转子的精度要求很高。对所有转子来说，轴颈的圆度和圆柱度误差都应尽量小，一般都要求控制在 0.02mm 以下，更高转速的应控制在 0.01mm 甚至 0.005mm 以下。减小轴颈圆度误差，能够减小轴在轴承中的振动。减小轴颈圆柱度误差，有益于轴颈在轴承中工作时油膜压力沿轴承宽度方向上均衡分布，改善轴承工作条件。转子轴颈的表面粗糙度越小，其在轴承中的工作状态越好，轴及轴承的磨损也越小。转子端部装联轴器轴锥段的表面粗糙度越小，越有利于同联轴器轮毂内孔的配合，同时也有利于提高传递扭矩能力。为了保证在高速下运转的平稳性，转子上各内孔以及外圆都必须对轴颈具有较小的同轴度误差，一般都应控制在 0.05mm 以下。转子上各端面对轴心线的垂直度误差太大，容易产生与静止部分（定子）的摩擦。

对转子进行检修时，要测量的项目较多，要求也比较高。一般包括以下内容：

（1）轴颈扬度（转子轴线在空间的倾斜度）。

（2）径向跳动（垂直于轴线任一测量平面内，被测表面各点和基准轴心线间的最大距离与最小距离之差）。

（3）转轴最大弯曲（转轴实际轴线—转轴各横截面轮廓的中心点连线与理想轴线的最大距离。

（4）轴颈椭圆度、圆锥度（轴颈同一横断面内最大和最小直径差，取轴颈各断面差值最大值为椭圆度，轴颈在纵断面上最大和最小直径差为圆锥度）。

（5）止推盘不平度（被测表面和基准平尺平面的最大间隙值）。

3. 隔板、静叶持环

隔板、静叶持环等是背压式汽轮机通汽部分的静止部件，也是组成汽轮机的重要零部件。其检修质量的优劣会直接影响机组的安全、经济运行，且这些部件的检修工作量占机组整个检修工作量的比例也比较大，因此，在机组整个检修中的地位很重要。隔板是用在冲动式汽轮机调节级以后固定静叶（喷嘴）和阻止级间漏汽的静止件，一般由隔板体（为上、下各半部）、喷嘴、支撑销和键组成。

喷嘴表面容易结垢，一般采用人工清理，其要求与转子叶片的清理要求基本相同。当结垢严重时，应采用喷砂或化学清洗的方法。对于蒸汽室喷嘴，由于其承受的压力和温度最高，应重点检查出汽边是否有打伤、打凹及微裂纹。当有可疑裂纹时，应用着色法进行探伤；当喷嘴出现微小裂纹时，可进行打磨消除；当喷嘴出现较大的裂纹或缺口时，应进行补焊或更换喷嘴。蒸汽室、各隔板或静叶持环的中分面应光滑、平整、不漏汽、无冲刷沟槽；中分面定位销不松动、不变形，无裂纹等缺陷。隔板进、出汽侧与叶轮无摩擦痕迹，各级喷嘴应固定牢固，无裂纹、损伤、冲蚀等缺陷，同时用着色法探伤检查。

汽缸隔板相对于转子必须处于同心状态，否则将引起汽封摩擦、漏汽增大和级效率降低，同时也给隔板汽封间隙的调整和检修带来困难。通常，在机组安装时进行过隔板找中心，检修时可不再进行。但运行一定时间后，隔板中心常因隔板和汽缸变形以及隔板支撑定位部件的磨损和损坏、机组基础沉降不均匀等原因发生变化，特别是检修时发现汽封四周间隙偏差较大、出现偏磨时，就要对隔板中心进行检查和调整。

4. 汽封检修

汽封也是汽轮机的重要部件之一，若检修中间隙调整过大，或设备运行过程中振动等造成汽封磨损使间隙变大，都会导致漏气量增大，影响机组效率；而汽封间隙调整过小时，运行中会造成转子径向摩擦，严重时引起零部件受热变形。还有，若轴封漏汽量大时，蒸汽通过轴承油挡进入轴承室，使油中的含水量增加，造成油质恶化。可见，汽封的检修质量也直接影响着机组的安全经济运行。

各汽封块应完整，无损伤和裂纹，汽封的弹簧片应无严重的氧化剥落、锈蚀、裂纹等，且弹性良好。上、下汽封体定位销不旷动，水平接合面平整、不错口，无气流冲刷沟槽，汽封套防转销不松动等。检查汽封间隙的方法有塞尺法、着色法和压铅法。

5. 机组找中心

背压式汽轮机转子与静止件之间保持准确的同心度是保证机组安全经济运行的基本条件之一。转子在汽缸中运行一段时间之后，由于基础不均匀沉降、缸体变形、缸体或轴承座左右偏移以及转子的变化，或者在检修中更换轴承、轴承座支撑元件等原因，都可能使汽缸中心同轴承座中心发生变化，使转子在缸体中径向位置偏心，甚至发生动静部件间摩擦。因此，机组大修后应对汽缸中心与轴承座中心进行找正，要求汽缸中心线同轴承座中心线同心。一般分为两种方式进行找正工作：一是对于台板埋入基础的机组，经过长期运行已基本稳定或无法调整时，检修中就应以汽缸为基准恢复转子相对汽缸的中心；二是安装在轻型钢结构或挠性支撑板上的中、小型工业汽轮机，有时整个机组在以联轴器为准校正机组轴线中心时要求汽轮机转子按机组轴线进行调整，转子调整后汽轮机汽缸必须以转子为准调整它们之间的中心状态。

（五）本体回装

汽轮机的检修工作全部完成后，即可进行最后的组装与扣缸工作。汽轮机的回装程序与拆卸程序相反。回装时应注意以下工作环节：

（1）缸体、转子、隔板、静叶持环、汽封、轴承、联轴器均已按各质量标准和技术要求进行了清洗和检查，消除了存在的缺陷并都做了记录。通流间隙、汽封间隙、隔板中心、转子扬度合格。

（2）更换的新备件按质量标准进行了全面检查，并经试装符合组装技术要求。

（3）所有部件和进、出口接管以及缸体疏水管线等均已检查和吹扫，并确认无异物落入，所加的封口用物均已拆除。

（4）有关本体的各个检查和调整项目已经完成并做了记录。

（5）缸体扣大盖前应确认缸内所有的检查和检修项目均已完成。确认缸内无异物、零件无漏装和误装。沿转子转动方向盘动转子，用听声棒监听各隔板套、轴封套内有无摩擦声，确认无摩擦现象方可正式扣缸。

（6）从支架上吊起汽缸时，应用水平仪调平汽缸结合面，将法兰四角上的顶丝退回到结合面内，再用压缩空气把上半汽缸吹扫干净。汽缸在整个落下过程中应注意保持汽缸内部无摩擦声，若发现局部下落不均匀时应立即停止，内部可能有卡涩现象。应吊起查明原因消除后再重新扣缸，不得强行下落。在汽缸未完全落靠前（距结合面 10～20mm 间隙）打入结合面的定位销，正确对准后完全落下。

（7）中分面密封涂料质量应符合要求，一般将涂料涂在下半缸中分面上。涂前最好先试扣，确认汽缸能完好落下，再将汽缸吊起 200～300mm 高，用厚度均匀的木块支撑住汽缸四角，防止意外下落，然后涂抹涂料，涂层厚度要薄而均匀。大盖扣上之后应立即连续紧固中分面螺栓，防止涂料干固。

（8）安装好的滑销应很好地保护。为了保护间隙，可在滑销上方加装保护罩。喷漆时，不许喷涂在滑销间隙处，以免油漆干后堵塞间隙，影响机组膨胀。

（六）背压式汽轮发电机组事故处理

1. 背压式汽轮发电机组振动过大

（1）当背压式汽轮发电机组突然发生强烈振动或机组内有清楚的金属摩擦声响时，应立即停机。

（2）背压式汽轮发电机组发生异常振动时，应检查如下项目：

1）主蒸汽参数是否符合要求。

2）背压式汽轮发电机组轴向位移是否正常。

3）汽缸各金属温度温差是否过大。

4）润滑油压是否正常、回流是否正常。

5）轴承进油、回油温度是否正常。

2. 背压式汽轮发电机组轴承瓦温升高

轴承瓦温明显升高时，应做如下检查：

（1）检查油冷却器出口油温是否正常。

（2）检查润滑油压是否正常。

（3）从回油管路的窥视镜检查油量是否正常。

（4）检查靠近轴承侧的轴封汽量或漏汽量是否过大。

（5）检查润滑油油质是否符合要求。

3. 背压式汽轮发电机组轴向位移增大

（1）由于主蒸汽参数不符合要求而引起轴向位移增大时，应立即进行调整，恢复至正常参数。

（2）当轴向位移超过正常值时，应迅速减负荷（降转速），使轴向位移降低至正常值以下。

（3）当轴向位移增大至正常值以上而采取措施无效后，并且汽轮机内有异常声响和振动时，应立即停机。

第十章　危险源辨识与防范

第一节　危险源概念

危险源是指在一定的条件下，可能引发伤害、疾病、财产损失、工作环境破坏或这些情况组合的根源、状态或行为。它可以是生产过程中存在的能量、危险物质或是由人的行为、管理缺陷等因素构成的。危险源的存在具有潜在性，即它在正常情况下不一定会导致事故，但一旦触发因素出现，就可能引发事故。

危险源通常由三个基本要素构成。

（1）潜在危险性。指危险源在事故触发时可能造成的危害程度或损失大小，如能量释放的强度或危险物质的量。

（2）存在条件。指危险源所处的物理、化学状态和约束条件，例如，物质的压力、温度、化学稳定性等。

（3）触发因素。指导致危险源转化为事故的外在条件，不同的危险源有其相应的敏感触发因素。

危险源可以存在于各个层面，从国家、行业、单位到具体的设备、岗位或行为。它们可以是固定的设施、作业过程、管理环节或人的不安全行为等。为了确保安全，对危险源的识别、评估和控制是至关重要的。这包括对潜在危险源的定期检测、评估和监控，并制定相应的应急预案，以降低事故发生的风险。危险源辨识是保护员工健康、确保企业安全生产以及履行企业社会责任的重要措施，通过危险源辨识，可以更好地控制风险，实现持续的安全管理。

第二节　危险源分类

一、按照安全科学理论分类

按照安全科学理论分类主要是概念性的，根据危险源在事故发生发展过程中的作用，按安全科学理论把危险源分为两大类。

1. 第一类危险源

生产过程中存在的，可能发生意外释放的能量（能源或能量载体）或危险物质称作第一类危险源。为了防止第一类危险源导致事故，必须采取措施约束、限制能量或危险物质，控制危险源。

2. 第二类危险源

导致能量或危险物质约束或限制措施破坏或失效的各种因素称作第二

类危险源。第二类危险源主要包括物的故障、人的失误和环境因素（环境因素引起物的故障和人的失误）。

3. 两类危险源的关系

第一类危险源是伤亡事故发生的能量主体，决定事故发生的严重程度；第二类危险源是第一类危险源造成事故的必要条件，决定事故发生的可能性。第一类危险源的存在是第二类危险源出现的前提，第二类危险源的出现是第一类危险源导致事故的必要条件。一起伤亡事故的发生往往是两类危险源共同作用的结果。危险源辨识的首要任务是辨识第一类危险源，在此基础上再辨识第二类危险源。

二、按照 GB/T 13861《生产过程危险和有害因素分类与代码》分类

GB/T 13861《生产过程危险和有害因素分类与代码》是按导致事故和职业危害的直接原因（危害因素）对危险源进行分类，可以分为以下几类。

1. 物理性危险、危害因素

设备、设施缺陷；防护缺陷；电危害；噪声危害；振动危害；电磁危害；运动物危害；明火；造成灼伤的高温物质；造成冻伤的低温物质；粉尘与气溶胶；作业环境不良；信号缺陷；标志缺陷。

2. 化学性危险、危害因素

易燃、易爆性物质；自燃性物质；有毒物质；腐蚀性物质。

3. 生物性危险、危害因素

致病微生物；传染病媒介物；致害动物；致害植物。

4. 心理、生理性危害因素

（1）负荷超限：体力、听力、视力、其他负荷超限；健康状况异常。

（2）心理异常：情绪异常、冒险心理、过度紧张。

（3）辨识功能缺陷：感知延迟、辨识错误。

5. 行为性危害因素

（1）指挥错误：指挥失误、违章指挥。

（2）操作失误：误动作、违章作业。

三、按照 GB 6441《企业职工伤亡事故分类》分类

按照 GB 6441《企业职工伤亡事故分类》，将危险源分为 16 类：①物体打击；②车辆伤害；③机械伤害；④起重伤害；⑤触电；⑥淹溺；⑦灼烫；⑧火灾；⑨意外坠落；⑩坍塌；⑪放炮；⑫火药爆炸；⑬化学性爆炸；⑭物理性爆炸；⑮中毒和窒息；⑯其他伤害。

第三节　热网设备检修工岗位危险源辨识与防范

危险源辨识是指对工作环境中可能引起人员伤害、设备损坏或环境污

染的因素进行识别和评估的过程。对于热网设备检修工来说，这一过程尤为重要，因为他们的工作性质决定了他们经常需要接触各种机械设备和电气系统，这些地方潜在的危险源较多。

以下是热网设备检修工在作业过程中可能遇到的一些危险源以及相应的预防控制措施：

（1）机械伤害。检修工在操作机械设备时，可能会因为设备故障、操作不当等原因造成手指、手臂甚至身体的伤害。预防措施包括定期检查设备，确保设备处于良好的工作状态，以及操作时严格遵守操作规程。

（2）触电风险。电气设备在检修过程中可能会带电，如果检修工没有采取适当的安全措施，如断电作业，就有触电的风险。在进行电气设备检修前，必须确保设备已经彻底断电，并且检修工要穿戴适当的个人防护装备。

（3）高处坠落。检修工可能需要攀爬高处进行作业，如不使用安全带或安全带不合格，就有可能发生高处坠落事故。使用合格的安全带，并确保在作业过程中始终使用，可以有效预防此类事故。

（4）火灾与爆炸。检修工作可能涉及易燃易爆物品或电气设备，如果操作不当，可能会引发火灾或爆炸。在工作现场应禁止吸烟，远离易燃物品，并确保电气设备的安全使用。

（5）化学伤害。检修过程中可能会接触到化学物品，如酸碱、油漆等，这些物质可能会通过皮肤吸收或眼睛接触造成伤害。穿戴防化学品手套、眼镜和防护服，以及确保在通风良好的环境中作业，是必要的预防措施。

（6）噪声和振动。长时间暴露在高噪声环境中可能会对检修工的听力造成损害。使用耳塞和其他个人防护装备，以及定期休息，可以减少噪声对身体的伤害。

（7）不良作业环境。如通风不良、光线不足、温度过高等，都可能影响检修工的作业效率和安全。确保作业环境符合安全标准是非常重要的。

热网设备检修工在进行作业前，应进行详细的风险评估，制定相应的安全措施，并严格按照规程操作，以确保自身安全。同时，企业也应提供必要的安全培训和个人防护装备，并定期进行安全检查，以消除或控制潜在的危险源。通过以上危险源辨识与防范措施，可以有效降低热网设备检修工作中的安全风险，保障工作人员的生命安全和设备的正常运行，典型的现场危险源辨识与防范见表 10-1。

表 10-1　典型的现场危险源辨识与防范

危险源	类别	灾害类别	危险源描述	风险等级	建议和措施
灭火器	设施类	火灾	灭火器未按规定配置或失效	低风险	（1）按照规范规定的数量配备，一个防火单元不少于 2 具，不超过 5 具。 （2）定期检查灭火器状态，按时更换

续表

危险源	类别	灾害类别	危险源描述	风险等级	建议和措施
室内消火栓	设施类	火灾	（1）室内消火栓系统未按照标准设置且不能正常运行。 （2）未定期进行末端试水测试。 （3）末端消火栓压力表压力未在正常范围内或为0。 （4）未张贴室内消火栓使用提示。 （5）未定期对消火栓进行点检。 （6）消火栓配件存在缺失、损坏现象。 （7）消火栓水带老化破损	低风险	（1）按照标准设置室内消火栓系统并正常运行。 （2）定期进行检查测试并委托资质厂商进行维护、保养并出具维保记录。 （3）消防巡查人员应经培训合格后持证上岗。 （4）定期巡查。 （5）张贴室内消火栓使用提示。 （6）加强工作人员和学生的安全培训。 （7）定期对消火栓进行点检。 （8）定期检查消防水带、枪头是否齐全。 （9）补充配件，更换水带
应急疏散	活动类	其他伤害	（1）人员聚集性活动未进行充分的计划及演练。 （2）楼梯通道狭窄，应急事故发生时，不能有序进行撤离、救援。 （3）缺乏应急逃生知识，教职工引导疏散能力弱，现场混乱。 （4）应急事件发生后，救援物资缺乏，导致事故恶化	低风险	（1）节日活动前要制定详细的活动计划。 （2）活动计划中要明确各环节责任人和任务。 （3）在计划中需要将活动的注意事项一一列出，并由相关人员明确。 （4）日常定期检查疏散通道，严禁堵塞安全门、安全出口等疏散通道。 （5）学校要经常开展应急逃生知识教育培训。 （6）制定演练计划，每年至少进行一次演练。 （7）记录应急演练情况，及时进行完善。 （8）配备应急救援器材、设备和物资。 （9）建立应急救援器材台账。 （10）有定期检测和维护保养记录。 （11）工作人员会正确使用应急救援器材。 （12）配备救援车辆及通信、灭火、侦察、气体分析、个体防护等救援装备，建有演习训练等设施，定期开展应急物资装备主题教育培训

危险源	类别	灾害类别	危险源描述	风险等级	建议和措施
办公生活区	场所类	火灾	办公生活区易燃物乱堆、无安全用电	低风险	（1）加强安全教育培训，使员工掌握电气设备的相关知识，提高员工安全用电、防火安全意识；提高员工安全意识和隐患排查识别能力。 （2）严禁使用明火、大功率用电设备；带电作业需持证上岗；定期进行巡检，消除安全隐患
会议室	场所类	火灾	（1）会议室内电气线路有破损现象。 （2）消火栓、灭火器被埋压、圈占。 （3）安全出口、疏散通道被占用、封堵。 （4）应急照明灯、安全出口指示灯有故障、破损现象。 （5）风扇、灯具、黑板、投影仪等设备设施安装不牢固。 （6）门、窗、桌、椅存在破损、不牢固现象	低风险	（1）及时更换电源线或做绝缘防护措施。 （2）清理消火栓、灭火器周围杂物，不得圈占、埋压消火栓、灭火器。 （3）清理安全出口、疏散通道周围杂物，不得占用安全出口、疏散通道。 （4）管理员应定期参加安全培训。 （5）及时维修或更换应急照明灯、安全出口指示灯。 （6）公示负责人电话。 （7）经常检查，并及时加固。 （8）及时固定，定期巡查
配电室	场所类	触电	（1）配电室检修、操作未执行工作票制度。 （2）配电室检修前未对相应盘柜进行断电、验电。 （3）作业人员未按要求佩戴绝缘手套、穿绝缘胶鞋，未使用绝缘用具。 （4）未对相应盘柜进行确认，造成误操作。 （5）作业人员未进行专业培训及未取得特种作业相应资质。 （6）作业人员执行停送电程序错误	低风险	（1）配电室检修、操作必须执行工作票制度。 （2）配电室检修前应对相应盘柜进行断电、验电。 （3）电气作业人员应穿戴绝缘手套、穿绝缘鞋，使用经过检验的绝缘用具。 （4）电气作业人员必须取得电工特种作业资质。 （5）停送电应执行工作票制度，并按顺序停送电。 （6）配电室应上锁管理，进行电气维修时，必须由两人以上进行

续表

危险源	类别	灾害类别	危险源描述	风险等级	建议和措施
办公室	场所类	触电	（1）办公室内存在使用大功率电器现象。 （2）办公室内电气线路存在破损现象。 （3）计算机多、插排多、线路乱。 （4）办公室内存在排插串联现象	低风险	（1）办公室内不应使用大功率电器。 （2）定期对办公室管理人员进行安全培训。 （3）及时维修或更换电气线路并定期巡查。 （4）清理线路，核定负载，满足要求。 （5）排插不得串联使用
配电室	场所类	触电	配电柜、变压器等无保护措施	低风险	（1）加强安全教育培训，使员工掌握电气设备的相关知识、巡检标准；定期对电气设备进行巡检，消除安全隐患。 （2）配电柜、变压器具有接地或接零保护措施；电缆连接线紧固、无松动；设置警示标识
高温阀门和管道	设施类	灼烫	高温阀门和管路检查维护不到位	低风险	加强巡检，严格按照规定对高温阀门和管路进行检查、维护
有限空间作业	活动类	中毒和窒息	（1）进行有限空间作业前，未进行危险分析并制定安全措施。 （2）未办理有限空间作业审批手续。 （3）作业前未对有限空间内部进行通风换气，未对有限空间氧浓度进行检测。 （4）未配备监护人员或监护人员擅离职守。 （5）作业人员与监护人员不能保证时时通话。 （6）未对电源及其他危险能量进行上锁管理。 （7）未配备应急物资。 （8）未对有限空间作业进行有针对性的应急演练。 （9）未配备氧浓度及有害气体浓度检测设备	低风险	（1）人员进入有限空间进行作业前，应首先进行危险分析并制定安全措施。 （2）作业前，应办理有限空间作业审批手续。 （3）作业前应对有限空间内部进行通风换气，并对氧浓度含量进行检测，且合格。 （4）作业时必须配备监护人员，且监护人员不得擅离职守。 （5）作业人员与监护人员应能保持时时通话。 （6）作业前对电源及其他危险能量进行上锁管理。 （7）作业时应佩戴安全防护用品并配备应急救援物资。 （8）严禁盲目施救。 （9）指定有限空间作业人员，并定期组织进行有限空间作业应急演练活动。 （10）按要求配备氧浓度及有害气体浓度检测设备

危险源	类别	灾害类别	危险源描述	风险等级	建议和措施
泵房	场所类	触电	（1）电气线路绝缘老化、金属裸露。 （2）配电柜线路未规范连接，未进行上锁封闭。 （3）设备机械金属外壳未可靠接地。 （4）裸露部分的电气设施未设置遮栏或配电箱。 （5）非专业人员违规进行电气作业。 （6）现场线路接线乱，未规范敷设	低风险	（1）定期检查电气线路，保持线路绝缘完好。 （2）对配电线路进行规范连接，并进行上锁封闭。 （3）所有电气设备外壳应保持可靠接地。 （4）有带电裸露部分的电气设备应设置遮栏或配电箱。 （5）制定相关安全管理制度、安全操作规程。 （6）设置安全警示标志和危险源告知牌
泵房	场所类	机械伤害	（1）机械设备防护网、罩缺失。 （2）作业人员衣物或头发有飘荡部分。 （3）触及设备旋转部分。 （4）违规进入设备运动区域。 （5）机械设备检修前未进行断电及其他能量隔离锁定措施	低风险	（1）设备运转部位应安装防护装置并确保完好有效。 （2）对设备的隔离、急停等安全装置进行定期检查维护，在安全装置存在问题的情况下不得启用设备。 （3）作业人员衣物、头发不应有飘荡部分。 （4）严禁身体任何部分接触设备旋转或运动部分。 （5）严禁违规进入设备部件运动区域。 （6）机械设备检修前应采取能量隔离锁定措施
电工作业	活动类	触电	（1）电工未经过岗前培训，未持证上岗。 （2）未穿戴绝缘手套、电工鞋，未使用绝缘工具作业。 （3）维修电气设施时，电工进行带电作业	低风险	（1）定期对电工进行安全培训，并优先录用持有电工证的人员。 （2）配发绝缘手套、电工鞋、绝缘工具。 （3）加强监督管理。 （4）电工应持证上岗并定期参加安全培训。 （5）加强对电工的安全管理
配电柜	设施类	触电	（1）配电箱（柜）、电气线路连接不规范。 （2）电气线路金属裸露、接触不良或漏电保护、接地装置损坏。 （3）配电箱（柜）未上锁管理，箱（柜）体未进行静电防护。 （4）配电箱（柜）上未张贴"当心触电"警示标志。	低风险	（1）定期对电气线路及配电设施进行检查维护，确保过载、短路、漏电保护、接地等设施装置完好可靠。 （2）电气盘、柜、箱安全防护装置保证齐全。 （3）配电线路应由专业电工进行规范连接。 （4）配电柜应安装专用的N线、PE线端子板，并有明显标识，其连接方式应采用焊接、压接或螺栓连接，统一端子上连接电线不应多于两根。

续表

危险源	类别	灾害类别	危险源描述	风险等级	建议和措施
配电柜	设施类	触电	（5）作业人员作业时未穿戴防护手套、绝缘鞋等个人防护用品。 （6）由非专业人员对配电设施进行操作或维修	低风险	（5）配电箱（柜）上张贴"当心触电"警示标志。 （6）配电柜柜体进行等电位连接。 （7）作业人员作业时穿戴防护手套、绝缘鞋等个人防护用品。 （8）配电柜进行上锁管理，非专业人员禁止进行维修
检维修作业	活动类	触电	（1）检修停机未执行操作牌、停电牌制度。 （2）过载、短路、漏电保护、接地等设施装置损坏。 （3）检修中设备误送电或反馈送电。 （4）人员维护、操作使用的工器具或安全防护用品绝缘不合格，使用中发生触电。 （5）未经审批私自安装临时用电线路，用电线路由非专业电工安装，设置不规范，使用完毕后未及时拆除	低风险	（1）检修停机必须严格执行操作牌、停电牌制度，停电必须三方确认。拉闸断电、验电、放电。各相短路接地。悬挂"禁止合闸，有人工作"的标示牌，并进行能量锁定。 （2）过载、短路、漏电保护、接地等设施装置定期检查和维护。 （3）检修中设备送电之前应进行安全确认。 （4）检维修作业使用的工器具或安全防护用品应保证有良好、可靠的绝缘。 （5）临时用电应进行审批，使用完毕后应及时拆除
电气设备及线路使用场所	场所类	触电	电线老化，没有切断电源	低风险	加强巡检，按期排查电路安全隐患，发现问题及时处理
		火灾	场所杂物乱堆，没有切断电源	低风险	加强巡检，及时清理场所杂物，设备不使用时，切断电源
井盖、热力井附近地面	设施类	坍塌	井盖缺失、塌陷，热力井附近的地面塌陷	较大风险	每天巡视管网井盖，发现井盖缺失、塌陷及时修复，发现热力井地面塌陷及时拉起警戒线，并及时通知施工队处理
供热交换站	场所类	灼烫	调节阀密封垫泄漏，换热器密封垫老化泄漏，管道焊缝泄漏	较大风险	定期检查更换老旧密封垫，定期检查热力交换站设备完好性
压力管道	设施类	其他伤害	（1）管道老化，焊缝开裂，受交叉施工导致管道破裂。 （2）地埋热力管道锈蚀严重，承压能力降低导致爆管事故	较大风险	（1）定期更换老化管道，经常巡检管线，采用在管道刷防锈漆等防护措施。 （2）检查进水口压力、流量和交换站压力、流量，比对压力、流量，计算判断管道有没有泄漏

第十一章 应急救援与现场处置

应急救援与现场处置是在突发事件或事故发生时，为了减少人员伤亡和财产损失，迅速恢复正常生产和生活秩序而采取的一系列紧急行动。

应急救援的主要目的是在紧急情况下，迅速有效地组织救援人员、设备和资源，对受害者进行救助，控制事故现场，防止事故扩大，并尽快恢复正常秩序。现场处置则侧重于对事故现场进行处理，包括事故原因的调查、现场清理、环境恢复等。

第一节 应急救援的基本原则

贯彻落实安全生产"以人为本，坚持人民至上、生命至上，把保护人民生命安全摆在首位"的安全发展理念，落实"安全第一、预防为主、综合治理"的方针，增强安全事故的预警、应急救援响应及处置能力，完善应急救援体系，确保迅速有效地处置各类生产安全事故，最大限度地减少事故灾难造成的人员伤亡、财产损失和对生态环境的影响。

一、响应分级

针对公司在生产过程中可能发生的生产安全事故类别、事故的危害程度与级别、影响范围和单位控制事态的能力，对事故应急响应进行分级。

生产安全事故预案应急响应分为三级，详见表11-1。

表 11-1 应急响应分级表

响应分级	响应条件	控制事态的能力
一级应急响应	发生或可能发生Ⅰ级（社会级）事故，立即启动一级应急响应，上报当地政府请求应急救援	需要请求地方主管部门协调、调度各方面的社会应急资源和力量进行应急处置
二级应急响应	发生Ⅱ级（公司级）事故，立即启动二级应急响应，上报上级公司，由公司按照生产安全事故应急预案组织救援，超出公司处置能力时启动一级响应	根据应急力量和资源进行应急处置，即可控制和消除事故的应急处置
三级应急响应	发生Ⅲ级（部门级）事故，立即启动三级应急响应，按照现场处置方案组织救援，超出部门处置能力时启动公司二级应急响应	事件发生部门能够完成控制事态和消除事故的应急处置

二、应急组织职责

应急组织机构由应急管理委员会、应急救援指挥部、应急救援指挥部办公室及下设的通信联络组、抢险组、医疗救援组、警戒疏散组、事故调查组、后勤保障组、工艺组共 7 个应急救援工作组组成，如图 11-1 所示。

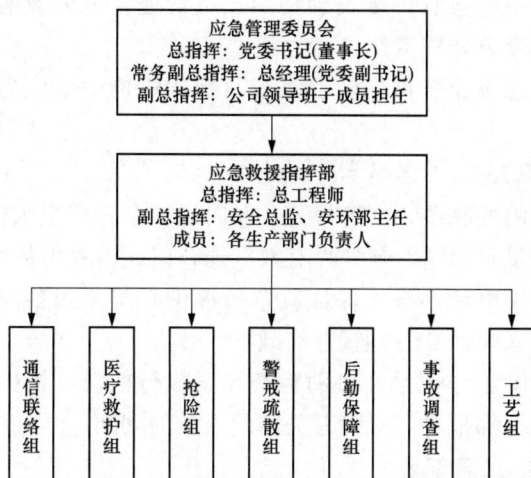

图 11-1　应急组织机构

（一）应急管理委员会职责

（1）负责统一领导公司安全应急管理工作，贯彻落实国家应急法律法规及相关政策，落实地方政府和集团公司应急管理规章制度及相关文件精神，研究决策应急管理工作重大事项。

（2）负责履行生产安全应急管理主体责任，建立和完善应急组织体系、应急预案体系、应急保障体系，指导应急培训与演练、应急实施与评估等应急管理工作，建立健全"横向到边、纵向到底"的应急管理体系。

（3）总体负责应急物资、人员、技术、通信、后勤、车辆等应急保障资源的组织、调配和准备工作。

（4）负责应急预案的审定，指导开展应急预案的培训和演练，并持续改进。

（5）事故发生时负责组建现场应急救援指挥部，组织开展应急救援工作，分析事故类型、事故可能造成的损失及事故发展态势，对应急救援重大问题进行决策。

（6）负责向上级主管部门及地方政府相关部门报告事故情况，审定新闻发布材料。

（二）应急救援指挥部主要职责

（1）接过现场应急救援指挥权，召集相关应急人员参与应急响应。

（2）负责分析和确定应急处置工作任务。

（3）负责协调、调度应急物资，开展应急处置工作。

（4）负责选择、制订应急行动与应急处置方案。

（5）负责指导、协调各部门应急处置工作。

（6）负责向应急管理委员会报告应急处置进展情况。组织指挥应急救援后的生产恢复和重建工作。

（7）根据公司应急管理委员会指示，负责配合地方政府和上级相关应急指挥机构开展应急处置工作。

（8）核实应急终止条件，向上级应急指挥机构申请应急终止，经同意后下达终止指令。

（三）通信联络组应急职责

（1）负责对内外联系，准确报警，及时向社会救援组织传递事故信息。

（2）按规定发布险情，与外界有效沟通，以获得有力的社会支援。

（3）设置专用电话系统，保证应急指挥中心与公司各应急小组以及当地应急部门的联系电话24h均畅通有效。

（4）做好抢险工作记录，协助检查预案执行情况，根据现场技术人员意见，随时向指挥部报告，接待有关部门人员的询问。

（四）抢险组应急职责

（1）启动应急预案后，迅速通知本小组成员，携带相关设备图纸、抢修、堵漏工具、设备等抢险救灾物资及个人防护用品，赶赴事故现场向应急总指挥报到。

（2）根据现场事故情况，及时安排相关抢险、抢修的准备工作（人力、物力）。

（3）与工艺组、专家组共同制定抢险、抢修处置方案并落实安全措施。

（4）接受应急指令，及时供应、调集抢险所需的各类应急物资、设备，及时向总指挥报告应急物资到位情况。

（5）接受应急抢险指令，按抢险方案组织抢修、抢险，并及时向总指挥汇报进度。

（6）协助事故终结后的生产恢复及参与事故调查。

（7）应急结束，清点本组人员，向总指挥汇报。

（8）参加事故终结后应急救援指挥部组织的事故应急总结、评价、分析等工作。

（9）执行总指挥各项指令，组长不在时，由副组长履行组长职责。

（五）医疗救援组应急职责

（1）迅速通知本小组成员到达事故现场，向应急总指挥报到。

（2）在事故现场与医疗救护人员核实救护车辆携带医疗救护器材情况（担架、氧气袋、急救箱、应急药品等），并向应急总指挥报到。

（3）立即对受伤人员进行医疗急救，并随时向总指挥报告受伤人员处置救护情况。

（4）与地方医疗机构联系，引导地方医疗救援车辆及时到达事故现场交接伤员，并对伤员救治情况进行跟踪、汇报。

（5）协助地方防疫部门，做好事故后卫生防疫和传染源的处置。

（6）做好伤员安抚工作，及时向总指挥汇报。

（7）应急结束，清点本组人员，向总指挥汇报。

（8）参加事故终结后应急救援指挥部组织的事故应急总结、评价、分析等工作。

（六）警戒疏散组应急职责

（1）接到指令后，迅速通知本小组成员，携带警戒用品，赶赴事故现场向应急总指挥报到。

（2）按照总指挥指令，设置警戒区域并进行管制，疏散人员，维护现场秩序。

（3）按照指令对现场道路和大门进行管制，严禁无关人员及未经准许的车辆进入。

（4）接应外来救援车辆和人员到事故现场。

（5）监督进入警戒区域的抢险人员佩戴个人防护器材。

（6）配合新闻信息组阻止未经授权人员对事故现场进行拍照、录像，防止事故相关信息外泄。

（7）安排警力对事故现场进行保护，协助事故现场有关证据的收集。

（8）应急结束，清点本组人员，向总指挥汇报。

（9）参加事故终结后应急救援指挥部组织的事故应急总结、评价、分析等工作。

（10）执行总指挥各项指令。

（七）事故调查组应急职责

（1）迅速通知本小组成员，携带相关取证器材，赶赴事故现场向应急管理委员会总指挥报到。

（2）对事故相关资料（工艺记录、工作日志、记录报表、监控录像、电话录音等）、物证进行搜集、封存。

（3）对事故原因、事故责任、事故损失等情况进行前期调查取证，及时向应急管理委员会总指挥汇报。

（4）完成事故发生前期的调查取证工作。

（5）应急结束，清点本组人员，向总指挥汇报。

（6）事故调查工作应符合国家相关事故调查规定，同时要配合法定事故调查机构进行调查。

（7）参加事故终结后应急救援指挥部组织的事故应急总结、评价、分析等工作。

（八）后勤保障组应急职责

（1）应急预案启动后，迅速通知本小组成员，携带后勤相关应急物资，赶赴事故现场向应急总指挥报到。

（2）接受总指挥指令，为抢险人员提供生活、交通运输车辆等后勤保障。

（3）负责现场运输救援物资车辆的调配和使用。

（4）负责受事故影响人员的疏散、安置、抚慰工作。

（5）协助医疗救援组做好伤员的转院、家属安置工作。

（6）负责外部应急救援人员的接待。

（7）应急结束，清点本组人员，向总指挥汇报。

（8）参加事故终结后应急救援指挥部组织的事故应急总结、评价、分析等工作。

（9）执行总指挥各项指令，组长不在时，由副组长履行组长职责。

第二节　应急救援要求

一、人员要求

（1）作业人员必须经三级安全教育培训并考试合格后持证上岗，且精神状态良好，按照要求穿工作服，着统一反光背心、安全帽。

（2）电工、焊工应持有特种作业证，并穿绝缘鞋，佩戴袖标，焊工佩戴焊工手套，电工佩戴绝缘手套。

（3）交通指挥人员必须佩戴肩灯，配备交通指挥棒，穿反光背心，正确佩戴安全帽。

（4）当水温等于或大于50℃时，工作班成员应穿着防烫伤的工作服、工作鞋，戴防烫伤的手套和必要的安全用具。

（5）作业前办理工作票（抢修作业票）、风险预控票，工作负责人组织召开班前会和作业前安全交底，工作班成员全部填写《人身安全风险分析预控本》。

二、机具要求

（1）按照抢修施工方案，做好抢修机械、设备、工器具的储备，重点检查配电箱、移动电源盘、电缆、轴流风机、连体防水裤、雨靴、高温排水泵、水带等配备齐全，完好可靠，均在有效期内。

（2）现场电动工器具应由专业电工人员检验并粘贴合格证，使用前再次检查确认工器具的外观、线缆是否完整无损。

（3）临时用电必须严格遵守"一机一闸一保护"，电缆无破损、老化，敷设防护正常，配电箱设有电工信息表、接线图、巡检记录表，且外壳接地良好；电焊机外壳必须可靠接地，电焊机一、二次线与电焊机接点处必须有绝缘防护套。

（4）对应急设备工具进行储备。

（5）施工单位的施工机械设备（如汽车起重机、挖掘机）和现场安全设施（包括临时设施、钢管、扣件等）进场前，应经自检合格后方可入场使用，入场后设备、工具应规范摆放。

三、作业区布置

（1）道路抢修作业前，车辆停靠在作业地点前，打开车辆双闪。人员下车后，由交通指挥人员进行道路车辆引导，其他人立即进行工作区封闭。

（2）道路抢修作业临时封闭的水马或者锥桶道路应从作业地点迎车方向 50m 处开始设置，要求反光条必须清晰可用，每个锥桶的摆放间距不大于 1m。如作业地点离路口较近无法满足足够的安全距离，应增加锥桶及警示灯的数量，强化警示效果。

（3）工作区域的最前端应设置作业告示牌、安全警示牌、安全警示灯、车辆引导牌或引导灯。夜间作业时，需在隔离区域的两侧设置安全警示灯。

（4）作业区外围搭设完成后，内部应划分作业区、材料区、工器具区、废料区，将材料堆放整齐、稳固，工器具摆放有序，垃圾分类堆放并及时处理，作业区应采用硬质围栏进行防护。

（5）道路抢修作业围挡距离基坑边缘不得小于 1m，围挡高度不低于 1.8m，并预留挖机和渣土车进出口。

（6）作业区设置视频监控或配备执法记录仪。

（7）现场柴油发电机使用围栏进行隔离，附近配置灭火器，柴油发电机引接三级配电箱（满足一机一闸一保护），配电箱引出用电设备或带有漏电保护器的电源盘，电源线沿围挡架空布置，与围挡悬挂处使用绝缘挂钩。

（8）现场使用的电焊机外壳必须规范接地，接地线使用黄绿铜芯线，接地装置使用圆钢或角钢，接入地深度不低于 0.7m。

（9）现场使用的氧气、乙炔气瓶应分开存放，每种气瓶不超过 2 个，氧气瓶和乙炔气瓶的距离不得小于 8m，氧气瓶和乙炔气瓶到焊接作业点火源的距离不应小于 10m。

（10）夜间施工时，现场保持充足的照明。

四、基坑开挖

（1）基坑开挖前应与给排水、电力、通信、天然气等单位进行联系，确认开挖区域相关管线埋深、走向，并标出明显标识。

（2）基坑应按照施工方案进行放坡或支护，基坑开挖后应将基坑边的浮石、沥青全部清除。

（3）基坑内应设置便于施工人员疏散的爬梯或台阶。

（4）挖出的泥土、石块等应及时转运，如现场条件满足，允许堆砌泥土时，应距离基坑 2m 外堆放，高度不超过 1.5m，并应及时用密目网进行苫盖。

（5）找到管网漏点后，重新对基坑进行修缮，并满足第（2）～（4）条要求。

五、抢修管理

（一）道路抢修

（1）属于市政道路的管网抢修，抢修作业前必须由专人以电话或短信形式向市政工程管理处和交警进行抢修报备工作，待市政工程管理处和交警回复同意后方可开工作业，确保抢修作业顺利开展。

（2）漏点找到后，对管网漏点前后进行隔离，放水泄压，立即采用液压泵或柴油泵进行抽水，排水管不应有漏点，排水管应分段进行固定，将污水排至下水井，下水井井盖处应增设防护措施，夜间抢修时，如出现动力站噪声扰民，可使用电动抽水泵进行抽水，电动抽水泵抽水作业前，作业人员应检查确保电动抽水泵已断电，由专人穿绝缘鞋、佩戴绝缘手套将其送至基坑内，待基坑内作业人员全部撤离后方可进行通电抽水作业，同时安排专人负责电动抽水泵的开关，确保电动抽水泵能够随时断电。

（3）根据管网漏点情况，结合抢修方案，选择快速捆扎、钢带捆扎压垫、钢质卡箍压垫、钢带捆扎注胶、钢质夹具注胶、焊接补丁、焊接盲管等堵漏方法进行应急抢修。

（4）抢修作业开工前，由工作负责人对全体工作班成员进行安全技术交底，工作人员掌握工作内容及风险。

（5）工作人员正确穿戴安全防护用品（安全帽、防护服、防护手套等）。高温管网消漏时，工作人员必须穿好耐高温的防护手套、防护鞋、防护面罩、防护服。夜间抢修作业时，工作人员需佩戴防雾头灯。

（6）在管网进行焊接补丁、盲管等现场焊接作业时，人员须站在干燥的地面或木板上，不得站在集水坑内进行焊接作业。

（7）漏点抢修结束后，对开挖基坑进行分层回填、压实，恢复至原标高。

（二）阀门井、地沟抢修

（1）作业前，打开阀门井、地沟进出口，保持持续通风。

（2）作业现场围挡内铺设胶皮，标准化放置各项工器具及安全用具。

（3）确认气体检测仪、移动式通风风机、安全绳、低压照明、警示灯、对讲机等个体防护用品及安全防护用品齐全有效。

（4）作业前采取可靠隔断（隔离）措施，将有限空间与其他可能危及安全作业的管道或其他空间隔离。

（5）保持有限空间出入口畅通，设置明显的安全警示标志和警示灯。

（6）阀门井、地沟作业前对作业人员进行安全交底，交底内容包括作业内容、作业过程中可能存在的安全风险、作业安全要求和应急处置措施等。

（7）作业前应进行阀门井、地沟内气体检测，人员进入前开展气体检测及通风置换（配备 2 台风量不小于 $60m^3/min$ 的风机，一送一抽），气体检测合格后开始实施作业。

（8）作业过程中，阀门井、地沟内作业区全过程强制进行通风置换，应连续进行气体监测，每 30min 进行气体含量记录。

（9）阀门井、地沟内照明必须使用电压等级为 12V 及以下的行灯，使用充电式电动工器具，不得进行强电作业。

（10）阀门井、地沟作业期间，在有限空间外必须设有专人监护，监护人员不得脱离岗位，并应掌握有限空间作业人员的人数和身份，通过安全绳、对讲机喊话等方式和作业人员沟通，沟通频率不少于每 10min 1 次。

（11）情况异常时应立即停止作业，撤离人员。如发生人员中毒或窒息等事件，应及时拨打 120，并向公司汇报启动相关应急预案，经安全风险评估和分析并确定救援方案后方可开展救援，救援人员必须穿戴正压式空气呼吸器等合格的个人防护用品，绑扎安全绳后再进行救援，不得盲目施救。

六、作业结束

作业完成后，现场监护人清点人员和设备，对场地设备和工具进行清理，确认作业现场无设备遗留后，解除本次作业前采取的隔离、封闭、交通措施，恢复现场环境后安全撤离作业现场。

热网设备检修工在应急救援与现场处置方面，需要具备一定的专业知识和技能。他们的主要职责是在热网设备出现故障或事故时，迅速进行现场处置，确保人员安全和设备正常运行。以下是热网设备检修工在应急救援与现场处置中的一些关键步骤和注意事项：

（1）熟悉应急预案。热网设备检修工需要熟悉相关的应急预案，包括事故预警、应急响应级别、应急组织架构、个人防护装备使用、救援设备操作等。

（2）掌握应急设备操作。检修工应熟练掌握各种应急设备的使用方法，如消防器材、通风设备、泄漏控制装置等。

（3）快速响应。一旦发生热网设备故障或事故，检修工应立即启动应急预案，快速响应，迅速抵达现场。

（4）安全第一。在现场处置过程中，检修工应始终将人员安全放在首位，确保自身安全，同时采取措施保护现场人员的安全。

（5）原因调查。在事故现场，检修工需要对事故原因进行初步判断和调查，为后续的修复和预防工作提供依据。

（6）现场清理。在事故得到控制后，检修工应协助进行现场清理，确保环境恢复。

（7）总结经验。应急处理结束后，检修工应总结本次应急处理的经验教训，提出改进措施，为今后的应急工作提供参考。

（8）培训与演练。检修工应定期参加应急培训和演练，提高自身的应急处理能力。

热网设备检修工在应急救援与现场处置中起着至关重要的作用。需要具备专业的知识和技能，能够在紧急情况下迅速、有效地进行现场处置，确保人员安全和设备正常运行。

第三节　应急处置措施

根据事故的特点及其引发物质的不同以及应急人员的职责，在事故发生后，警戒疏散、医疗救治、抢险抢修、环境保护及人员防护等工作需采取不同的应急处置措施。

应急处置的原则：

（1）迅速报告的原则，主动抢险、迅速处理的原则。

（2）生命第一原则。

（3）科学施救、控制危险、防止事态扩大的原则。

（4）保护财产安全、确保设施安全的原则。

（5）保护现场、收集证据的原则。

一、警戒疏散应急处置措施

（1）事故发生时，首先进行事故发生现场区域的划分，以确保救援人员和撤离人员都能处于一个相对安全的活动范围。各区域用警示带加以分隔，并用警示牌作为提示标志。实行交通管制、车辆疏导，引导与抢险无关人员安全撤离；有外协救援队伍进入公司实施救援时，安排专人在公司大门引导进入事故地点。

（2）在事故发生后 30min 内，要根据事故影响范围大小，确定疏散距离。

（3）发生事故后，若发出紧急疏散指令，应立即启动警报装置，打开疏散通道。紧急疏散由事故影响区域内的负责人组织，按照预定路线有序进行。当预定路线遇阻时应选择另外安全路线撤离，原则是人员安全和撤离路线尽量短。

二、医疗救治应急处置措施

应急救援人员必须佩戴个人防护用品迅速进入现场危险区，沿逆风方向将患者转移至空气新鲜处，根据受伤情况进行现场急救，并视实际情况迅速将烫伤、中毒人员送往医院抢救。

（1）发生生产安全事故后，在保证自身安全的情况下，应立即组织人员抢救伤员，同时拨打急救电话（120），等待专业医疗救治人员到场。

（2）医疗救治应遵循"先救命、后治伤"的原则。

（3）处理伤员时，首先处理危及生命的急症和重伤员，然后处理轻伤员。即先急后重、先重后轻，在急救人员少、伤病员多的情况下，要对那些经过应急救护能存活的伤员优先抢救。

三、技术支持应急处置措施

各专业工艺组参与事故救援，根据事故现场及监测泄漏等情况提出事故救援方案，并由应急救援指挥部决策后实施，确保事故救援的科学性和有效性。

四、抢险抢修应急处置措施

根据现场情况，制定应急、抢修方案以及临时抢险救援设备（泵、风机、照明、检测器具）等的安装、落实措施并组织实施。以控制泄漏源、防止次生灾害发生为处置原则，应急人员应佩戴个人防护用品进入事故现场，根据事故影响范围及时调整隔离区的范围，转移受伤人员，控制泄漏源，实施堵漏。

五、后勤保障应急处置

（1）为应急处置人员提供生活、交通运输车辆等后勤保障。

（2）负责现场运输救援物资车辆的调配和使用。

（3）负责受事故影响人员的疏散、安置、抚慰工作。

（4）协助医疗救援组做好伤员的转院、家属安置工作。

（5）负责对事故现场进行拍照、录像，保管事故影像资料。

（6）做好事故发生后情况观察分析、预情监控，宣传相关知识，排查突发事件和谣传，稳定环境秩序。

六、后期处置

（一）事故调查和生产秩序恢复

由应急管理委员会总指挥作为事故调查组组长，组成由工会、安全、生产、设备技术人员组成的技术组和发生事故部门、单位参加的事故调查小组，对事故现场进行保护并进行事故现场勘查、取证。

事故抢救结束后，经应急管理委员会总指挥以及应急救援指挥部总指挥、事故调查组同意，进入设备设施恢复和生产秩序恢复阶段。有关部门要制定恢复计划，以确保恢复生产时的安全。应急救援指挥部组织编写应急总结。

应急总结至少包括以下内容：

（1）事故情况，包括事故发生的时间、地点、人员伤亡情况、财产损失情况、影响范围、事故发生初步原因。

（2）应急处置过程。

（3）处置过程动用的应急资源。

（4）处置过程遇到的问题、取得的经验和吸取的教训。

（5）对应急预案的修改建议。

（二）污染物处理

根据灭火、抢险后事故现场的具体情况，洗消去污可采用以下几种措施：

（1）稀释。用水、清洁剂、清洗液稀释现场污染物料。

（2）处理。对应急行动工作人员使用后的衣服、工具、设备进行处理。当应急人员从现场撤出时，他们的衣物或其他物品应集中储藏，作为危险废物处理。

（3）物理去除。使用刷子或吸尘器除去一些颗粒性污染物。

（4）中和。中和一般不直接应用于人体，一般可用苏打粉、碳酸氢钠、醋、漂白剂等用于衣服、设备和受污染环境的清洗。

（5）吸附。可用吸附剂吸收污染物，但吸附剂使用后要回收、处理。

（6）隔离。隔离需要全部隔离或把现场受污染环境全部围起来以免污染扩散，污染物质要适时处理。

（7）对现场的污染物进行检测，根据污染物的具体处置方法进行处置，应急产生的消防等废水集中到事故水池进行处理。其他无能力处置的废弃危险化学品，则委托具有危险化学品废弃物处置资质的单位进行处理。

（8）对污染区域和进入污染区域的人员、器材装备设置洗消区域进行及时洗消。

（9）碱类泄漏采用围堤堵截，筑堤堵住泄漏液体，防止流入雨水、污水管道，造成污染，可回收的，尽量回收；不可回收的进入事故池，采用吸着物，以抑止溢泄。中和残余物质，处理的废料送危险废物暂存间。

（10）消防废水以及其他污染水的处理，经处理后，达标排放。

（11）废物的处理，可回收的尽量回收，不能回收的送危险废物暂存间。

（三）人员安置

发生生产安全事故，警戒疏散组、后勤保障组应于厂区外开阔安全地带设置临时人员疏散救护场所，安置疏散人员，统计和核实事故伤害人员的数量、姓名、年龄、工种、伤害部位、伤害程度以及家庭成员基本情况。配合工会、人力资源部、办公室了解伤员的治疗恢复情况，消除员工恐慌心理，尽快调整情绪，投入生产。

成立善后赔偿及事故调查组，按照有关法律、法规、政策规定，履行下列职责：

（1）对伤者本人及家属、亡者家属的慰问、护理、赔偿。

（2）安全生产责任保险理赔，工伤保险办理。

（3）抚恤金申领、发放，丧葬补助费发放。

（4）医疗及后期治疗等费用筹措。

（四）应急救援能力评估

总结救援过程中的经验和教训，组织救援人员召开会议，对抢险过程和应急救援能力进行评估，形成评估报告，对应急预案进行修订。

（1）应急救援办公室应根据《事故应急救援工作总结报告》，对本次救援工作进行评估，明确救援工作中的不足及改进项，评估公司应急救援队伍的救援能力及公司现有消防及防护器材的数量等能否满足应急救援要求，制定出改进方案并及时进行培训和执行。

（2）应急响应和救援工作结束后，由应急救援办公室牵头，按事故处理"四不放过"（事故原因未查清不放过、责任人员未处理不放过、整改措施未落实不放过、有关人员未受到教育不放过）原则，认真分析事故原因，制定防范措施，落实安全生产责任制，防止类似事故发生。

（3）应急救援办公室负责收集、整理应急救援预案工作记录、方案、文件等资料，组织对应急救援过程和应急救援保障等工作进行总结和评估，提出改进建议和意见，并将总结评估报告报送政府相关部门。

第四节 现场处置方案

一、高处坠落事故现场处置方案

高处坠落事故现场处置方案见表 11-2。

表 11-2 高处坠落事故现场处置方案

事故风险描述	事故类型	根据高处作业者工作时所处的部位不同，高处作业坠落事故可分为： （1）临边作业高处坠落事故。 （2）洞口作业高处坠落事故。 （3）攀登作业高处坠落事故。 （4）悬空作业高处坠落事故。 （5）操作平台作业高处坠落事故。 （6）交叉作业高处坠落事故等
	事故发生的地点	生产区域内，凡在坠落高度基准面 2m 以上（含 2m）从事作业活动的人员，均可发生高处坠落事故，如除污罐、板式换热器的检维修，太阳能光伏板的检维修及安装等
	事故的危害严重程度及影响范围	高处坠落事故发生在进行高处作业时；发生高处坠落后，可导致人员轻伤、重伤，甚至死亡；其影响范围为生产现场所有存在高处作业的场所和区域
	事故前可能出现的征兆	（1）指派无登高作业操作资格的人员或有登高禁忌症的人员从事登高作业。 （2）未经现场安全人员同意擅自拆除安全防护设施。 （3）不按规定的通道上下进入作业面，而是随意攀爬非规定通道。 （4）高空作业时未按规定穿戴好个人劳动防护用品（安全帽、安全带）或作业面下方没有架设安全防护网。 （5）在临边作业或转移作业地点时因踩空、踩滑而坠落。

事故风险描述	事故前可能出现的征兆	（6）作业场所安全防护设施的材质强度不够、安装不良、磨损老化等。 （7）高处作业人员的安全帽、安全带、安全绳等防护用品存在缺陷而破损、断裂、失去防滑功能等引起的高处坠落事故。 （8）作业人员存在精神状态不佳、疲劳作业。 （9）作业平台安全防护设施缺失或存在缺陷。 （10）六级大风以上户外登高作业
	事故可能引发的次生、衍生事故	高处坠落事故可导致人员轻伤、重伤，甚至死亡等次生、衍生事故
	应急小组人员	组长：部门值班领导。 成员：班组长及当班其他人员
	职责	组长职责：负责了解和掌握现场情况，及时向上级汇报，在上级应急指挥机构到达前负责指挥和组织现场抢救。 成员职责：听从组长指挥，负责事故现场的抢险救援工作
应急救援程序		事故现场发现人第一时间报告班组长和部门当班领导，并在确保自身安全的条件下，采取措施进行施救。部门值班领导到达现场后，立即组织救援，并报告值班领导
应急处置		（1）立即汇报班组长。 （2）班组长接到汇报后，立即汇报片区负责人及生产调度，由在班组长启动现场应急处置预案，当片区负责人到场时及时将管理权移交。 （3）停止作业。 （4）查看、询问受伤人员伤情，切勿盲目将受伤人员进行移动。 （5）对于较浅的伤口，可用干净衣物或纱布包扎止血，较大的动脉创伤出血，还应在出血位置的上方动脉搏动处用手指压迫或用止血胶管（或布带）在伤口近心端进行绑扎；较深创伤大出血，在现场做好应急止血加压包扎后，应立即送往医院进行救治；在止血的同时，还应密切注视伤员的神志、皮肤温度、脉搏、呼吸等体征情况。 （6）对怀疑或确认有骨折的人员应询问其自我感觉情况及疼痛部位，对于昏迷者要注意观察其体位有无改变，切勿随意搬动伤员，避免骨折端错位加重损伤。应先在骨折部位用木板条或竹板片于骨折位置的上、下关节处作临时固定；如有骨折断端外露在皮肤外的，用干净的纱布覆盖好伤口，固定好骨折上下关节部位，然后等待救援。 （7）对于脊椎骨折的伤员，搬运时应用夹板或硬纸皮垫在伤员的身下，搬运时要均匀用力以免受伤的脊椎移位、断裂，造成截瘫或导致死亡；如伤员不在危险区域，暂无生命危险的，最好待医务急救人员进行搬运。 （8）如怀疑有颅脑损伤的，首先必须保持呼吸道通畅，昏迷伤应侧卧位或仰卧偏头，以防舌根下坠或分泌物、呕吐物吸入气管，发生气道阻塞；对烦躁不安者可因地制宜地予以手足约束，以防止伤及开放伤口，然后积极组织送往医院救治。 （9）如受伤人员呼吸和心跳均停止时，应立即按心肺复苏法支持生命的三项基本措施，进行就地抢救。步骤为通畅气道→口对口（鼻）人工呼吸→胸外按压；在抢救过程中，要每隔数分钟判定一次，每次判定时间均不得超过5~7s；在医务人员未接替抢救前，现场抢救人员不得放弃现场抢救
注意事项		（1）进行心肺复苏救治时，必须注意受害者姿势的正确性，操作时不能用力过大或频率过快。 （2）脊柱有骨折伤员必须用硬板担架运送，勿使脊柱扭曲，以防途中颠簸使脊柱骨折或脱位加重，造成或加重脊髓损伤。

注意事项	（3）搬运伤员过程中严禁只抬伤者的两肩或两腿，绝对不准单人搬运，必须先将伤员连同硬板一起固定后再行搬动。 （4）用车辆运送伤员时，最好能把安放伤员的硬板悬空放置，以减缓车辆对伤员的颠簸，避免对伤员造成进一步的伤害

二、灼烫事故现场处置方案

灼烫事故现场处置方案见表 11-3。

表 11-3　灼烫事故现场处置方案

<table>
<tr><td rowspan="7">事故风险描述</td><td>事故类型</td><td>高温灼烫、化学灼烫</td></tr>
<tr><td>事故发生的地点</td><td>中继站、换热站、末级站中的高温设备及蒸汽管道，以及软水制备过程中使用的酸碱及其他具有腐蚀性物质存在区域</td></tr>
<tr><td>事故的危害严重程度及影响范围</td><td>事故可造成局部组织损伤，轻者损伤皮肤，出现肿胀、水泡、疼痛；重者皮肤烧焦，甚至血管、神经、肌腱等同时受损，呼吸道也可烧伤，烧伤引起的剧痛和皮肤渗出等因素导致休克，晚期出现感染、败血症等并发症而危及生命</td></tr>
<tr><td>事故前可能出现的征兆</td><td>（1）高温设备设施上未设置保温层。
（2）检修高温的管道容器时未按要求穿戴防护用品。
（3）高温、高压蒸汽或腐蚀性物质泄漏。
（4）进行化学药品操作时出现人为失误</td></tr>
<tr><td>事故可能引发的次生、衍生事故</td><td>灼烫事故可能引发人员伤亡、火灾等次生、衍生事故</td></tr>
<tr><td>应急小组人员</td><td>组长：部门值班领导。
成员：班组长及当班其他人员</td></tr>
<tr><td>职责</td><td>组长职责：负责了解和掌握现场情况，及时向上级汇报，在上级应急指挥机构到达前负责指挥和组织现场抢救。
成员职责：听从组长指挥，负责事故现场的抢险救援工作</td></tr>
<tr><td>应急救援程序</td><td colspan="2">事故现场发现人第一时间报告班组长和部门当班领导，并在确保自身安全的条件下，采取措施进行施救。部门值班领导到达现场后，立即组织救援，并报告值班领导</td></tr>
<tr><td>应急处置</td><td colspan="2">（1）当发生灼烫事故后，现场人员立即向周围人员呼救，迅速将烫伤人员脱离危险区域立即冷疗，面积较小的烫伤可用大量冷水冲洗至少 30min，保护好烧伤创面，尽量避免污染；面积较大或程度较深的烫伤应以干净的纱布敷盖患部简单包扎，尽快转送医院或拨打 120。
（2）火焰烧伤。衣服着火应迅速脱去燃烧的衣服，或就地打滚压灭火焰，或以水浇，或用衣被等物扑盖灭火，切忌站立喊叫或奔跑呼救，避免头面部和呼吸道灼伤。
（3）高温液体烫伤。应立即将被热液浸湿的衣服脱去，如果与皮肤发生粘连，不得强行脱烫伤人员的衣物，以免扩大创面损伤面积。
（4）化学烧伤。受伤后首先将浸有化学物质的衣服迅速脱去，并立即用大量水冲洗，尽可能地去除创面上的化学物质。</td></tr>
</table>

应急处置	（5）物料烫伤。高温物料烫伤时，应立即清除身体部位附着的物料，必要时脱去衣物，然后冷水冲洗，如贴身衣服与伤口粘在一起时，切勿强行撕脱，以免使伤口加重，可用剪刀先剪开，然后慢慢将衣服脱去。 （6）气道吸入性损伤的治疗应于现场即开始，保持呼吸通畅，解除气道梗阻，不能等待诊断明确后再进行；伴有面、颈部烧伤的患者，在救治时要防止再损伤。 （7）对烫伤严重者应禁止大量饮水，以防休克；口渴严重时可饮盐水，以减少皮肤渗出，有利于预防休克。 （8）如有在救援过程中发生中毒、窒息的人员，立即将伤者撤离到通风良好的安全地带，给予氧气吸入；如受伤人员呼吸和心跳均停止时，应立即按心肺复苏法支持生命的三项基本措施，进行就地抢救。步骤为通畅气道→口对口（鼻）人工呼吸→胸外按压；在抢救过程中，要每隔数分钟判定一次，每次判定时间均不得超过 5~7s；在医务人员未接替抢救前，现场抢救人员不得放弃现场抢救
注意事项	（1）当发生灼烫事故后，现场人员在抢救伤者的同时要做好自身防护措施。 （2）切勿在创面上涂抹有颜色药物，以免影响对烧伤程度的观察；在除去伤者衣物时注意不要生拉硬扯，以免造成组织二次损伤，可用干净敷料或布类保护创面，使伤者在转送途中不再污染。 （3）烧伤患者伤后多有不同程度的疼痛和躁动，应尽量减少镇静止痛药物的应用，防止掩盖病情变化，还应考虑有休克因素。 （4）气道吸入性损伤的治疗应于现场即开始，保持呼吸通畅，解除气道梗阻，不能等待诊断明确后再进行。 （5）拨打急救电话时，必须说明事故发生的时间、地点、事故情况、人员受伤情况、事故现场救援处理情况。 （6）如事故发生在夜间，应迅速解决临时照明，以便进行应急抢救，避免事故扩大。 （7）应急处置结束后，未发生人员伤亡和其他次生、衍生事故的，检查是否存在其他隐患，待检查结束后恢复生产或作业；发生人员伤亡和其他次生、衍生事故的，应急小组要做好事故现场保护工作，配合事故调查部门做好事故原因的调查取证工作

三、受限空间中毒窒息事故现场处置方案

受限空间中毒窒息事故现场处置方案见表 11-4。

表 11-4 受限空间中毒窒息事故现场处置方案

	事故类型	受限空间事故类型：急性中毒、缺氧窒息
事故风险描述	事故发生的地点	有限空间有除污罐、污水井、膨胀水箱、阀门井、管道管沟内检修作业区域等
	事故的危害严重程度及影响范围	受限空间中毒窒息事故多发生在工作人员没有采取有效、可靠的防范、试验措施或违章操作进入受限空间作业时；阀门井与天然气等管道安装在一起，检维修过程中，不小心造成天然气等泄漏，会造成人员中毒窒息导致昏迷、休克，甚至死亡；其影响范围主要是进行受限空间作业的人员
	事故前可能出现的征兆	（1）未制定受限空间作业职业病危害防护控制计划、受限空间作业准入程序和安全作业规程。 （2）未确定并明确受限空间作业负责人、准入者和监护者及其职责。 （3）未在受限空间外设置警示标识，未告知受限空间的位置和所存在的危害。

续表

事故风险描述	事故前可能出现的征兆	（4）未在实施受限空间作业前，对空间可能存在的危险有害因素进行识别、评估，以确定该密闭空间是否可以准入并作业。 （5）未提供合格的受限空间作业安全防护设施与个体防护用品及报警仪器。 （6）工作人员在受限空间作业期间，如发生中毒窒息事故，先兆表现为以下症状：眼睛灼热、流涕、呛咳、胸闷或头晕、头痛、恶心、耳鸣、视力模糊、气短、呼吸急促、四肢软弱乏力、意识模糊、嘴唇变紫等
	事故可能引发的次生、衍生事故	受限空间中毒窒息事故可导致人员中毒、窒息，甚至死亡等次生、衍生事故
	应急小组人员	组长：部门值班领导。 成员：班组长及当班其他人员
	职责	组长职责：负责了解和掌握现场情况，及时向上级汇报，在上级应急指挥机构到达前负责指挥和组织现场抢救。 成员职责：听从组长指挥，负责事故现场的抢险救援工作
应急救援程序		事故现场发现人第一时间报告班组长和部门当班领导，并在确保自身安全的条件下，采取措施进行施救。部门值班领导到达现场后，立即组织救援，并报告值班领导
应急处置		（1）如有人员出现中毒窒息症状时，现场人员立即大声向附近人员呼救，呼救内容包括发生事故的地点、时间、受伤人数等，并将受伤者移至通风良好的安全地带，解开衣领及腰带以利其呼吸之顺畅，检查并判断中毒者的中毒情况。 （2）呼吸、心跳情况的判定：受伤人员如意识丧失，应在 10s 内，用看、听、试的方法判定伤员呼吸、心跳情况。 （3）密闭空间中毒窒息伤员呼吸和心跳均停止时，应立即按心肺复苏法支持生命的三项基本措施，进行就地抢救；步骤为通畅气道→口对口（鼻）人工呼吸→胸外按压
注意事项		（1）对于存在有毒气体的地点发生人员窒息的事故，救援人员应携带隔离式呼吸器到达事故现场，正确戴好呼吸器后，进入现场进行施救。 （2）对于由于缺氧导致人员窒息的事故，施救人员应先强制向空间内部通风换气后方可进入进行施救。 （3）如事发地点属高空作业，施救人员应系好安全带，做好防坠落的安全措施。 （4）伤员、施救人员离开现场后，工作人员应对现场进行隔离，设置警示标识，并设专人把守现场，严禁任何无关人员擅自进入隔离区内。 （5）采取通风换气措施时，严禁用纯氧进行通风换气，以防止氧气中毒。 （6）进行心肺复苏救治时，必须注意受害者姿势的正确性，操作时不能用力过大或频率过快。 （7）在运送过程中，对昏迷不醒的患者可将其头部偏向一侧，以防呕吐物误吸入肺内导致窒息；对昏迷较深的患者不应立足于就地抢救，而应尽快送往医院，但在送往医院的途中人工呼吸绝不可停止，以保证大脑的供氧，防止因缺氧造成的脑神经不可逆性坏死

四、电气火灾事故现场处置方案

电气火灾事故现场处置方案见表 11-5。

表 11-5 电气火灾事故现场处置方案

事故风险描述	事故类型	触电、火灾、爆炸
	事故发生的地点	配电室、中继泵站等其他电气设备使用区域
	事故的危害严重程度及影响范围	触电事故一般多发生在每年空气湿度较大的 7、8、9 三个月。由于空气湿度大，人体由于出汗导致本身的电阻也在降低，当空气的绝缘强度小于电场强度时，空气击穿，极易发生触电事故，导致触电事故率比其他季节要高。当人体触电时，人体与带电体接触不良部分发生的电弧灼伤、电烙印，随着被电流熔化和蒸发的金属微粒等侵入人体皮肤引起的皮肤金属化
	事故前可能出现的征兆	(1) 电气设备发生接地短路。 (2) 高压线发生坠落。 (3) 地下电缆破损或被压断。 (4) 操作个人防护用品不齐全。 (5) 作业人员违章操作电气设备。 (6) 雷雨气候在树下躲避
	事故可能引发的次生、衍生事故	电气火灾可能引发火灾事故、灼伤、人员伤亡事故
	应急小组人员	组长：部门值班领导。 成员：班组长及当班其他人员
	职责	组长职责：负责了解和掌握现场情况，及时向上级汇报，在上级应急指挥机构到达前负责指挥和组织现场抢救。 成员职责：听从组长指挥，负责事故现场的抢险救援工作
应急救援程序		事故现场发现人第一时间报告班组长和部门当班领导，并在确保自身安全的条件下，采取措施进行施救。部门值班领导到达现场后，立即组织救援，并报告值班领导
应急处置		(1) 现场人员发现火情立即大声呼喊，内容包括起火地点、被困人员情况、需要的消防器材。向 119 进行报警，请求支援。 (2) 岗位人员发现事故电气火灾后，及时通知电工将该设备的电源切断。 (3) 及时告知班长现场情况，用二氧化碳及四氯化碳等灭火器灭火。 (4) 电工接到通知后，迅速到达事故部位，迅速切断电源（拉下电闸、拔出电源插头等），以免事态扩大，带负荷切断电源时应戴绝缘手套，使用有绝缘柄的工具。 (5) 当火场离开关较远、需剪断电线时，火线和零线应分开错位剪断，以免在钳口处造成短路，并防止电源线掉在地上造成短路使人员触电。 (6) 当电源线不能及时切断时，应及时通知变电站从供电始端拉闸，同时使用现场配置的灭火器进行灭火。 (7) 火情可控范围内：扑灭后，应组织人员检查确认已扑灭，确认无复燃可能，方可解除警报。 (8) 火情扩大时：报告调度，启动公司级应急响应。 (9) 事故处理后，分析事故原因，总结事故教训
注意事项		(1) 穿戴好绝缘劳动防护用品。 (2) 灭火人员要注意人体的各部位与带电体保持一定充分的安全距离。 (3) 扑灭电气火灾时要用绝缘性能好的灭火剂，如干粉灭火器、二氧化碳灭火器或干燥砂子，注意严禁使用导电灭火剂（如水、泡沫灭火器等）扑救。 (4) 发生电气初起火灾时，应先用合适的灭火器进行扑救，情况严重立即打 119 报警。报警内容应包括事故单位，事故发生的时间、地点，火灾的类型，有无人员伤亡以及报警人姓名及联系电话

第十二章 职业危害因素及其防治

热网设备检修工作涉及多种职业危害因素，对这些因素的了解和防范对于保障检修工的健康和安全至关重要。以下是一些常见的职业危害因素及其预防措施。

第一节 粉尘的危害及防治

在整个供热系统中粉尘主要来自热源处的煤场、锅炉房，以及管网设备现场因施工等原因扬起的灰尘等，煤场封闭不严密、锅炉制粉设备漏粉、除灰系统泄漏等都会产生大量的生产性粉尘，不仅造成作业环境的污染，还影响作业人员的身心健康。

所有粉尘对身体都是有害的，不同特性，特别是不同化学性质的生产性粉尘，可能引起机体的不同损害。如可溶性有毒粉尘进入呼吸道后，能很快被吸收入血流，引起中毒；具有放射性的粉尘，则可造成放射性损伤；某些硬质粉尘可机械性损伤角膜及结膜，引起角膜浑浊和结膜炎等；粉尘堵塞皮脂腺和机械性刺激皮肤时，可引起粉刺、毛囊炎、脓皮病及皮肤皲裂等；粉尘进入外耳道混在皮脂中，可形成耳垢等。粉尘对机体的损害是多方面的，尤其以呼吸系统损害最为主要。

生产性粉尘污染的产生与技术水平、生产工艺和防护措施等因素有关，可以采取适当的措施降低和防止其产生。

根据生产现场具体情况，粉尘防治可以遵循"革、水、密、风、护、管、教、查"的八字方针，下面详细解释这些措施。

（1）革（改革工艺）。通过改革生产工艺和采用新技术来消除或减少粉尘的产生。包括改进设计、使用更先进的设备以及改变生产流程，以减少扬尘。

（2）水（湿式作业）。在生产过程中使用水来湿润物料或作业面，以减少粉尘的产生和飞扬。例如，湿法除尘或湿法开采等。

（3）密（密闭尘源）。将粉尘源封闭起来，以防止粉尘扩散到工作环境中。可以通过安装密闭壳体、使用密封垫或涂层等方式实现。

（4）风（通风除尘）。采用有效的通风和除尘系统来控制和移除工作场所的粉尘。包括局部排风系统、整体通风以及使用吸尘器等。

（5）护（个人防护）。为员工提供合适的个人防护装备（PPE），如防尘口罩、防尘服、护耳器等，以减少粉尘吸入和接触。

（6）管（加强维护管理）：建立和执行维护管理制度，定期检查和维护防尘设备，确保其有效运行。

（7）教（宣传教育）。对员工进行粉尘危害和防尘措施的教育培训，提高他们的自我防护意识和操作技能。

（8）查（检测和检查）。定期对工作场所的粉尘浓度进行检测，并对员工进行健康检查，以评估防尘措施的有效性和员工的健康状况。

此外，针对不同类型的生产性粉尘（无机性、有机性和混合性），应采取相应的防治措施。例如，对于易燃易爆的粉尘，应采取特别的防火防爆措施。

第二节　噪声的危害及防治

供热系统由热源、热网、热力换热站、用户等组成。供热工业生产劳动中产生的噪声，主要来自热力站的机器和高速运转水泵等设备，热网工作人员在长期的巡检、操作过程中难免要遭受噪声伤害。

一、在供热系统中生产性噪声分类

在供热系统中生产性噪声可分为以下三种：

（1）机械性噪声。热力机械的撞击、摩擦、转动所产生的噪声，如冲压、打磨发出的声音。

（2）流体动力性噪声。液体、气体的压力或体积的突然变化，或流体流动所产生的声音，如蒸汽管道排放、空气压缩或释放发出的声音。

（3）电磁性噪声。如变压器所发出的嗡嗡声。

二、噪声危害

长期接触一定强度的噪声，可以引起听力的下降和噪声性耳聋，噪声对人体的影响是全身性的，除了对听觉系统影响外，也可对神经系统、心血管系统、内分泌系统等非听觉系统产生影响。

噪声的危害主要包括：

（1）听觉损伤。长期接触高强度噪声可导致暂时或永久的听力下降，甚至耳聋。

（2）心理影响。噪声可引起人的情绪波动，如烦躁、易怒等，长期处于噪声环境中还可能出现高血压、心脏疾病等。

（3）睡眠障碍。噪声会影响人的睡眠质量，引起失眠或多梦等问题。

（4）学习和工作效率下降。噪声会干扰人的注意力，导致学习和工作效率降低。

（5）生理健康问题。长期受噪声影响可能会引起头痛、头晕、记忆力减退等生理问题。

三、噪声防治

为了控制和减少噪声伤害，可以采取以下措施：

（1）声源控制。采取隔声、减声措施，使用低噪声设备，减少噪声产生。

（2）传播途径控制。通过隔声屏障、吸声材料等方式减少噪声传播。

（3）接收者保护。个人佩戴耳塞、耳罩等防护用品，减少噪声对听力的损伤。

（4）合理规划区域。确保噪声敏感区域远离高噪声源。

（5）加强宣传教育。提高作业人员对噪声污染危害的认识，倡导安静的生活环境。

第三节　高温的危害及防治

一、高温危害

高温作业是指在生产劳动过程中，工作地点湿球和黑球温度指数大于或等于25℃的作业。湿球和黑球温度指数是指湿球、黑球和干球温度的加权值，也是综合性的热负荷指数。供热系统中锅炉房、汽机房、供热热力站等环境相对封闭，又存在大量高温热源，在夏季车间气温可达35℃以上，相对湿度达90％以上，如果保温不完善，通风不良，将会造成值班人员中暑、心血管疾病、代谢紊乱、工作效率下降、皮肤问题等。

热网设备检修工在高温环境下工作，可能会面临一系列的健康风险。主要危害包括：

（1）中暑。高温环境下，人体可能因为热量不能有效散发而出现中暑现象，严重时甚至可能危及生命。

（2）脱水。高温作业容易导致工人大量出汗，从而引起脱水、电解质失衡。

（3）热射病。长时间暴露在高温环境中，人体可能出现热射病，这是一种严重的热应激疾病，表现为高热、意识障碍等症状。

（4）心血管疾病。高温作业可能增加心血管疾病的风险，如心肌梗死、高血压等。

（5）皮肤问题。长期在高温环境下工作可能对皮肤造成伤害，如晒伤、热疹等。

二、高温防治

为了防止这些高温危害，可以采取以下措施：

（1）改善工作环境。通过增加通风、空调等设施降低工作场所的温度。

（2）合理调整作业时间。在气温较低的时段进行户外作业，避免在高温时段作业。

（3）增加休息和补水设施。提供充足的休息时间和便利的补水设施，防止工人脱水。

（4）个人防护。穿着适合的高温作业服装，使用防晒霜等防护用品。

（5）健康监测。定期对从事高温作业的工人进行健康检查，及时发现并处理健康问题。

（6）培训教育。对工人进行高温作业防护培训，提高他们的自我防护意识。

（7）应急预案。制定高温应急预案，一旦发生中暑等紧急情况，能够迅速采取措施进行救治。

通过这些措施，可以有效地减少高温环境对热网设备检修工的健康危害。

第四节　有毒有害物质的危害及防治

一、有毒有害物质的危害

职业危害因素中有毒有害物质是指在工作过程中可能遇到的对热网运行值班人员健康有害的化学、物理、生物等因素。这些因素可能导致职业病、健康损害、事故和职业伤害。

常见的有毒有害物质有有机溶剂（如油漆、溶剂清洗剂）、重金属（如铅、汞、镉）、酸性或碱性物质、窒息性气体（如二氧化碳、氮气）、刺激性气体（如氯气、氨气）等。

有毒有害物质主要通过呼吸道、皮肤、消化道进入人体，从而对人体造成伤害，严重时威胁人的生命。

热网设备检修工作中，可能会接触到各种有毒有害化学物质，如油漆、溶剂、润滑油、清洁剂等。这些化学物质对人体健康的危害包括：

（1）皮肤损害。接触有毒化学物质可能导致皮肤炎症、皮疹、溃疡等。

（2）呼吸系统疾病。吸入有毒蒸汽或粉尘可引起咳嗽、哮喘、肺炎等。

（3）消化系统疾病。摄入有毒物质可能造成恶心、呕吐、腹泻等症状。

（4）神经系统疾病。长期暴露于某些化学物质可能导致头痛、眩晕、记忆力减退等。

（5）血液系统疾病。某些化学物质可能影响血细胞的生成，导致贫血或白血病。

二、有毒有害物质的防治

为了防止有毒有害化学物质对热网设备检修工的危害，可以采取以下措施：

（1）个人防护。穿戴适当的防护装备，如防毒面具、防护手套、防护服等。

（2）通风改善。在工作中加强通风，降低有害气体和蒸汽的浓度。

（3）化学品管理。储存、使用化学品时要严格按照安全操作规程，防止泄漏和不当接触。

（4）培训教育。对工人进行化学品安全知识的培训，提高他们的自我保护意识。

（5）健康监测。定期对从事有毒有害化学物质作业的工人进行健康检查。

（6）应急措施。制定应急预案，一旦发生化学物质泄漏或其他紧急情况，能够迅速采取措施进行处理。

（7）法规遵守。遵守国家和地方的法律法规，执行化学物质的安全使用和废弃物处理标准。

通过这些措施，可以有效地减少有毒有害化学物质对热网设备检修工的健康风险。

第五节　不良体位的危害及防治

不良体位是指长时间固定地保持某一特定的不端正或不舒适的姿势从事作业的体态。例如，单手提重物，身体屈曲、弯腰或倾斜操作，蹲或跪姿作业，这些体位都会引起个别肌肉群过度紧张或使某些部位遭受压迫、牵引等，从而使机体发生机能性变化，甚至形成职业性病患。例如，长期弯腰作业会导致脊柱弯曲；长期使用某一组肌肉，会导致该组肌肉劳损等。

热网设备检修工在工作中长时间保持不良体位会对健康产生一系列的危害。常见的不良体位及其潜在危害以及一些防治方法如下。

一、长时间坐姿

工作中需要长时间坐着，不正确的坐姿可能导致颈椎、腰椎和骨盆的问题。长期保持弯腰驼背的姿势可能导致腰肌劳损和脊柱问题，如颈椎病和腰椎间盘突出等。

防治方法：使用符合人体工学的椅子，调整椅子高度和背部支撑，保持脊柱挺直，可以使用腰靠或枕头来支撑腰部，定时站起来活动、伸展肌肉。

二、弯腰驼背

在检查和维护设备时，可能需要弯腰、俯身或驼背。这种姿势可能对脊柱、颈肩和背部肌肉造成压力和紧张。

防治方法：尽量使用合适的工具和设备，减少弯腰和驼背的频率和时间。进行定期的伸展运动和放松肌肉，保持肌肉灵活性。

三、长时间站立

在监控和调度操作中，可能需要长时间站立。长时间站立会增加下肢静脉曲张的风险，导致腿部疲劳和不适。

防治方法：合理安排工作时间，尽量避免长时间连续站立，可使用软垫或坐垫减轻脚部压力，定时休息，进行腿部伸展运动。

四、锻炼不足

长时间工作没有足够的时间进行锻炼，可能导致肌肉无力、体力下降和身体健康问题。

防治方法：合理安排工作和休息时间，尽量保持每天适量的体育锻炼，如散步、慢跑、瑜伽等。找到适合自己的锻炼方式，以增强身体的力量和灵活性。

热网设备检修工在工作中应关注体位和体姿，避免不良体位带来的潜在危害。保持正确的姿势，合理安排工作和休息时间，进行适量的锻炼，并定期进行伸展运动，有助于预防和改善不良体位带来的问题。

参考文献

［1］ 《火力发电职业技能培训教材》编委会. 火力发电职业技能培训教材：汽轮机设备检修［M］. 2 版. 北京：中国电力出版社，2020.

［2］ 魏龙. 泵运行与维修实用技术［M］. 北京：化学工业出版社，2014.

［3］ 史美中，王中铮. 热交换器原理与设计［M］. 6 版. 南京：东南大学出版社，2018.

［4］ 张开菊，等. 热电联产机组技术丛书：热力网与供热［M］. 北京：中国电力出版社，2014.

［5］ 杨雨松，等. 高职高专项目导向系列教材：泵维护与检修［M］. 北京：化学工业出版社，2012.

［6］ 华热福新（廊坊）科技发展有限公司. 供热技术：系统节能与应用技术［M］. 北京：知识产权出版社，2023.

［7］ 中国华电集团有限公司. 发电企业供热管理与技术应用［M］. 北京：中国电力出版社，2019.